U0367184

职业教育"十三五"规划教材

压力容器结构与制造

第二版

王志斌　主编

申静　徐茂钦　汤立松　副主编

化学工业出版社

·北京·

本书主要介绍了压力容器基础和制造的相关知识，并介绍了换热设备、储存设备、高压容器、反应器、特种材料设备的结构特点以及制造过程等。从职业教育特点出发，在结构和编写层次上淡化了压力容器理论性强的学科内容和比较复杂的设计计算，重点突出主要零部件的结构、特点、功用、制造等实用性内容，引导学生对标准、规范的认识和理解，并通过学生最易掌握的方式予以解决。为方便教学，配套电子课件。

本书可作为高职高专院校焊接技术及自动化专业和其他机械类专业的教材或相关专业的教学参考书，也可供从事化工过程装备的制造、管理工作的工程技术人员和社会读者参考。

图书在版编目（CIP）数据

压力容器结构与制造/王志斌主编. —2 版. —北京：化学工业出版社，2017.1（2024.6重印）
ISBN 978-7-122-28632-1

Ⅰ. 压… Ⅱ. ①王… Ⅲ. ①压力容器-构造②压力容器-制造 Ⅳ. TH49

中国版本图书馆 CIP 数据核字（2016）第 298125 号

责任编辑：韩庆利　　　　　　　　装帧设计：张辉
责任校对：吴静

出版发行：化学工业出版社（北京市东城区青年湖南街 13 号　邮政编码 100011）
印　　装：北京天宇星印刷厂
787mm×1092mm　1/16　印张 $14\frac{1}{4}$　字数 362 千字　　2024 年 6 月北京第 2 版第 5 次印刷

购书咨询：010-64518888　　　　　　　售后服务：010-64518899
网　　址：http://www.cip.com.cn
凡购买本书，如有缺损质量问题，本社销售中心负责调换。

定　　价：32.00 元

前　言

本教材的第一版出版以来，力求体现"理论够用，突出实践"，受到广大焊接专业教师及企业同人的青睐。但随着相关国家标准、行业标准的不断更新和高职院校对人才培养模式、优质核心课程、实践教学基地建设工作的不断深入，教材结构和内容方面已不能满足教学要求，需要进一步优化和完善。为此，编者认真总结了近几年的教学经验和反馈意见，在参考大量相关文献和标准的基础上，对教材进行了修订再版。

全书以针对性、实用性和先进性为指导思想，以面向生产、建设、服务和管理第一线需要的高技能应用型技术人才为目标，紧紧围绕提高学生职业能力和综合素质的教学需要构建知识体系和教学内容。本书在结构和编写层次上淡化了压力容器理论性强的学科内容和比较复杂的设计计算，重点突出主要零部件的结构、特点、功用、制造等实用性内容，引导学生对标准、规范的认识和理解，并通过学生最易掌握的方式予以解决。在教材的编写中，结合专业特点，以"必需、够用"为原则，并注重了与其他课程的衔接。

本书适用于焊接技术及自动化专业和其他机械类专业。由王志斌担任主编并统稿，申静、徐茂钦、汤立松担任副主编，周文、刘松森、李国兴参编。

本书配套电子课件，可赠送给用书的院校和老师，如果需要，可发邮件到hqlbook@126.com索取。

因水平所限，书中不足之处，敬请同行和读者予以批评指正。

编者

目　录

绪论

一、压力容器的应用

石油、化工、医药等产品是按照一定的工艺过程，在一定的条件下利用与之相匹配的机械设备生产出来的。随着科学技术的进步和工业生产的发展，特别是国民经济领域持续稳定的发展，压力容器已在石油、化工、轻工、医药、环保、冶金、食品、生物工程及国防等工业领域以及人们的日常生活中得到广泛应用，且数量日益增大，大容积的设备也越来越多。例如，生产尿素就需要与之配套的合成塔、换热器、分离器、反应器、储罐等压力容器；加工原油就需要与原油生产工艺配套的精馏塔、换热器、加热炉等压力容器；此外，用于精馏、解析、吸收、萃取等工艺的各种塔类设备也为压力容器；用于流体加热、冷却、液体汽化、蒸汽冷凝及废热回收的各种热交换器仍属于压力容器；石油化工中三大合成材料生产中的聚合、加氢、裂解等工艺用的反应设备，用于原料、成品及半成品的储存、运输、计量的各种储运设备等都是压力容器。据统计，化工厂中80%左右的设备都属于压力容器的范畴；如图0-1所示为气体吸收和石油加工中所用的压力容器。

图 0-1　气体吸收和石油加工中所用的压力容器

压力容器种类多，操作条件复杂，有真空容器，也有高压超高压设备和核能容器；温度也存在从低温到高温的较大范围，处理的介质大多具有腐蚀性，或易燃、易爆、有毒，甚至剧毒。这种多样性的操作特点给压力容器从选材、制造、检验到使用、维护以致管理等诸方面造成了复杂性，因此对压力容器的制造、现场组焊、检验等诸多环节提出了越来越高的要求。

压力容器涉及多个学科，综合性很强，一台压力容器从参数确定到投入正常使用，要通过很多环节及相关部门的各类工程技术人员的共同努力才能实现。

二、压力容器的基本要求

化工生产的特殊性决定了压力容器的复杂多样性，压力容器属于特种设备。由于密封、承压及介质等原因，容易发生爆炸、燃烧起火而危及人员、设备和财产的安全及污染环境的事故，具有潜在的危险性，一旦发生事故，将会对财产和人民生命造成巨大损失；此外，还具有生产过程复杂，生产装置大型化及生产过程的连续性、自动化程度高等特点。因此要求压力容器既能满足工艺要求，又能安全可靠的运行，同时还要经济合理。

1. 安全可靠性要求

为保证压力容器在工作中安全运行，压力容器必须具有足够的能力来承受设计寿命内可能遇到的各种载荷。影响压力容器可靠性的因素主要有材料的强度、韧性、与介质的相容性、设备的结构刚度、抗失稳能力和密封性等因素。

(1) 材料的强度与韧性　材料强度是指在载荷作用下材料抵抗永久变形和断裂的能力。强度越高，许用强度越大，压力容器壁厚越薄，重量越轻，简化了制造、安装和运输，从而降低成本，提高综合经济性。压力容器强度除与材料有关外，还与制造质量等因素有关。

韧性是指材料断裂前吸收变形的能力。材料韧性越好，可容缺陷临界尺寸越大，容器对缺陷越不敏感；反之，在载荷作用下，很小的缺陷就有可能快速扩展而导致容器损坏；因此，材料韧性是容器材料的一个重要指标。材料韧性一般随强度的提高而降低，在选择材料时注意强度与韧性的合理匹配。除强度外，环境变化也会影响材料的韧性。低温、光子辐照或在高温高压临氢条件下，都会降低韧性，从而导致出现材料脆化现象。防止材料出现脆化或将其控制在允许范围内，是提高容器可靠性的有效措施之一。

(2) 材料与介质的相容性　化工生产所使用的压力容器，是用来处理化工介质的，它们往往是腐蚀性较强的酸、碱、盐。材料被腐蚀后，不仅会导致壁厚减薄，而且有可能导致材料的组织和性能发生改变，从而引起容器的安全隐患。因此，容器材料必须与所接触的介质相容。

(3) 结构有足够的刚度和抗失稳能力　刚度是指在载荷作用下保持原有形状的能力。刚度不足是容器变形的重要原因之一，其表现形式是失稳。因此要求容器设计和制造时要保证有足够的刚度和抗失稳能力。

(4) 密封性能　密封性是指容器防止介质泄漏的能力。泄漏有内泄漏和外泄漏，内泄漏轻者可能引起产品污染，重者将导致发生爆炸事故；外泄漏不仅有可能引起中毒、燃烧和爆炸等事故，而且还会造成环境污染。因此，密封是压力容器安全操作的必要条件。

2. 工艺要求

(1) 功能要求　在化工生产中设备是为工艺服务的，容器的许多结构尺寸都是由工艺计算得到的，工艺人员通过工艺计算确定容器的直径、容积等尺寸并提出压力、温度、介质特性等生产条件。如储罐的储存量、换热器传热量和压力降、反应器的反应速率等。机械人员所提供的设备从结构形式和性能特点上应能在指定条件下完成指定的生产任务。若容器的功能得不到满足，不仅会影响整个过程的生产效率，而且还会造成经济损失。

(2) 寿命要求　压力容器虽然一次性投资大，但也不能永久使用，必须有一个寿命要求。在工业生产中，一般要求高压容器的使用寿命不少于 20 年；塔类容器和反应容器不少于 15 年。腐蚀、疲劳、蠕变是影响容器寿命的主要因素，因此设计、制造时应综合考虑温度和压力的高低及其波动情况、介质的腐蚀情况、环境对材料性能的影响，采取措施，确保容器在设计寿命内安全可靠地运行。

3. 综合经济性要求

综合经济性是衡量压力容器优劣的重要指标，经济性不好的容器将缺乏市场竞争力，最终会被市场淘汰，即所谓的经济失效。压力容器的经济性体现在以下几个方面。

（1）生产效率高、消耗低　压力容器是利用单位时间内单位容积（或面积）处理物料或所得产品的数量来衡量其生产效率的。消耗是指生产单位质量或体积产品所需的资源（包括原材料和能量）和人力。工艺过程和设备结构两方面对生产效率和消耗都存在影响，因此提高生产效率、降低消耗成本应从工艺、结构两方面综合考虑。

（2）结构合理、制造方便　压力容器结构紧凑，可以充分利用材料，减少成本；尽量避免采用复杂或质量难以保证的制造方法，以实现机械化或自动化生产，降低劳动强度，减少占地面积，缩短制造周期，提高效率。

（3）易于运输与安装　压力容器一般是在车间厂房内制造完成的，制造厂与使用工厂之间往往相距较远，对于中、小容器而言，目前运输和安装比较方便，但是对于质量超过1000t的大型容器，必须考虑运输的可能性与安装的方便性，如轮船、火车、汽车等运输工具的运载能力和空间大小、码头深度、桥梁和路面的承载能力、隧道尺寸、吊装设备的起吊能力和吊装方法等。

4. 操作、维护与控制要求

石油化工生产中，目前我国还没有完全实现自动化，部分设备需要工人进行操作，因此，操作方便程度直接影响工人的劳动强度。要求设计、制造时做到操作简单、可维护性和可修理性好、便于控制等。

5. 环境保护要求

随着人们对环境保护意识的增强，对压力容器失效的概念有了新的认识，除传统的破裂、塑性变形、失稳和泄漏等功能性失效外，现在提出了"环境失效"，如有害物质泄漏到环境中、无法清除的有害物质、噪声等。因此，压力容器现在必须考虑这些因素，必要时应增设有泄漏检漏功能的装置，以满足环境保护的要求。

三、压力容器制造技术的进展

随着科学技术的发展，压力容器制造技术的水平越来越高，其制造进展主要表现在四个方面。

1. 压力容器向大型化发展

大型化的压力容器可以节省材料、降低投资、节约能源、提高生产效率、降低生产成本。目前板焊结构形式的煤气化塔厚度达 200mm，其内径为 9100mm，单台质量已达 2500t。现在年产 30 万吨合成氨和 52 万吨尿素装置的四个关键设备均已实现国产化。炼油处理装置也由 250×10^4 t/a 原油提高到 1000×10^4 t/a 原油的处理能力。液化石油气、化工原料气储运中，卧式储罐已能生产 $\phi 7400 \text{mm} \times 38 \text{mm} \times 7400 \text{mm}$，单台设备达 600t 的设备。在核电设备的生产中，已能生产总重达 380t 的 350MV 核反应堆压力容器，以及总重达 345t 的 1000MV 核电蒸汽发生器。

为了适应大型容器的制造，其制造装备也得到了迅猛发展。目前，单台吊车的起吊质量已达 1200t，水压机在 6000t 以上，卷板机在 4000t 以上，冷弯最大厚度达 380mm，宽 6m，热冲压封头直径达 4.5m，厚度达 300mm。重型旋压机可加工直径为 7m，厚 165mm 的椭圆形封头。

2. 压力容器用钢的发展

由于压力容器的大型化以及生产过程中的工艺条件越来越苛刻，导致对压力容器用钢的要求日益严格，因而促使材料技术不断发展，在要求钢材强度越来越高的同时，还要求改善钢材的抗裂性和韧性指标。通过降低含碳量和增加微量合金元素来保证强度，同时通过提高冶炼技术以降低杂质来保证抗裂性和韧性。目前日本的冶炼技术已能使磷含量降低到 0.01％ 以下，硫含量降低到 0.002％ 以下。随着冶炼技术的不断发展，出现了大线能量下焊接性良好的钢板，且复合钢板的使用也越来越普遍。随着加氢工艺技术，特别是煤加氢液化工艺的发展，$2\frac{1}{4}Cr_1Mo$ 钢的抗氢性能，抗蠕变性能，最高使用温度限制及抗拉强度已不能满足要求，因此近年来国外相继开发了新型的 Cr-Mo-V 抗氢钢。为在一些腐蚀环境中保证压力容器的安全使用，双相不锈钢、Ni 基不锈钢、哈氏合金等材料的应用越来越多。

3. 压力容器制造方法的发展

传统的压力容器制造方法主要有锻造式、卷焊式、包扎式、热套式等方法，1981 年德国首次推出了焊接成形技术，采用多丝埋弧焊法制造压力容器。这一技术的出现，在原铸、锻、轧三种传统制造方法基础上增加了第四种制造方法——焊接制造。

4. 焊接新材料、新技术的产生和应用

为了提高高强度钢的断裂韧性，必须降低焊缝中氢的含量，因此超低氢材料的研制和使用受到了容器制造厂家的关注。日本神钢公司研制的 UL 系列超低氢焊条，使用时止裂温度可降低 25～50℃，同时它的吸湿性很小，管理也很简便。我国压力容器用钢从单纯的碳钢过渡到普通低合金钢，进而发展到低温钢、高强度钢和特殊钢，目前已能利用 Cr-Mo-V 抗氢钢制造出加氢反应器。

此外，自动焊接技术和焊接机器人使大型容器的焊缝实现了自动化，提高了焊接质量和效率，降低了工人的劳动强度。在自动焊接设备方面，出现了跟踪焊缝系统的自动焊机，并能用数控技术来控制焊接参数，用工业电视监视焊接过程等。热处理方式也出现了轻型加热炉，淬火工艺也出现了喷淋式和浸入式方法，退火出现了内部燃烧和局部加热退火。工频电加热、电阻加热和红外线加热等局部加热方法也得到广泛应用。

四、本课程的性质、任务、内容

《压力容器结构与制造》是一门专业基础课程，其任务主要是介绍压力容器的基本知识、基本组成结构、各类典型设备的结构特点和压力容器的基本制造方法；内容包括了通用压力容器、各种常用换热器、各种常用储存压力容器、高压容器、反应器、特种材料容器及常用附件等。通过本课程的学习，学习者能够达到以下的知识和能力目标。

① 掌握压力容器壳体的基本组成，了解压力容器简单的设计方法。

② 掌握压力容器的结构、分类和使用特点，并掌握压力容器所用标准和规范。

③ 掌握压力容器的常用制造方法，并能进行焊接检验。

④ 掌握各种换热设备的结构特点、工作原理及制造检验技术。

⑤ 掌握各种储存设备的结构特点、工作原理及要求。

⑥ 了解高压容器零部件的结构特点、密封原理及制造检验技术。

⑦ 了解特种材料设备的特点，制造与检验方法。

第一章　压力容器基础

知识目标： 了解压力容器分类方法和常用标准、掌握压力容器基本组成、常用材料和基本要求，能分析常见壳体的曲率半径，对薄壁容器能够确定计算参数并能进行简单计算。正确分析外压容器失稳原因，并能提出防止措施。

能力目标： 能够正确选取封头的结构形式，根据需要选择合适的法兰、合适的支座并能进行标记；能够选择最佳的安全附件，能选定压力容器强度的试验方法，并确定出相应的试验压力。

压力容器是一种承压设备，是在各种环境和介质条件下工作的，一旦发生事故其破坏性是非常严重的，因此对压力容器的结构、压力容器所用材料、设计制造需遵循的标准等方面都有一定的要求，本节对此进行介绍。

第一节　概　　述

压力容器种类繁多，形式多样，如换热器、塔器、反应器、储槽等，但其基本结构是一个封闭的壳体，多由容器外壳和内件组成。容器外壳又有圆柱形筒体、球壳、椭球壳等；封头有球形封头、椭圆形封头、碟形封头、球冠形封头、锥形封头、平板等，再加上法兰、支座、接管、密封元件、安全附件等就构成了一台完整的设备，如图1-1所示。下面结合该图对压力容器的基本结构进行简单介绍。

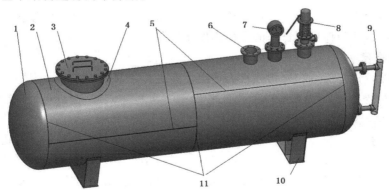

图 1-1　压力容器的基本结构

1—封头；2—筒体；3—人孔；4—补强圈；5—纵焊缝；6—法兰；
7—压力表；8—安全阀；9—液面计；10—支座；11—环焊缝

一、压力容器的组成结构

1. 筒体

筒体是压力容器用以储存物料或完成化学反应所需要的主要空间，是压力容器的最主要的受压元件之一。筒体通常由一个或多个筒节用钢板卷制焊接而成，当直径较小（一般小于500mm）时，圆筒可用无缝钢管制作，这时筒体上便没有纵焊缝；当筒体直径较大时，可用钢板在卷板机上卷制成圆筒或用钢板在水压机上压制成两个半圆筒，再用焊接的方法将其制成一个完整的圆筒，此时便存在纵焊缝。若直径不大则只有一条纵焊缝，如果直径较大，由于受到钢板尺寸和制造机器的限制，则有两条或两条以上的纵焊缝。当容器长度较长时，就需要两个或两个以上的筒节经焊接而成，这时就存在环向焊缝，简称环焊缝。当压力容器承受的压力较低或直径较小时可以用单层筒体，若压力较高则需用多层组合式筒体。

2. 封头

根据几何形状的差异，封头分为球形封头、椭圆形封头、碟形封头、球冠形封头、锥形封头、平板等各种形式。封头和筒体组合在一起就构成了一台压力容器的主要部分，封头也是压力容器主要的承压元件之一。

从制造方法分，封头有整体成形和分片成形后组焊成一体这两种形式，当直径较大而超出了制造厂的生产能力时，多采用分片成形方法制造。从封头成形方式分为冷压成形、热压成形、旋压成形等数种。封头壁厚较薄时采用冷压成形或旋压成形，较厚时则采用热压成形。

当容器组装后不需要开启时（一般是容器内无内置构件或虽然有内置构件但不需更换和检修），封头与筒体可以直接焊接成一个整体，从而保证密封。如果压力容器内部的构件需要更换或因检修需要多次开启，则封头和筒体的连接则采用可拆连接，此时，封头和筒体之间就必须要有一个密封装置。

3. 密封装置

压力容器上有很多密封装置，如封头与筒体采用可拆连接、容器接管与管道法兰的连接、人孔、手孔等的连接等。压力容器能否安全正常的运行，很大程度上取决于密封装置的可靠性。

密封装置一般由一对法兰、连接螺栓、垫片等组成，通过拧紧连接螺栓时密封元件（垫片）压紧而密封，从而保证容器内的介质不发生泄漏。

4. 开孔与接管

为使容器壳体与外部管线连接或供人进出设备进行检修，常在压力容器的壳体上开设各种大小的孔或安装接管，如人孔、手孔、视镜孔、物料进出接管，以及安装压力表、液面计、安全阀、测温仪表等接管开孔。

为了便于检查、拆卸和洗涤容器内部的装置，需要设置人孔和手孔。手孔的大小便于操作人员的手能自由地通过，因此，手孔的直径一般不小于150mm，考虑到人臂长度约650～700mm，所以压力容器直径大于1000mm时就不宜再设手孔，而应改设为人孔。人孔的形状有圆形和长圆形两种，人孔大小便于人员自由进出，一般圆形人孔至少为400mm，长圆形人孔的尺寸一般为350mm×450mm。

5. 支座

压力容器自身的重量和其内部介质的重量是通过支座来承受的，对塔类容器还要承受风载荷和地震载荷所造成的弯曲力矩。支座的形式有多种，圆筒形容器和球形容器的支座各不相同。随安装位置的不同，容器支座分为立式支座和卧式支座两类。其中立式支座又有腿式支座、支承式支座、耳式支座和裙式支座四种；卧式容器支座有鞍式支座和圈式支座；球形支座有柱式支座和裙式支座。

二、压力容器分类

由于过程条件的多样化和复杂化，使得压力容器的种类繁多，为了了解压力容器的结构特点、适用场合以及设计、制造、管理等方面的要求，需对压力容器进行分类。世界各国规范对压力容器分类方法各不相同，在此根据《压力容器安全技术监察规程》中的分类方法进行介绍。

1. 按工艺用途分类

根据压力容器在生产工艺过程中的作用，将压力容器分为以下几类。

（1）反应压力容器（代号 R） 主要用于完成介质的物理、化学反应。如反应器、反应釜、分解塔、聚合釜、合成塔、蒸煮锅、煤气发生炉等。

（2）换热压力容器（代号 E） 主要用于完成介质的热量交换。如热交换器、管壳式余热锅炉、冷却塔、冷凝器、蒸发器、加热器、烘缸、电热蒸汽发生器等。

（3）分离压力容器（代号 S） 主要用于完成介质流体压力平衡和气体净化分离等。如分离器、过滤器、集油器、缓冲器、洗涤器、吸收塔、干燥塔、汽提塔、除氧器等。

（4）储存压力容器（代号 C，其中球罐代号 B） 主要用于盛装生产用的原料气、液体、液化气体等。如储槽、球罐、槽车等。

如果一种压力容器，同时具备两种以上的工艺作用时，应按工艺过程中的主要作用来划分。

2. 按壳体的承压方式分类

（1）内压容器 作用于器壁内部的压力高于器壁外表面承受的压力。

（2）外压容器 作用于器壁内部的压力低于器壁外表面承受的压力。

将压力容器区分为内压容器和外压容器的目的主要在于这两类容器的设计计算方法及要求不同，容器失效的形式也不同。对内压容器而言，器壁主要受拉应力，通常按强度条件确定壁厚；而外压容器特别是薄壁外压容器，在外压力作用下突出的问题是能否保持原有形状而不失稳。也就是说这两类容器具有不同的设计计算理论基础和应满足的条件。

3. 按设计压力的高低分类

（1）低压容器（代号 L） $0.1\mathrm{MPa} \leqslant p < 1.6\mathrm{MPa}$。

（2）中压容器（代号 M） $1.6\mathrm{MPa} \leqslant p < 10\mathrm{MPa}$。

（3）高压容器（代号 H） $10\mathrm{MPa} \leqslant p < 100\mathrm{MPa}$。

（4）超高压容器（代号 U） $\geqslant 100\mathrm{MPa}$。

按设计压力对容器分类的目的主要在于对不同压力等级的容器实行安全管理的程度不同，中国有关压力容器安全监察方面的法规就是依不同的压力等级再结合容器的用途和盛装介质的性质，使不同类别的容器接受不同级别的安全监察机构的管理和监督。

4. 按容器的壁厚分类

（1）薄壁容器 径比 $k = D_o/D_i \leqslant 1.2$ 的容器（D_o 为容器的外直径，D_i 为容器的内直径）。

（2）厚壁容器 $k > 1.2$ 的容器。

按壁厚分类的意义在于薄壁容器的壁厚相对直径较小，在内压力作用下，按薄膜理论假设器壁内呈两向应力状态而且沿壁厚均匀分布，这种假设有一定的近似性，但可简化计算，应用于工程设计中有足够的准确性，k 值越小，实际应力状况就越接近这种假设。但随着 k

值的增大，容器壁内的实际应力状态和薄膜理论所作的假设差异较大，容器壁呈三相应力状态。器壁内的三向应力状态随着器壁的增加就愈加明显且沿壁厚分布就愈不均匀，若按薄膜理论进行计算误差就较大，这时需要采用能反映三向应力状态的方法进行计算。综上所述，薄壁容器与厚壁容器设计计算的理论根据和要求也是不同的。而以 $k=1.2$ 为界限则是根据长期的使用经验确定的。

5. 按容器的工作温度分类

(1) 低温容器　设计温度≤−20℃。

(2) 常温容器　设计温度>−20～200℃。

(3) 中温容器　设计温度>200～450℃。

(4) 高温容器　设计温度>450℃。

按工作温度分类虽然没有严格的科学依据，其意义在于温度对材料的性能影响较大，在不同的温度范围，容器材料选用上需要考虑的问题是不一样的，如在低温下要考虑材料的冷脆性，温度越低冷脆性越明显，中温下要考虑氢腐蚀及材料的抗回火脆性，高温下要考虑材料的蠕变性、石墨化、抗氧化性等。

6. 按安装方式分

根据安装方式分为固定式压力容器和移动式压力容器。

(1) 固定式压力容器　安装和使用地点固定，工艺条件也相对固定的压力容器。如生产中的储槽、储罐、塔器、分离器、热交换器等。

(2) 移动式压力容器　经常移动和搬运的压力容器。如汽车槽车、铁路槽车、槽船等容器。

按安装方式分类的目的在于这类压力容器在使用时不仅承受内压或外压载荷，搬运过程中还会受到由于内部介质晃动所引起的冲击力，以及运输过程中还会受到外部撞击和振动载荷，因而在结构、使用和安全方面均有其特殊的要求。

7. 按安全技术监察规程分类

为了对待不同安全要求的压力容器在技术管理和监督检查方面的差异，我国《压力容器安全技术监察规程》按容器的压力等级、容积大小、介质的危害程度及在生产过程中的作用综合考虑，把压力容器分为三个类别，其中第三类压力容器最为重要，要求也最严格。这种分类方法对从事压力容器的设计、制造、安装及管理而言更为重要，具体划分如下。

(1) 第三类压力容器　具有以下情形之一者为三类容器：

① 高压容器；

② 毒性程度为极度和高度危害介质的中压容器；

③ 设计压力和容积的乘积≥0.2MPa·m^3、毒性为极度和高度危害介质的低压容器；易燃或毒性程度为中度危害介质且其设计压力和容积的乘积≥0.5MPa·m^3 的中压反应容器；设计压力和容积的乘积≥10MPa·m^3 的中压储存容器；

④ 高压、中压管壳式余热锅炉；

⑤ 中压搪玻璃压力容器；

⑥ 容积大于 50m^3 的球形储罐；

⑦ 移动式压力容器，包括介质为液化气体、低温液体的铁路槽车，介质为液化气体、低温液体、永久气体等的罐式汽车，介质为液化气体、低温液体的罐式集装箱；

⑧ 容积大于 5m^3 的低温液体储存容器；

⑨ 抗拉强度规定值下限≥540MPa 的高强度材料压力容器。

（2）第二类压力容器　具有下列情形之一者为第二类压力容器：

① 中压容器；

② 易燃介质或毒性程度为中度危害介质的低压反应容器和低压储存容器；

③ 毒性程度为极度和高度危害介质的低压容器；

④ 低压管壳式余热锅炉；

⑤ 低压搪玻璃压力容器。

（3）第一类压力容器　除第二类、第三类压力容器以外的所有低压容器。

介质的毒性程度参照 GBZ 230—2010《职业性接触毒物危害程度分级》的规定，按其最高允许浓度的大小分为下列四级：

极度危害（Ⅰ级）　最高允许浓度<0.1mg/m³；

高度危害（Ⅱ级）　允许浓度 0.1～<1.0mg/m³；

中度危害（Ⅲ级）　允许浓度 1.0～<10mg/m³；

轻度危害（Ⅳ级）　允许浓度≥10mg/m³。

属Ⅰ、Ⅱ级的常见介质有氟、氢氟酸、氢氰酸、光气、氟化氢、碳酰氟、氯等；属Ⅲ级的介质有二氧化硫、氨、一氧化碳、氯乙烯、甲醇、氧化乙烯、硫化乙烯、二硫化碳、乙炔、硫化氢等；属Ⅳ级的介质有氢氧化钠、四氟乙烯、丙酮等。

易燃介质是指与空气混合的爆炸下限小于10%，或爆炸上限和下限之差值等于20%的气体，如一甲胺、乙烷、乙烯、氯甲烷、环氧乙烷、环丙烷、氢、丁烷、三甲胺、丁二烯、丁烯、丙烯、丙烷、甲烷等。

可见，我国的压力容器的分类方法综合考虑了设计压力、几何容积、材料强度、应用场合、介质危害程度、介质的危险程度等因素。由于各国的经济政策、技术政策、工业基础和管理体系的差异，压力容器分类方法是互不相同的。采用国际标准或国外先进标准设计压力容器时，应采用相对应的压力容器分类方法。

三、压力容器标准

鉴于压力容器的重要性，为了确保其安全运行，各国相继制定了一系列压力容器规范，如美国的 ASME 规范，日本的 JIS 规范，欧盟的 97/23/EC 规范，且目前欧洲标准化委员会（CEN）正在以 ISO/DIS 2694 为蓝本制订新的压力容器欧洲标准。

我国压力容器规范的制订工作开始于20世纪50年代，并于1959年由原化工部、一机部等四个工业部联合颁布了第一本规范《多层高压容器设计与检验规程》，1960年原化工部颁布了适用中低压容器的《石油化工设备零部件标准》，两个标准相互配套，满足了当时生产的需要。1967年完成了《钢制石油化工压力容器设计规定》（草案），简称为"钢规"，经修订于1977年开始正式实施，后经过两次修改，即出现了82版和85版"钢规"。1984年成立的"全国压力容器标准技术委员会"在《钢制石油化工压力容器设计规定》基础上，经充实、补充、完善和提高，于1989年颁布了第一版国家标准 GB 150—89《钢制压力容器》，并于1998年颁布了经全面修订的新版 GB 150—1998《钢制压力容器》，2011年发布了新版 GB 150.1～4—2011《压力容器》。全国压力容器标准技术委员会在 GB 150 的基础上，先后制订了 GB 151《热交换器》、GB 12337《钢制球形容器》、GB 16749《压力容器波形膨胀节》、JB 4732《钢制压力容器——分析设计标准》、NB/T 47041—2014《塔式容器》、NB/T 47042—2014《卧式容器》、JB/T 4712《容器支座》等。NB/T 47003.1—2009《钢制焊接常压容器》与 GB 150 一样，都属于常规设计标准。GB 150、JB 4732 和 JB/T 4735 的区别和应用范围见表 1-1。

表 1-1 GB 150、JB 4732 和 JB/T 4735 的区别和应用范围

项　　目	GB 150	JB 4732	JB/T 4735
设计压力	0.1MPa≤p≤35MPa，真空度不低于 0.02MPa	0.1MPa≤p<100MPa，真空度不低于 0.02MPa	−0.02MPa<p<0.01MPa
设计温度	按钢材允许的温度确定（最高为 700℃，最低为 −196℃）	低于以钢材蠕变控制其设计强度的相应温度（最高 475℃）	大于−20～350℃（奥氏体高合金钢制容器和设计温度低于−20℃，但满足低温低应力工况，且调整后的设计温度高于−20℃的容器不受此限）
对介质的限制	不限	不限	不适用于盛装高度毒性或极度危害介质的容器
设计准则	弹性失效准则和失稳失效准则	塑性失效准则、失稳失效准则和疲劳失效准则，局部应力用极限分析和安定性分析结果来评定	弹性失效准则和失稳失效准则
应力分析方法	以材料力学、板壳理论公式为基础，并引入应力增大系数和形状系数	弹性有限元法、塑性分析、弹性理论和板壳理论公式、实验应力分析	以材料力学、板壳理论公式为基础，并引入应力增大系数
强度理论	最大主应力理论	最大剪应力理论	最大主应力理论
是否适应于疲劳分析容器	不适用	适用，但有免除条件	不适用

中国压力容器标准体系中，GB 150《压力容器》是最基本，应用最广泛的标准，其技术内容与 ASME Ⅷ-1、JIS B 8270 等国外先进压力容器标准大致相当，但在适用范围、许用应力和一些技术指标上有所不同。表 1-2 是中、美两国的压力容器标准中压力限定值的比较。

表 1-2 中、美两国的压力容器标准中压力限定值比较　　　　　　　　　　　MPa

中国压力容器标准		美国 ASME 标准	
标准名称	压力限定	标准名称	推荐压力范围
GB 150—2011《压力容器》	≤35	ASME Ⅷ-1	≤20
JB 4732《钢制压力容器——分析设计标准》	<100	ASME Ⅷ-2	≤70
		ASME Ⅷ-3	>70

我国的标准在主体上都以设计规范为主，不同于包含质量保证体系的 ASME 规范，为保证生产，原国家劳动总局颁布了《压力容器安全监查规程》，1990 年原劳动部在总结执行经验的基础上，修订了 1981 年版的规程，并改名为《压力容器安全技术监察规程》，简称"容规"，并于 1991 年 1 月正式开始执行。1999 年国家质量技术监督局又对《压力容器安全技术监察规程》进行了修订，并颁布了 1999 年版。2009 年颁布了 TSG R0004—2009《固定式压力容器安全技术监察规程》，2001 年颁布了 TSG R0005—2011《移动式压力容器安全技术监察规程》。

压力容器标准是设计、制造、检验压力容器产品的依据；《压力容器安全技术监察规程》

是政府对压力容器实施安全技术监督和管理的依据，属于技术法规范畴，两者的适用范围不同。《压力容器安全技术监察规程》适用于同时具备以下条件的容器：

① 最高工作压力≥0.1MPa（不含液体静压）；

② 内直径（非圆形截面指其最大尺寸）≥0.1m，且容积（V）≥0.025m³；

③ 盛装介质为气体、液化气体或最高工作温度高于等于标准沸点的液体。

四、压力容器材料

在现代化工生产中，工艺条件比较苛刻，介质危险程度较大，要确保压力容器的安全运行，就必须对其所用材料有一个全面认识，这不仅需要熟悉材料的常规性能，而且需要了解压力容器材料的一些特殊要求，如高温、高压、低温、真空条件、长周期运行等。压力容器用钢一般有钢材、有色金属、非金属、复合材料等，但在实际工程生产中使用最多的还是钢材，在此对钢材的基本要求和选用原则作一个简单介绍。

1. 压力容器用钢的基本要求

（1）强度要求　压力容器在工作过程中，需要承受压力和其他载荷，所用材料强度应能满足其使用要求。材料的强度指标是确定压力容器壁厚的依据，但钢材的各项力学性能具有相互联系和相互约束的机制，因此，选材时不能单纯地考虑强度指标，而且还要考虑材料的塑性、韧性、耐蚀性等指标。材料的强度过低，势必造成材料厚度增大，但无原则地选用高强度的材料，将会带来材料和制造成本的提高以及抗脆性能力的降低。在满足强度的条件下，尽量选择塑性和韧性比较好的材料；对于有特殊要求的高温、高压、有氢介质的压力容器，选择材料时除考虑蠕变极限和持久极限外，还要考虑抗氢腐蚀和氢脆的影响。

（2）塑性、韧性要求　在压力容器的结构上不可避免地存在小圆角和缺口结构；在焊接中也不可避免地存在气孔、夹渣、未焊透、未熔合、裂纹等缺陷。使用过程中由于压力、温度等存在波动，势必造成出现交变载荷，导致存在缺陷的地方产生应力集中而使缺陷出现扩展的趋势，因此要求材料有较好的塑性，以减少缺陷延展的趋势。由于压力容器制造过程中几乎都采用冷（热）弯成形和焊接结构，因此要求所选材料应具有较好的冷（热）加工性能和塑性，按 GB 150—2011 的规定，压力容器材料的塑性 δ_5 在 15%～20% 以上，并且还要考虑含碳量，一般碳的含量不超过 0.2%。

（3）制造工艺性　压力容器的壳体都是通过一定的热变形或冷变形而得到所需形状的，因此对所用材料要求具有良好的焊接性能和较好的冷（热）加工性能，以保证冷（热）加工时不出现断裂等缺陷，而且得到质量可靠的焊接结构。此外还要具有较好的焊接性能，即在不附加其他任何工艺措施的条件下仍能得到优质的焊接接头。

（4）耐蚀性能　在许多生产中，压力容器所接触的介质存在一定的腐蚀性，由此导致容器器壁减薄而不能满足最初的设计载荷要求，因此为了保证压力容器在设计寿命内安全运行，就必须根据介质性质选择不同要求的耐蚀性能的材料。必要时可以针对介质的具体性质选用高合金钢、有色金属或耐蚀衬里。

（5）较低的硫、磷含量　在钢材中硫、磷是主要的有害元素。硫元素存在于钢中将会促进非金属夹杂物的形成，使塑性和韧性降低；磷元素尽管能够提高钢的强度，但伴随着增加钢材的脆性，特别是低温脆性。因此与一般的结构钢相比，压力容器用钢要求硫、磷含量应在一个较低的水平。我国压力容器用钢对硫、磷含量的要求就分别低于 0.02% 和 0.03%，这有别于其他用途的钢材，所以在压力容器用钢牌号后用"R"以示区别，这里"R"代表中文"容器"的第一个字的大写字母。

2. 压力容器常用材料

（1）壳体常用材料　压力容器的壳体是主要的受压元件，因此除有强度要求外，塑性和韧性也必须满足要求。目前压力容器壳体一般采用冷（热）成形方法，因此选用碳素结构钢板、压力容器用碳素钢板、低合金钢板和不锈钢板。

① 碳素结构钢板　此类材料只能用于一般用途的非压力容器专用钢板，由于其价格便宜、来源广泛、质量稳定，因此在一定限制条件下可以用于压力容器。可供选用的钢板有 Q235-A·F，Q235-A，Q235-C 等，其使用限制条件参见 GB 150—2011《压力容器》。

② 压力容器用碳素钢板和低合金钢板　这类材料属于一般压力容器的专用钢板；在普通的压力容器结构钢板中加入少量的合金元素，诸如 Mn、Si、Mo、V、Ni、Cr 等元素，能够显著改变钢材的强度和综合力学性能。在 GB 713—2014《锅炉和压力容器用钢板》提供了多个钢板品种，如 Q245R、Q345R、15MnVR、18MnMoNbR、13MnNiMoNbR、15CrMoR 等，此外在 GB 150—2011《压力容器》中还规定允许采用 GB 713—2014《锅炉和压力容器用钢板》以外的其他钢板，如 07MnCrMoVR、07MnCrMoVDR 等低合金钢板。压力容器用碳素钢板和低合金钢板的使用性能和要求参见 GB 150—2011《压力容器》。

③ 低温压力容器用低合金钢板　按 GB 150—2011《压力容器》规定，设计温度 ≤−20℃ 的容器即属于低温容器范畴；对于这类容器，应选用耐低温的专用钢板，除强度要求外，更要求具有足够的韧性，以防止压力容器的低温脆断。GB 3531—2014《低温压力容器用钢板》和 GB 150—2011《压力容器》提供了用于制造低温压力容器专用钢板，如 16MnDR、15MnNiDR、09Mn2VDV、07MnNiCrMoVDR 等。

④ 不锈钢板　不锈钢是指含铬量在 12%～30% 的铁基合金。含铬量在 12%～17% 的不锈钢，它在大气中可以发生钝化，主要用于大气、水及其他腐蚀性不太强的介质中；含铬量在 17% 以上的不锈钢可以用于强腐蚀性介质中，这类不锈钢也称为"耐酸钢"。GB 24511—2009《承压设备用不锈钢钢板及钢带》提供了多种不锈钢板，如 0Cr13Al、0Cr13、0Cr18Ni9、0Cr18Ni9Ti、0Cr17Ni12Mo2、0Cr18NiMo2Ti、0Cr19Ni13Mo3、00Cr19Ni10、00Cr17Ni14Mo2、00Cr19Ni13Mo3 等。不锈钢虽然在生产中得到广泛应用，但对某一个钢号而言其使用却受到一定的局限性，目前还未找到能够抵抗多种介质类型腐蚀的钢种。

（2）接管与换热管常用材料　压力容器上有很多工艺接管，如进料管、出料管、换热管等，它们多为无缝钢管，而且属于受压元件。常用无缝钢管材料一般有四类，即碳素钢、低合金钢、低合金耐热钢和高合金钢。它们的冶炼要求、性能要求与前面介绍的钢板基本相同。

常用的碳素钢管材料有 10、20、20g 等，低合金钢管材料有 16Mn、15MnV 等，低温钢管材料有 09Mn2VD、09MnD 等，中温抗氢钢管材料有 12CrMo、15CrMo、10MoWVNb、12Cr2Mo、1Cr5Mo 等，高合金钢管材料有 0Cr13、0Cr18Ni9、0Cr18Ni9Ti、0Cr17Ni12Mo2、0Cr18Ni12Mo2Ti、0Cr19Ni13Mo3、00Cr19Ni10、00Cr17Ni14Mo2 等。

（3）管板与法兰常用材料　管板与法兰是压力容器上比较典型的受力元件，通常是用钢板或锻件经过机械加工制成，然后与壳体组焊，因此要求管板与法兰材料具有良好的可锻性、可焊性和切削加工性能。此外，管板与法兰不仅与介质直接接触，而且受力比较复杂，因此在选择材料时应考虑其力学性能要高于壳体材料。

管板的常用材料有 Q235-A、Q235-B、Q235-C、16Mn、Q345R 等。

法兰常用材料有板材 Q235-A、Q235-B、Q235-C、16Mn、15MnVR，常用锻件有 20、20MnMo、15CrMo 等种类。

（4）螺栓与螺母常用材料　螺栓与螺母是压力容器广泛使用的一类基础零件。由于螺栓与螺母在压力容器工作时要承受较大的负荷，因此螺栓与螺母需要采用较高强度的材料制造，同时要求所选择的材料具有较好的塑性、韧性以及良好机械加工性能。对高温和高强度螺栓用钢，还必须具有较好的抗松弛性、良好的耐热性以及较低的裂纹敏感性。螺栓与螺母配对使用，通常螺栓的强度和硬度比螺母的强度和硬度稍高。

螺栓常用材料有 Q235-A、35、40、40MnB、40MnVB、40Cr、30CrMoA、35CrMoA、35CrMoVA、25Cr2MoVA、1Cr5Mo、2Cr13、0Cr19Ni19 等。

螺母常用的材料有 Q215-A、Q235-A、20、25、35、2Cr13、1Cr13、30CrMn 等。

（5）支座与其他附件常用材料 压力容器支座将承受整个容器的自重和工作介质负荷，但没有承受介质的压力和温度负荷，因此选择时刚性较好的材料即可。常用的材料有 Q235-A、Q235-B 等。

第二节 压力容器设计基础

压力容器的设计不仅对生产的顺利进行产生直接的影响，而且也涉及生产操作人员的生命安全，因此，是一项非常关键的工作。压力容器的设计单位必须取得国家颁发的相应资格，并遵守国家有关压力容器的设计、制造和使用等方面的各项规定。在此对压力容器在设计方面的知识进行简单的讨论，以掌握其设计的基本过程和方法。

一、内压薄壁容器

1. 回转薄壳的形成及几何特性

压力容器的外壳通常是由板、壳制造而成的焊接结构，常见的外壳多数是由具有轴对称的回转壳体组合而成的，如圆柱壳体、球壳体、椭球壳体、圆锥壳体等，因此，首先来认识这些回转壳体的几何特性和受力的关系。

由一条平面曲线或直线绕同平面内的轴线回转 360°而成的薄壳体称为回转薄壳，绕轴线旋转的平面曲线或直线称为回转曲面上的母线。如图 1-2 所示，平行于轴线的直线绕轴旋转 360°形成圆柱面，与轴线相交的直线绕轴线旋转 360°形成圆锥面，半圆形和半椭圆形曲线绕轴线旋转 360°形成球面和椭球面。

图 1-2 几种常见的回转体壳体

图 1-3（a）是一回转壳体的中间面，它是由平面曲线 OA 绕轴线 OO' 旋转 360°而形成的，OA 为母线，通过回转轴的平面称为经线平面，经线平面与中面的交线称为经线，经线上任意一点 B 处的曲率半径是回转壳体在该点的第一曲率半径，用 R_1 表示，在图中表示为线段 BK_1，K_1 点为第一曲率中心；垂直于轴线的平面与中面的交线形成的圆成为平行圆，显然平行圆即是纬线，其半径为 r；过 B 点且垂直于该点经线的平面切割中间面也会得到一条曲线，此曲线在 B 点的曲率半径即是回转壳体在该点的第二曲率半径，用 R_2 表示，在图形上即是沿法线的线段 BK_2，K_2 即是第二曲率中心。从图 1-3（b）可以看出，R_1，r，R_2 不是相互独立的，而是具有一定联系，从图中可以得到

$$r = R_2 \sin\varphi$$

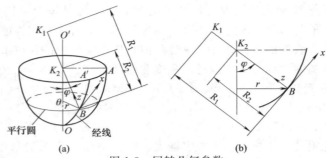

图 1-3 回转几何参数

从几何特性可以看出，第一、二曲率半径都是回转壳体上各点位置的函数，如果已知回转壳体经线（母线）的形状，则经线在指定点的第一曲率半径 R_1 即可通过求曲率半径公式得到，而 R_2 可以通过几何关系求出。

图 1-4（a）是半径为 R 的圆筒形壳体，由于经线是直线，所以经线上任意一点 M 处的第一曲率半径 $R_1 = \infty$，与经线垂直的平面切割中间面所形成的曲线也就是平行圆，故第二曲率半径与平行圆半径相等，两者都等于圆筒形壳体中间面的半径 R，即 $R_2 = r = R$。

图 1-4（b）为一圆锥壳体，经线与轴线相交且为一直线。与圆筒形壳体相似，第一曲率半径 $R_1 = \infty$，第二曲率半径从图中的几何关系可以得到为 $R_2 = r/\cos\alpha = L\tan\alpha$，其中 α 为圆锥壳体的半顶锥角。

图 1-4（c）是半径为 R 的圆球形壳体，其经线为圆曲线，与经线垂直的平面是球壳半径所在的平面，因此，第一、二曲率中心重合，且第一、二曲率半径都等于球形壳体中间面半径 R。

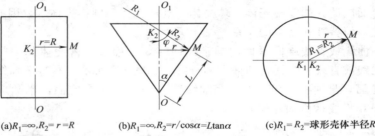

(a)$R_1 = \infty, R_2 = r = R$　　　(b)$R_1 = \infty, R_2 = r/\cos\alpha = L\tan\alpha$　　　(c)$R_1 = R_2 =$球形壳体半径R

图 1-4 典型回转壳体的几何参数

椭球形壳体由于经线是一个椭圆，经线上各点的曲率随位置的不同而发生变化，因此，对第一、二曲率半径的求取需要借助于椭圆曲线和曲率半径的公式进行求解，在此不介绍。

2. 承受气压圆筒形薄壳的受力分析

对密闭的压力容器而言，在承受内压力时，都存在不同程度的变形，如图 1-5 所示，在远离封头的壳体中间截取一段圆弧进行分析发现，容器在长度方向上将伸长，直径将增大，说明在轴向方向上和圆周切向方向上存在拉应力。把轴向方向的拉应力称为经向或轴向应力，用 σ_1 表示，圆周切向方向的应力称为周向应力或环向应力，用 σ_2 表示。

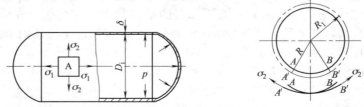

图 1-5 薄壁圆筒形壳体在内压作用下的应力状态和环向变形情况

为了计算筒体上的经向（轴向）应力 σ_1 和环向（周向）应力 σ_2，利用工程力学中的"截取法"，如图 1-6（a）所示。设壳体内的压力为 p，中间面直径为 D，壁厚为 δ，则轴向产生的轴向合力为 $p\dfrac{\pi}{4}D^2$。这个合力作用于封头内壁，左端封头上的轴向合力指向左方，右端封头上的合力则指向右方，因而在圆筒截面上必然存在轴向拉力，这个轴向总拉力为 $\sigma_1\pi D\delta$，如图 1-6（b）所示。

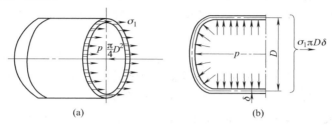

图 1-6 圆筒体横向截面受力分析

根据静力学平衡原理，由内压产生的轴向合力与作用于壳壁横截面上的轴向总拉力相等，即

$$p\,\frac{\pi}{4}D^2=\sigma_1\pi D\delta \tag{1-1}$$

由此可得经向（轴向）应力为

$$\sigma_1=\frac{pD}{4\delta} \tag{1-2}$$

式中　σ_1——经向（轴向）应力，N/m^2 或 MPa；

p——圆筒体承受的内压力，N/m^2 或 MPa；

D——圆筒体中间面直径，mm；

δ——圆筒体的壁厚，mm。

圆筒体环向（周向）应力计算仍采用"截面法"进行分析，通过圆筒体轴线作一个纵向截面，将其分成相等的两部分，留取下面部分进行受力分析，如图 1-7（a）所示。在内压 p 的作用下，壳体所承受的合力为 LDp，这个合力有将筒体沿纵向截面分开的趋势，因此，在筒体环向（周向）必须有一个环向（周向）应力 σ_2 与之平衡，如图 1-7（b）所示，壳体纵向截面的总拉力为 $2L\delta\sigma_2$。

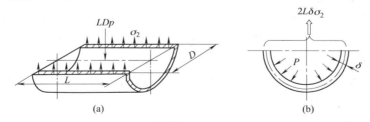

图 1-7 圆筒体纵向截面受力分析

根据力学平衡条件，在内压作用下，垂直于筒体截面的合力与筒体纵向截面上产生的总拉力相等，即

$$LDp=2L\delta\sigma_2 \tag{1-3}$$

可得纵向截面的环向（周向）应力为

$$\sigma_2 = \frac{pD}{2\delta} \tag{1-4}$$

从公式（1-2）和公式（1-4）可以看出，$\sigma_2 = 2\sigma_1$，由此说明在圆筒形壳体中，环向应力是经向应力的 2 倍。因此，如果在圆筒形壳体上开设非圆形的人孔和手孔时，应将非圆孔的长轴设计在环向（周向），而短轴设计在经向（轴向），以减少开孔对壳体强度削弱的影响。同理，在制造圆筒形压力容器时，纵向焊缝的质量比环向焊缝的质量要求高，以确保压力容器的安全运行。

3. 边缘应力的产生及特性

以上所讨论的应力是假设在远距筒体端部的位置上，此时，即认为在内压作用下壳体截面所产生的应力是均匀连续的。在实际生产过程中所用的压力容器的壳体，基本上都是由球壳、圆柱壳、圆锥壳等简单壳体组合而成，如图 1-8 所示，壳体的母线不是单一简单的曲线，而是多种曲线的组合，即壳体可以看成是由一条特定的组合曲线绕轴线回转而得到的，由此引起母线连接处出现了不连续性，从而造成连接处出现了应力的不连续性。另外，壳体沿轴线方向上在厚度、载荷、材质、温差等方面发生变化，也会在连接处产生不连续应力。以上在连接边缘处所产生的不连续应力统称为边缘应力。

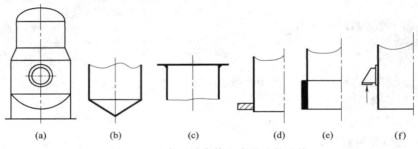

| (a)   (b)   (c)   (d)   (e)   (f)

图 1-8　组合回转壳体和常见连接边缘

不同组合的壳体，在连接边缘处所产生的边缘应力是不相同的。有的边缘应力比较显著，其应力值可以达到很高的数值，但它们有一个明显的特征，就是衰减快、影响范围小，应力只存在于连接边缘处的局部区域，离开边缘稍远区域边缘应力便迅速减少为零，边缘应力的这一特性通常称为局限性。分析发现，对于一般钢材，在距边缘 $2.5\sqrt{R\delta}$（δ 为壳体厚度、R 为壳体半径）处，其边缘应力衰减掉 95.7%。此外，边缘应力是由于在边缘两侧的壳体出现弹性变形不协调以及它们的变形相互受到弹性约束所致，但是，对于塑性材料制造的壳体而言，当连接边缘处的局部区域材料产生塑性变形时，原来的弹性约束便会得到缓解，并使原来的不同变形立刻趋于协调，变形将不会连续发展，边缘应力被自动限制，这种性质称为边缘应力的自限性。

4. 降低边缘应力的措施

（1）减少两连接件的刚度差　两连接件变形不协调会引起边缘应力。壳体刚度与材料的弹性模量、曲率半径、厚度等因素有关。设法减少两连接件的刚度差，是降低边缘应力的有效措施之一。直径和材料都相同的两圆筒连接在一起，当筒体厚度不同时，在内压作用下会出现不连续而导致产生边缘应力。如果将不同厚度的厚圆筒部分在一定范围内削薄，可以降低边缘应力。两厚度差较小时，可以采用图 1-9（a）所示的单面削薄结构；两厚度差较大时，宜采用图 1-9（b）所示的双面削薄结构。

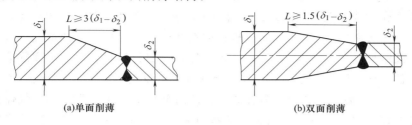

(a)单面削薄 (b)双面削薄

图 1-9 不同厚度筒体的连接

（2）尽量采用圆弧过渡 几何尺寸和形状的突然改变是产生应力集中的主要原因之一。为了降低应力集中，在结构不连续处尽量采用圆弧过渡或经形状优化的特殊曲线过渡。例如，在平盖封头的内表面，其最大应力出现在内部拐角 A 点的附近，如图 1-10 所示，若采用半径不小于 $0.5\delta_p$ 和（$D_c/6$）过渡圆弧，将会减少由于结构不连续所带来的边缘应力。

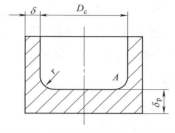

图 1-10 平盖内表面的圆弧过渡

（3）局部区域补强 在有局部载荷作用的壳体处，如壳体与吊耳的连接处、卧式容器与鞍式支座连接处等，在壳体与附件之间加一块垫板，适当给予补强，由此可以有效降低局部应力。

（4）选择合适的开孔方位 根据载荷对筒体的影响，选择适当的开孔位置、方向和形状，如椭圆和长圆孔的长轴应与开孔处的最大应力方向平行，孔尽量开在应力水平比较低的位置，由此也可以降低局部应力。

二、内压球形容器

在工厂中需要用到很多球形容器，如储罐等，因此在此对球形容器的受力进行介绍。球形壳体在几何特性上与圆筒形壳体是不相同的，球形壳体各点经向与环向半径相等，且对称于球心，在内压力作用下有使壳体变大的趋势，说明在其壳体上存在拉应力。为了计算方便，按照"截面法"进行分析，通过球心将壳体分成上、下两部分壳体，留取下半部分进行分析，如图 1-11 所示。

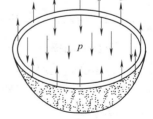

设球形容器的内压力为 p，球壳中间面直径为 D，壁厚为 δ，则产生于壳体截面上的总压力为 $\frac{\pi}{4}D^2p$，这个作用力

图 1-11 球形壳体的受力分析

有使壳体分成两部分的趋势，因此，在壳体截面上必有一个力与之平衡，此时整个圆环截面上的总拉力为 $\pi D\delta\sigma$。

根据力学平衡原理，垂直于壳体截面上的总压力与壳体截面上的总拉应该相等，即

$$\frac{\pi}{4}D^2p = \pi D\delta\sigma$$

由此可得球形壳体的应力为

$$\sigma = \frac{pD}{4\delta} \tag{1-5}$$

将式（1-5）与式（1-2）、式（1-4）比较可以看出，在相同压力、相同直径、相同壁厚的条件下，球形壳体截面上产生的最大应力与圆筒形容器产生的经向应力相等，但仅是圆筒形容器最大应力（环向应力）的 1/2，这也说明在相同压力、相同直径情况下，球形壳体使用的壁厚仅为圆筒形壳体的 1/2，因此，球形容器可以节省材料。但考虑到制造方面的技术原因，球形容器一般用于压力较高的气体或液化气储罐以及高压容器的端盖等。

【例 1-1】 有一圆筒形和球形压力容器，它们内部均盛有压力为 2MPa 气体介质，圆筒形容器和球形容器的内径均为 1000mm，壁厚均为 $\delta=20$mm，试分别计算圆筒形压力容器和球形压力容器的经向应力和环向应力？

解 （1）计算圆筒形容器的应力

圆筒容器的中间面直径 $D=D_i+\delta=1000+20=1020$mm

根据式（1-2），圆筒体横截面的经向应力为

$$\sigma_1=\frac{pD}{4\delta}=\frac{2\times1020}{4\times20}=25.5\text{MPa}$$

根据式（1-4），圆筒体横截面的环向应力为

$$\sigma_2=\frac{pD}{2\delta}=\frac{2\times1020}{2\times20}=51\text{MPa}$$

（2）计算球形容器截面的应力

球形容器的中间面直径为 $D=D_i+\delta=1000+20=1020$mm

根据式（1-5），球形壳体截面的应力为

$$\sigma_1=\sigma_2=\frac{pD}{4\delta}=\frac{2\times1020}{4\times20}=25.5\text{MPa}$$

从以上计算结果可以看出，在相同压力相同厚度的条件下，球形壳体截面产生的应力与圆筒形容器的经向应力相当，但仅是圆筒容器环向应力的 1/2，也即是说球形容器的最大应力是圆筒形容器最大应力的一半。因此，从受力角度来理解，对于内压较大的压力容器而言，选择球形结构的压力容器较为合适。

三、压力容器参数的确定方法

上面涉及的圆筒形容器和球形容器都包含了多种设计参数，诸如计算压力、设计压力、设计温度、厚度、壁厚附加量、焊接接头系数、许用压力等。这些参数在设计计算时需要按照 GB 150—2011《压力容器》及有关标准进行。

1. 压力参数

（1）工作压力 p_w　指压力容器在工作过程中容器顶部可能达到的最高压力，亦称最高工作压力。

（2）计算压力 p_c　指设计温度下，用以确定受压元件厚度的压力。当容器内的介质为气液混合介质时，需要考虑液柱静压力的影响，此时计算压力等于设计压力与液柱静压力之和，即 $p_c=p+p_液$。但当元件所承受的液柱静压力小于 5% 设计压力时，液柱压力可以忽略不计，此时计算压力即为设计压力。

（3）设计压力 p　指压力容器的最高压力，与相应的设计温度一起构成设计载荷条件，其值不得低于工作压力。设计压力与计算压力的取值方法可参见表 1-3 来进行。

当容器系统设置有控制装置，但单个容器无安全控制装置，且各容器之间的压力难以确

定时,其设计压力可按表 1-4 进行确定。

对于盛装液化气且无降温设施的容器,由于容器内产生的压力与液化气的临界温度和工作温度密切相关,因此其设计压力应不低于液化气 50℃时的饱和蒸汽压力;对于无实际组分数据的混合液化石油气容器,由其相关组分在 50℃时的饱和蒸汽压力作为设计压力。液化石油气在不同温度下的饱和蒸汽压可以参见有关化工手册。

表 1-3 设计压力与计算压力的取值

类 型		设 计 压 力
内压容器	无安全泄放装置	1.0~1.1 倍工作压力
	装有安全阀	不低于(等于或稍大于)安全阀开启压力(安全阀开启压力取 1.05~1.1 倍工作压力)
	装有爆破片	取爆破片设计爆破压力加制造范围上限
真空容器	无夹套真空容器 有安全泄放装置	设计外压力取 1.25 倍最大内外压力差或 0.1MPa 两者中的小值
	无夹套真空容器 无安全泄放装置	设计压力取 0.1MPa
	夹套内为内压的带夹套真空容器 容器(真空)	设计外压力按无夹套真空容器规定选取
	夹套(内压)	设计内压力按内压容器规定选取
	夹套内为真空的带夹套内压容器 容器(内压)	设计内压力按内压容器规定选取
	夹套(真空)	设计外压力按无夹套真空容器规定选取
外压容器		设计外压力取不小于在正常工作情况下可能产生的最大内外压力差

表 1-4 设计压力的选取

工作压力 p_w	设计压力 p	工作压力 p_w	设计压力 p
$p_w \leq 1.8$	$p_w+1.8$	$4.0 \leq p_w \leq 8.0$	$p_w+0.4$
$1.8 < p_w \leq 4.0$	$1.1p_w$	$p_w \leq 8.0$	$1.05p_w$

2. 设计温度

设计温度是指容器正常工作情况下,在相应设计压力下,设定的受压元件的金属温度(沿受压元件金属截面厚度的温度平均值)。设计温度与设计压力一起作为设计载荷条件,它虽然在设计公式中没有直接反映,但是在设计中选择材料和确定许用应力时是一个不可缺少的基本参数。在生产铭牌上标记的设计温度应是壳体金属的最高或最低值。

容器器壁与介质直接接触且有外保温(保冷)时,设计温度应按表 1-5 中的Ⅰ或Ⅱ确定。

表 1-5 设计温度的选取

介质工作温度 T	设 计 温 度	
	Ⅰ	Ⅱ
$T \leq -20℃$	介质最低工作温度	介质工作温度-(0~10℃)
$-20℃ < T \leq 15℃$	介质最低工作温度	介质工作温度-(5~10℃)
$T \leq 15℃$	介质最高工作温度	介质工作温度+(10~15℃)

注:当最高(最低)工作温度不明时,按表中Ⅱ确定。

容器内介质用蒸汽直接加热或被内置加热元件间接加热时,设计温度取最高工作温度。

对于 0℃以下的金属温度，设计温度不得高于受压元件金属可能达到的最低温度。元件的温度可通过计算求得，或在已使用的同类容器上直接测得，或根据内部介质温度确定。设计温度必须在材料允许的使用温度范围内，可从－196℃至钢材的蠕变温度范围。

材料的具体适用温度范围是：

压力容器用碳素钢　－19～475℃；

低合金钢　－40～475℃；

低温用钢　至－70℃；

碳钼钢及锰钼铌钢　至 520℃；

铬钼低合金钢　至 580℃；

碳素体高合金钢　至 500℃；

非受压容器用碳素钢　沸腾钢 0～250℃；镇静钢 0～350℃；

奥氏体高合金钢　－196～700℃（低于－100℃使用时，需要对设计温度下焊接接头的夏比 V 形缺口冲击试验）。

3. 许用应力 $[\sigma]^t$

许用应力是压力容器壳体受压元件所用材料的许用强度，它是根据材料各项强度性能指标分别除以标准中所规定的对应安全系数来确定的，如式（1-6）。计算时必须选择合适的材料及其所具有的许用应力，若材料选择太好而许用应力过高，会使计算出来的受压元件过薄，导致刚度低而出现失稳变形；若采用过小许用应力的材料，则会使受压元件过厚而显笨重。材料的强度指标包括常温下的最低抗拉强度 σ_b、常温或设计温度下的屈服强度 σ_s 或 σ_s^t、持久强度 σ_D^t 及高温蠕变极限 σ_n^t 等。

$$[\sigma]^t = \frac{极限应力}{安全系数} \tag{1-6}$$

安全系数是强度的一个"保险"系数，它是可靠性与先进性相统一的一个系数，主要是为了保证受压元件的强度有足够的安全储备量。它是考虑到材料的力学性能、载荷条件、设计计算方法、加工制造技术水平及操作使用等多种不确定因素而确定的。各国标准规范中规定的安全系数均与本国规范所采用的计算、选材、制造和检验方面的规定一致。目前，我国标准规范中规定的安全系数为：$n_b \geqslant 3.0$，$n_s \geqslant 1.6$（或 1.5），$n_D \geqslant 1.5$，$n_n \geqslant 1.0$。

钢制压力容器许用应力的取值方法见表 1-6。

表 1-6　钢制压力容器用材料许用应力的确定方法

材　　料	许用应力取下列各值中的最小值/MPa
碳素钢、低合金钢	$\dfrac{\sigma_b}{3.0}, \dfrac{\sigma_s}{1.6}, \dfrac{\sigma_s^t}{1.6}, \dfrac{\sigma_D^t}{1.5}, \dfrac{\sigma_n^t}{1.0}$
高合金钢	$\dfrac{\sigma_b}{3.0}, \dfrac{\sigma_s(\sigma_{0.2})}{1.5}, \dfrac{\sigma_s^t(\sigma_{0.2}^t)^{1)}}{1.5}, \dfrac{\sigma_D^t}{1.5}, \dfrac{\sigma_n^t}{1.0}$

为了计算中取值方便和统一，GB 150—2011 给出了钢板、钢管、锻件以及螺栓材料在设计温度下的许用应力。在进行强度计算时，许用应力可以直接从表中查取而不必单个进行计算。当设计温度低于 20℃，取 20℃时的许用应力，如果设计温度介于表中两温度之间，则采用内插法确定许用应力。常用钢板的许用应力见附录所示。

4. 焊接接头系数 φ

无论是圆筒形容器还是球形容器都是用钢板通过卷制焊接而成，其焊缝是比较薄弱的地方。焊缝区强度降低的原因在于焊接时可能出现未被发现的缺陷；焊接热影响区往往形成粗大晶粒区而使强度和塑性降低；由于受压元件结构刚性的约束所造成过大的内应力等。因此，为了补偿焊接时可能出现未被发现的缺陷对容器强度的影响，就引入焊接接头系数 φ，它等于焊缝金属材料强度与母材强度的比值，反映了焊缝区材料的削弱程度。影响焊接接头系数 φ 的因素很多，设计时所选取的焊接接头系数 φ 应根据焊接接头的结构形式和无损检测的长度比例确定，具体可按照表 1-7 进行。

表 1-7 焊接接头系数

焊接接头结构	示意图	焊接接头系数 φ	
		100%无损探伤	局部无损探伤
双面焊对接接头和相当于双面焊的全焊透的对接接头		1.0	0.85
单面焊的对接接头（沿焊缝根部全长有紧贴基本金属垫板）		0.90	0.8

按照 GB 150—2011《压力容器》中"制造、检验与验收"的有关规定，容器主要受压部分的焊接接头分为 A、B、C、D 四类，如图 1-12 所示。对于不同类型的焊接接头，其焊接检验的要求是不同的。

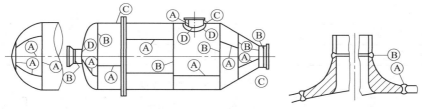

图 1-12 焊接接头类型

按 GB 150—2011《压力容器》规定，凡符合下列条件之一的容器及受压元件，需要对 A 类、B 类焊接接头进行 100%无损探伤。

① 压力容器所用钢板厚度大于 30mm 的碳素钢、Q345R。

② 压力容器所用钢板厚度大于 25mm 的 15MnVR、15MnV、20MnMo 和奥氏体不锈钢。

③ 标准抗拉强度下限大于 540MPa 的钢材。

④ 压力容器所用钢板厚度大于 16mm 的 12CrMo、15CrMoR、15CrMo；其他任意厚度的 Cr-Mo 系列低合金钢。

⑤ 需要进行气压试验的容器。

⑥ 图样中注明压力容器盛装毒性为极度危害和高度危害。

⑦ 图样中规定必须进行 100%检验的容器。

除以上所规定和允许可以不进行无损检测的容器，对 A 类、B 类焊接接头还可以进行局部无损检测，但检测长度不应小于每条焊缝的 20%，且不小于 250mm。

压力容器焊缝的焊接必须由持有压力容器监察部门颁发的相应类别焊工合格证的焊工担任。压力容器无损检测亦必须由持有压力容器安全技术监察部门颁发的相应检查方法无损检测人员资格证书的人员担任。

5. 厚度附加量 C

压力容器厚度，不仅需要满足在工作时强度和刚度要求，而且还根据制造和使用情况，考虑钢板的负偏差和介质腐蚀对容器的影响。因此，在确定容器厚度时，需要进一步引入厚度附加量。附加量有钢板或钢管负偏差 C_1 和介质腐蚀裕量 C_2，即

$$C = C_1 + C_2$$

（1）钢板的厚度负偏差 C_1　钢板或钢管在轧制的过程中，由于制造原因可能会出现偏差。若出现负偏差将使实际厚度偏小，影响压力容器的强度，因此需要考虑这部分的影响，即进行预先增厚。常见钢板钢管的负偏差见表 1-8～表 1-10 所示。

表 1-8　钢板厚度负偏差　　　　mm

钢板厚度	2.0～2.5	2.8～4.0	4.5～5.5	6.0～7.0	8.0～25	26～30	32～34	36～40	42～50	50～60	60～80
负偏差 C_1	0.2	0.3	0.5	0.6	0.8	0.9	1.0	1.1	1.1	1.3	1.8

表 1-9　不锈钢复合钢板厚度负偏差　　　　mm

复合板总厚度	总厚度负偏差	复层厚度	复层偏差
4～7	9%	1.0～1.5	10%
8～10	9%	1.5～2	10%
11～15	8%	2～3	10%
16～25	7%	3～4	10%
26～30	6%	3～5	10%
31～60	5%	3～6	10%

表 1-10　钢管的厚度负偏差　　　　mm

钢管种类	厚度/mm	负偏差 C_1/%	钢管种类	厚度/mm	负偏差 C_1/%
碳素钢	≤20	15	不锈钢	≤10	15
低合金钢	>20	12.5		>10～20	20

如果钢板负偏差不大于 0.25mm，且不超过名义厚度的 6% 时，负偏差可以忽略不计。

（2）腐蚀裕量 C_2　为防止受压元件由于腐蚀、机械磨损而导致厚度减薄而削弱强度，对与介质接触的筒体、封头、接管、人（手）孔及内部构件等，应考虑腐蚀裕量。对有腐蚀或磨损的受压元件，应根据设备的预期寿命和介质对金属材料的腐蚀速率来确定腐蚀裕量 C_2，即

$$C_2 = k_a B$$

式中　k_a——腐蚀速率，mm/a，它由试验确定或查阅材料腐蚀的有关手册确定；

　　　B——容器的设计寿命，压力容器的设计寿命除特殊要求外，对塔类、反应器等主要
　　　　　　容器一般不应少于 15 年，一般压力容器和换热器等则不少于 15 年。

腐蚀裕量的选取原则与方法：

① 容器各受压元件受到的腐蚀程度不同时，可选用不同的腐蚀裕量；

② 介质为压缩空气、水蒸气或水的碳素钢或低合金钢容器，腐蚀裕量不小于 1mm；

③ 对于不锈钢容器，当介质的腐蚀性极微时，可取腐蚀裕量 $C_2 = 0$；

④ 资料不齐或难以确定时，腐蚀裕量可以参见表 1-11 选取。

表 1-11 腐蚀裕量的选取

mm

容器类别	碳素钢 低合金钢	铬钼钢	不锈钢	备注	容器类别	碳素钢 低合金钢	铬钼钢	不锈钢	备注
塔器及反应器壳体	3	2	0		不可拆内件	3	1	0	包括 双面
容器壳体	1.5	1	0		可拆内件	2	1	0	
换热器壳体	1.5	1	0		裙座	1	1	0	
热衬里容器壳体	1.5	1	0						

注：最大腐蚀裕量不得大于16mm，否则应采取防腐措施。

6. 压力容器的公称压力、公称直径

（1）公称直径系列　为了便于设计和成批生产，提高压力容器的制造质量，增强零部件的互换性，降低生产成本，国家相关部门针对压力容器及其零部件制定了系列标准。如储罐、换热器、封头、法兰、支座、人孔、手孔等都有相应的标准，设计时即可采用标准件。压力容器零部件标准化的基本参数是公称直径和公称压力。

压力容器如果采用钢板卷制焊接而成，则其公称直径等于容器的内径，用 DN 表示，单位为mm。在现行的标准中容器的封头公称直径与筒体是一致的，见表1-12。

表 1-12 卷制压力容器的公称直径

mm

300	(350)	400	(450)	500	(550)	600	(650)
700	800	900	1000	(1100)	1200	(1300)	1400
(1500)	1600	(1700)	1800	(1900)	2000	(2100)	2200
(2300)	2400	2600	2800	3000	3200	3400	3600
3800	4000	4200	4400	4500	4600	4800	5000
5200	5400	5500	5600	5800	6000		

注：带括号的公称直径尽量少用或不用。

除了公称直径进行了标准化以外，对于钢板的厚度也进行了标准化，钢板厚度系列见表1-13。

表 1-13 钢板常用厚度系列

mm

2.0	2.5	3.0	3.5	4.0	4.5	(5.0)	6.0	7.0	8.0	9.0	10	11	12
14	16	18	20	22	25	28	30	32	34	36	38	40	42
46	50	55	60	65	70	75	80	85	90	95	100	105	110
115	120	125	130	140	150	160	165	170	180	185	190	195	200

当容器直径比较小时常采用无缝钢管直接制作成筒体，此时的公称直径则指的是钢管的外径。无缝钢管的公称直径、外径及无缝钢管作筒体时的公称直径见表1-14。

表 1-14 无缝钢管的公称直径、外径及无缝钢管制作筒体的公称直径

mm

公称直径	80	100	125	150	175	200	225	250	300	350	400	450	500
外径	80	108	133	159	194	219	245	273	325	377	426	480	530
无缝钢管作筒体时的公称直径				159		219		273	325	377	426		

对于管子来说，公称直径既不是管子内径也不是管子的外径，而是比外径小的一个数

值。只要管子的公称直径一定，则外径的大小也就确定了，管子的内径则根据壁厚不同而有所不同。用于输送水、煤气的钢管，其公称直径既可用公制（mm），也可用英制（in），管子公制和英制规格及尺寸系列见表 1-15。

表 1-15 水、煤气输送钢管公称直径与外径

公称直径	mm	6	8	10	15	20	25	32	40	50	70	80	100	125	150
	in	$\frac{1}{8}$	$\frac{1}{4}$	$\frac{3}{8}$	$\frac{1}{2}$	$\frac{3}{4}$	1	$1\frac{1}{4}$	$1\frac{1}{2}$	2	$2\frac{1}{2}$	3	4	5	6
外径	mm	10	13.5	17	21.25	26.75	33.5	42.5	48	60	75.5	88.5	114	140	165

（2）公称压力系列 目前我国制定压力容器的压力等级分为常压、0.25、0.6、1.0、1.6、2.5、4.0、6.4（单位均为 MPa）。在设计或选用压力容器零部件时，需要将操作温度下的最高操作压力（或设计压力）调整为所规定的公称压力等级，然后再根据 DN 与 PN 选定零部件的尺寸。

四、压力容器的校核

1. 圆筒容器的校核

（1）强度校核计算 为了保证压力容器的运行安全可靠，我国标准按第一强度理论（最大主应力理论）进行设计计算，即圆筒上产生的最大主应力（环向应力 σ_2）应小于或等于圆筒材料在设计温度下的许用应力 $[\sigma]^t$，所以，筒体的强度条件为

$$\sigma_2 = \frac{pD}{2\delta} \leqslant [\sigma]^t \qquad (1\text{-}7)$$

上式是圆筒薄壳仅考虑内压 p 作用下的强度条件，而在实际应用中还得同时考虑其他影响强度的因素，诸如材料质量、制造因素、大气及介质的腐蚀等。

圆柱筒体大多是用钢板通过卷制焊接而成的，在焊接的加热冷却形成的热循环过程中，导致了对焊缝金属组织产生的不利影响，同时焊缝还伴随着产生夹渣、气孔、未融合、未焊透等缺陷的可能性，使得焊缝及近焊缝区金属的强度比钢板本体的强度稍低，因此，需要将钢板的许用应力乘以一个小于 1 的数值 φ（φ 称为焊接接头系数），以弥补焊接时可能出现的强度削弱；此外，在制造过程中多用筒体内径作为测量直径方向的参数，因此，在工艺计算时一般以内径 D_i 为基本尺寸，故用内径 D_i 更方便，将 $D = (D_i + \delta)$ 代入式（1-7），于是，式（1-7）变为

$$\sigma_2 = \frac{p(D_i + \delta)}{2\delta} \leqslant [\sigma]^t \varphi \qquad (1\text{-}8)$$

根据 GB 150—2011 的规定，确定筒体厚度的压力为计算压力 p_c，解出上式中的 δ，则得内压薄壳圆柱壳体的计算厚度 δ

$$\delta = \frac{p_c D_i}{2[\sigma]^t \varphi - p_c} \qquad (1\text{-}9)$$

考虑到大气及介质对压力容器材料的腐蚀影响，在确定筒体厚度时，还需要在计算厚度的基础上加上腐蚀裕量，于是，在设计温度 t 下筒体的计算厚度 δ_d 按下式计算，即

$$\delta_d = \delta + C_2 = \frac{p_c D_i}{2[\sigma]^t \varphi - p_c} + C_2 \qquad (1\text{-}10)$$

再考虑钢板制造时的误差，将设计厚度加上负偏差，此时所得厚度数值如果不是钢板规格数值时，应将计算厚度朝大的方向圆整到相应的钢板标准厚度，该厚度称为名义厚度，用

δ_n 表示，由此式 (1-10) 变为

$$\delta_n \geqslant \delta_d + C_1 = \frac{p_c D_i}{2[\sigma]^t \varphi - p_c} + C_2 + C_1 \qquad (1-11)$$

式中　δ_n——圆筒的名义厚度，mm；

　　　δ_d——圆筒的设计厚度，mm；

　　　δ——圆筒的计算厚度，mm；

　　　p_c——圆筒的计算压力，MPa；

　　　D_i——圆筒的内径，mm；

　　$[\sigma]^t$——设计温度下圆筒材料的许用应力，MPa；

　　　φ——焊缝系数，$\varphi \leqslant 1$；

　　　C_1——钢材的厚度负偏差，mm；

　　　C_2——腐蚀裕量，mm。

应该指出，上式是仅考虑内压（主要是气压）作用下而得到的壁厚计算公式；如果压力容器除承受内压外，还承受有较大的其他外部载荷，如风载荷、地震载荷、偏心载荷、温差应力等，式 (1-9) 就不能作为确定圆筒厚度的唯一依据了，这时需要同时校核其他载荷所引起的筒壁应力。

筒体的强度计算公式，除了用于确定承压容器的厚度外，还可以用于对压力容器进行校核计算，也可以确定设计温度下圆筒的最大允许工作压力以及在指定压力下的计算应力等。对式 (1-8) 稍加变形即可得到相应的校核公式。

设计温度下圆筒的最大允许工作压力为

$$p_w = \frac{2\delta_e [\sigma]^t \varphi}{(D_i + \delta_e)} \qquad (1-12)$$

设计温度下圆筒的计算应力为

$$\sigma^t = \frac{p_c (D_i + \delta_e)}{2\delta_e} \leqslant [\sigma]^t \varphi \qquad (1-13)$$

式中　δ_e——圆筒的有效厚度，$\delta_e = \delta_n - C$，mm；

　　　C——厚度附加量，$C = C_1 + C_2$，mm。

式中的其他符号同前。

（2）最小壁厚的确定　对于低压或常压的小型容器，按照以上的强度计算公式计算出来的厚度往往很薄，在制造、运输和安装过程常因刚度不足而发生变形。

例如：有一容器内径为 1000mm，在压力为 0.1MPa、温度为 150℃ 条件下工作，材料采用 Q235-A，取焊接接头系数 $\varphi = 0.85$，腐蚀裕量 1mm，则

$$\delta = \frac{p_c D_i}{2[\sigma]^t \varphi - p_c} = \frac{0.1 \times 1000}{2 \times 113 \times 0.85 - 0.1} = 0.5 \text{mm}$$

如此薄的钢板显然不能满足刚度的要求，因此按照《压力容器》GB 150—2011 规定，对壳体加工成形后具有不包括腐蚀裕量在内的最小厚度 δ_{min} 进行如下限制。

① 对碳素钢、低合金钢制容器，δ_{min} 不小于 3mm；对高合金钢制容器，δ_{min} 不小于 2mm。

② 对标准椭圆封头和 $R_i = 0.9D_i$，$r = 0.17D_i$ 的碟形封头，其有效厚度应不小于封头内径的 0.15%，即 0.15%D_i。对于其他椭圆形封头和碟形封头，其有效厚度应不小于封头内径的 0.3%，即 0.3%D_i。

如果在计算封头时已经考虑了内压作用下的弹性失稳，或是按应力分析设计标准对压力

容器进行计算者，则可不受上述要求的限制。

（3）设计中各类厚度的关系　以上设计的过程涉及了多种厚度，它们之间有怎样的关系，在此进行讨论。在确定压力容器壁厚时，首先根据有关公式得出计算厚度 δ，再考虑壁厚附加量 C，然后圆整为名义厚度 δ_n，此时未考虑加工减薄量。壁厚附加量 C 由钢材的厚度负偏差 C_1 和腐蚀裕量 C_2 组成，即 $C=C_1+C_2$；而加工减薄量并不是由设计人员确定，而是由制造厂根据具体的制造工艺和钢板的实际厚度来确定，因此，压力容器出厂时的实际厚度可能与图样上的厚度不完全一致。压力容器各类厚度的关系如图 1-13 所示。

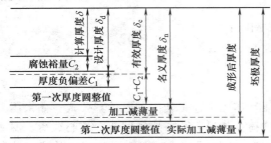

图 1-13　各类厚度之间的关系

① 计算厚度 δ　是按有关强度公式利用计算压力得到的厚度，除压力外，必要时还应计入对厚度有影响的其他载荷，如风载荷、地震载荷、偏心载荷等。

② 设计厚度 δ_d　指计算厚度与腐蚀裕量之和，即

$$\delta_d = \delta + C_2$$

③ 名义厚度 δ_n　指设计厚度加上钢板负偏差后，向上圆整得到的标准规格的钢板厚度，它是图样上标注的厚度，即 $\delta_n = \delta + C_1 + C_2 +$ 圆整量 Δ，圆整量根据计算的具体情况而确定。

④ 有效厚度 δ_e　指名义厚度减去腐蚀裕量和钢板厚度负偏差，即

$$\delta_e = \delta_n - (C_1 + C_2)$$

⑤ 成形后厚度　指制造厂考虑加工减薄量并按钢板规格第二次向上圆整得到的坯板厚度，再减去实际加工减薄量后的厚度，即是压力容器出厂时的实际厚度。一般情况下，只要成形后的实际厚度大于设计厚度即可满足强度要求。

2. 内压球形壳体的强度计算

通过前面的分析可知，球形壳体是对称于球心的，没有圆筒的"经向"与"环向"之分，所以，在内压作用下，球壳壁上的双向应力是相等的，即经向应力 σ_1 和环向应力 σ_2 相等。按照第一强度理论，为保证球壳体的安全使用所需要的壳体强度，应满足下列条件，即

$$\sigma_1 = \sigma_2 = \frac{pD}{4\delta} \leqslant [\sigma]^t$$

采用计算压力 p_c 及用内径 D_i 代替中径，并考虑焊缝可能存在缺陷的影响，在计算中用焊接接头系数 φ 代替焊缝的影响，上式可以改写成

$$\frac{p(D_i + \delta)}{4\delta} \leqslant [\sigma]^t \varphi$$

将上式变形可得设计温度下的球壳体厚度计算公式

$$\delta = \frac{p_c D_i}{4[\sigma]^t \varphi - p_c} \tag{1-14}$$

此公式仅在压力 $p_c \leqslant 0.6[\sigma]^t \varphi$ 的条件下适用，考虑介质和大气的腐蚀影响，将腐蚀裕量 C_2 代入得

$$\delta_d = \frac{p_c D_i}{4[\sigma]^t \varphi - p_c} + C_2 \tag{1-15}$$

再考虑钢板成形时负偏差 C_1 的影响，满足 $\delta_n \geqslant \delta_d$ 的原则，将 δ_d 进行圆整至钢板相应的标准厚度。

与内压圆筒类似，可以通过此公式来确定球壳体的最大允许工作压力，也可对在役压力容器进行强度校核。

将上式进行变形，可得设计温度下球壳体的最大允许工作压力 $[p_w]$ 按下式进行计算

$$[p_w] = \frac{4\delta_e[\sigma]^t\varphi}{(D_i+\delta_e)} \tag{1-16}$$

设计温度下球壳体的计算应力按下式进行计算，即校核计算

$$\sigma^t = \frac{p_c(D_i+\delta_e)}{4\delta_e} \leqslant [\sigma]^t\varphi \tag{1-17}$$

以上公式中的各个符号与前面介绍的相同。

对比式（1-9）和式（1-14）可以看出：当条件相同时，球壳体的壁厚大约是圆筒壁厚的 1/2，而且球体的表面积小，因而保温层等其他附加费用也相对的减少，所以许多大型的储存容器一般都采用球形容器。但是球形容器在制造方面比圆筒形容器要复杂，而且要求高，故当容器直径小于 3m 时，一般仍采用圆筒形容器。

【例 1-2】 有一内压容器，已知设计压力 $p=0.4\text{MPa}$，设计温度 $t=70℃$，圆筒内径 $D_i=1000\text{mm}$，总高为 3000mm，内装液体介质，液体静压力为 0.03MPa，圆筒材料为 Q345R，腐蚀裕量 C_2 取 1.5mm，焊缝系数 $\varphi=0.85$，试求该容器的筒体厚度。

解 （1）计算压力 p_c 的确定

由于设计压力为 $p=0.4\text{MPa}$，而液柱静压力为 0.03MPa，已大于设计压力的 5%，故计算压力为

$$p_c = p + p_液 = 0.4 + 0.03 = 0.43\text{MPa}$$

（2）求计算厚度

假设筒体所需钢板厚度为 6～16mm，查附录得设计温度为 70℃时的许用应力 $[\sigma]^t=170\text{MPa}$，将以上参数代入式（1-9）得筒体的计算厚度为

$$\delta = \frac{p_c D_i}{2[\sigma]^t\varphi - p_c} = \frac{0.43 \times 1000}{2 \times 170 \times 0.85 - 0.43} = 1.49\text{mm}$$

对于低合金钢制容器，按标准规定 $\delta_{min}=3\text{mm}$，因此为了保证筒体具有足够的刚度，取 $\delta=3\text{mm}$。

（3）求设计厚度 δ_d

$$\delta_d = \delta + C_2 = 3.0 + 1.5 = 4.5\text{mm}$$

（4）求名义厚度 δ_n

查表 1-8 在 4.5～5.5mm 范围内得钢板负偏差 $C_1=0.5\text{mm}$，因而可取名义厚度 δ_n 至少为 5mm。根据钢板常用厚度系列（见表 1-13）可以看出，厚度为 5.0mm 的钢板较少采用，因而取名义厚度 $\delta_n=6.0\text{mm}$。

（5）检查

从附录中看出 $\delta_n=6.0\text{mm}$ 时 $[\sigma]^t$ 没有变化，故取名义厚度 δ_n 为 6mm 合适。

【例 1-3】 对一储罐的筒体进行设计计算。已知：设计压力 $p=2.5\text{MPa}$，操作温度在 $-5～44℃$，用 Q345R 钢板制造，储罐内径 $D_i=1200\text{mm}$，腐蚀裕量为 $C_2=1\text{mm}$，焊接接头系数 $\varphi=0.85$，试确定筒体厚度。

解 Q345R 钢板在 $-5～44℃$ 范围的许用应力由附录查取，估计壁厚在 6～16mm 之间，查得许用应力 $[\sigma]^t=170\text{MPa}$，取计算压力 $p_c=p=2.5\text{MPa}$，将已知参数代入式（1-9）得到储罐筒体计算厚度为

$$\delta = \frac{p_c D_i}{2[\sigma]^t \varphi - p_c} = \frac{2.5 \times 1200}{2 \times 170 \times 0.85 - 2.5} = 10.47 \text{mm}$$

设计厚度 $\qquad\qquad\qquad \delta_d = \delta + C_2 = 10.47 + 1 = 11.47 \text{mm}$

查表 1-8 得钢板厚度负偏差 $C_1 = 0.8 \text{mm}$，则名义厚度取不低于 $11.47 + 0.8 = 12.27 \text{mm}$，按照表 1-13 钢板常用厚度系列查得 $\delta_n = 14 \text{mm}$，因而筒体厚度为 14mm。

五、外压容器

1. 外压容器的失稳与失稳形式

（1）失稳现象　在生产中除了内压容器外，还有不少承受外压的容器，例如真空储罐、蒸发器、真空冷凝器等。所谓外压容器是指容器壳体外部的压力大于内部压力的容器。内压容器在压力作用下将产生应力和变形，当此应力超过材料的屈服点时，壳体将产生显著变形直至断裂；但外压容器失效的形式与一般的内压容器不同，它的主要失效形式是失稳。

外压容器的壳体在承受均布外压作用时，壳体中将会产生压缩薄膜应力，其计算方法与受内压时的拉伸薄膜应力相同。但此时的壳体有两种可能的失效形式，一种是因强度不足发生压缩屈服失效；另一种是因刚度不足发生失稳失效。

外压容器的失效是指当外载荷增大到某一值时，壳体会突然失去原来的形状，被压扁或出现波纹，这种现象称为失稳，如图 1-14 所示。对于壳体壁厚与直径比很小的薄壁回转体，失稳时器壁的压缩应力低于材料的屈服极限，载荷卸去后，壳体能恢复原来的形状，这种失稳称为弹性失稳；当回转壳体厚度增大时，壳壁中的压应力超过材料的屈服点才发生失稳，载荷卸去后，壳体又不能恢复原来的形状，这种失稳称为非弹性失稳或弹塑性失稳。除周向出现失稳现象外，轴向也存在类似失稳现象。

图 1-14　筒体失稳
时出现的波形

（2）失稳形式　薄壁压力容器在外压作用下的失稳形式主要有侧向失稳、轴向失稳、局部失稳三种形式。容器由于均匀侧向外压引起的失稳称为侧向失稳，侧向失稳时壳体截面由原来的圆形被压扁而呈现波形，其波数可以有两个、三个、四个……，如图 1-15 所示。轴向失稳是薄壁圆筒承受轴向外压时，当载荷达到某一数值时，也会丧失其稳定性，破坏了母线的直线性，使母线产生了波形，即圆筒发生了褶皱，如图 1-16 所示。除了侧向失稳和轴向失稳两种整体失稳外，还有局部失稳，如容器在支座或其他支承处以及在安装运输中由于过大的局部外压引起的失稳。

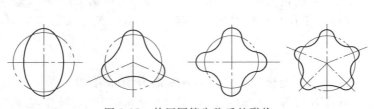

图 1-15　外压圆筒失稳后的形状

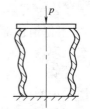

图 1-16　轴向失
稳后的形状

2. 临界压力

（1）概念　压力容器在承受外压时在失稳前只有环向和轴向应力，失稳时伴随突然的变形，在筒壁内产生了以弯曲应力为主的复杂的附加应力，这种变形与附加应力一直迅速发展到筒体被压瘪为止。当筒壁所受外压未达到某一临界值前，在压应力作用下筒壁处于一种稳定的平衡状态，这时增加外压力并不引起筒体形状的改变，在这一阶段的圆筒仍处于相对静止的平衡状态；但随着外压增加到超过某一临界值后，筒体形状和应力状态发生了突变，原来的平衡遭到了破坏，圆形的筒体横截面即出现了波形。因此把这一临界值称为筒体的临界压力，用 p_{cr} 表示。

（2）影响临界压力的因素　通过实验发现，影响临界压力的因素有筒体的几何尺寸、筒体材料性能、筒体的制造精度等方面。

实验发现，当筒体长度 L 与筒体直径 D 之比（L/D）相同时，δ_e/D 大者临界压力高；当 δ_e/D 相同时，L/D 小者临界压力高。也就是说，壁厚较大、筒体直径较小、计算长度较小时，临界压力就高，反之，临界压力低。

筒体失稳时，绝大多数情况下，筒壁内的压应力并未达到材料的屈服点，这说明筒体几何形状的突变，并不是由于材料的强度不够而引起的。筒体材料的临界压力与材料的屈服点没有直接的关系，但是，材料的弹性模量 E 和泊松比 μ 值越大，其抵消变形的能力就越强，因而其临界压力就越高。但是由于各种钢材的 E 和 μ 值相差不大，所以选用高强度钢代替一般碳素钢制造外压容器，并不能提高筒体的临界压力。

筒体的制造精度主要指圆度误差（椭圆度）和筒壁的均匀性。应该强调的是，外压容器稳定性的破坏并不是由于壳体存在圆度误差和壁厚不均匀而引起的，因为即使壳体的形状很精确并且壁厚也很均匀，当外压力达到一定值时仍然会失稳，但壳体存在圆度误差和壁厚不均匀，将导致丧失稳定性的临界压力降低。

除以上原因外，还有载荷的不对称性、边界条件等因素也对临界压力有一定影响。

3. 临界压力的计算

按照破坏的情况，受外压的圆筒形壳体可分为长圆筒、短圆筒和刚性圆筒三种。区分长圆筒、短圆筒和刚性圆筒的长度均指与直径 D、壁厚 δ 等有关的相对长度，而非绝对长度。

（1）长圆筒的临界压力　当筒体长度较长，L/D 值较大，两端刚性较高的封头对筒体中部变形不能起到支承作用，筒体容易失稳而被压瘪，失稳时的波数 $n=2$。长圆筒的临界压力 p_{cr} 仅与圆筒的相对厚度 δ_e/D 有关，与圆筒的相对长度 L/D 无关，其临界压力计算公式为

$$p_{cr}=\frac{2E}{1-\mu^2}\left(\frac{\delta_e}{D_o}\right)^3 \tag{1-18}$$

式中　E——设计温度下材料的弹性模量，MPa；

　　　δ_e——圆筒的有效厚度，mm；

　　　D_o——圆筒的中径，可近似等于圆筒的外径，mm；

　　　μ——泊松比，对钢材取为 0.3。

对于钢制圆筒而言，可以将 $\mu=0.3$ 代入上式，得到钢制圆筒的临界压力为

$$p_{cr}=2.2E\left(\frac{\delta_e}{D_o}\right)^3 \tag{1-19}$$

（2）短圆筒的临界压力　若圆筒的封头对筒体起到支承作用，约束筒体的变形，失稳时波形 $n=3$。短圆筒临界压力不仅与相对厚度 δ_e/D 有关，而且与相对长度 L/D 有关。L/D 值越大，封头对筒体的支承作用越弱，临界压力越小。短圆筒的临界压力计算公式为

$$p_{cr}=\frac{2.59E\delta_e^2}{LD_o\sqrt{D_o/\delta_e}} \tag{1-20}$$

式中　L——圆筒长度，mm。

长圆筒与短圆筒的临界压力计算公式，都是认为圆筒横截面呈规则的圆形情况下推演出来的，事实上筒体不可能都是绝对的圆，所以，筒体的实际临界压力将低于用上面公式计算出来的理论值，且式（1-18）～式（1-20）仅限于在材料的弹性范围内使用，即

$$\sigma_{cr} = \frac{p_{cr} D_o}{2\delta_e} \leqslant \sigma_s^t$$

同时，圆筒体的圆度，即同一截面的最大最小直径之差还应符合有关制造规定。

（3）刚性圆筒的临界压力　若圆筒体长度较短、筒壁较厚，容器刚度较好，不存在失稳压扁丧失工作能力问题，这种圆筒称为刚性圆筒。其丧失工作能力的原因不是由于刚度不够，而是由于器壁内的应力超过了材料的屈服强度或抗压强度所致，在计算时，只要满足强度要求即可。刚性圆筒强度校核公式与内压圆筒相同，刚性圆筒所能承受的最大外压为

$$p_{max} = \frac{2\delta_e \sigma_s^t}{D_i} \tag{1-21}$$

式中　δ_e——圆筒的有效厚度，mm；

σ_s^t——材料在设计温度下的屈服极限，MPa；

D_i——圆筒的内径，mm。

4. 临界长度与计算长度

前面介绍了长圆筒、短圆筒、刚性圆筒所能承受的最大外压力的计算方法，但是，实际计算中一个外压圆筒究竟是长圆筒、短圆筒，还是刚性圆筒，这需要借助一个判断式，这个判断式就是临界长度。

（1）临界长度　相同直径相同壁厚条件下，长圆筒的临界压力低于短圆筒的临界压力。随着圆筒长度的增加，端部的支承作用逐渐减弱，临界压力值也逐渐减少。当短圆筒的长度增加到某一临界值时，端部的支承作用完全消失，此时，短圆筒的临界压力降低到与长圆筒的临界压力相等。由式（1-19）和式（1-20）得

$$p_{cr} = 2.2E\left(\frac{\delta_e}{D_o}\right)^3 = \frac{2.59E\delta_e^2}{L_{cr} D_o \sqrt{D_o/\delta_e}}$$

由此得到区分长、短圆筒的临界长度为

$$L_{cr} = 1.17 D_o \sqrt{D_o/\delta_e} \tag{1-22}$$

同理，当短圆筒与刚性圆筒的临界压力相等时，由式（1-20）和式（1-21）得到短圆筒与刚性圆筒的临界长度

$$p_{cr} = \frac{2.59E\delta_e^2}{L_{cr} D_o \sqrt{D_o/\delta_e}} = \frac{2\delta_e \sigma_s^t}{D_i}$$

计算中将内径取为外径，得到区分短圆筒和刚性圆筒的临界长度为

$$L'_{cr} = \frac{1.3E\delta_e}{\sigma_s^t \sqrt{D_o/\delta_e}} \tag{1-23}$$

因此，当圆筒的计算长度 $L \geqslant L_{cr}$ 时为长圆筒；当 $L_{cr} > L > L'_{cr}$，筒壁可以得到端部或加强构件的支承应用，此类圆筒属于短圆筒；当 $L < L'_{cr}$ 时的圆筒属于刚性圆筒。

根据上式判断圆筒的类型后，即可利用对应的临界压力公式对圆筒进行有关计算。通过上面的过程发现，判断圆筒的类型还要知道圆筒的计算长度。

（2）圆筒的计算长度　通过上面的计算公式发现，若不改变圆筒几何尺寸而提高它的临界压力值，可通过减少圆筒的计算长度来达到。对于生产能力和几何尺寸已经确定的圆筒来

说，减少计算长度的方法是在圆筒内、外壁设置若干个加强圈，只要加强圈刚度足够大，可以起到加强支承作用。筒体焊上加强圈后，增强了筒体抵抗变形的能力，其所承受的临界压力也随之增大。

设置加强圈后，筒体的几何长度在计算临界压力时已失去了直接意义，此时需要的是筒体的计算长度。所谓计算长度即是筒体上任意两个相邻刚性构件（封头、法兰、支座、加强圈等）之间的最大距离，计算时可以根据以下结构确定。

① 当圆筒部分没有加强圈，并没有可作为加强的构件时，则取圆筒总长度加上每个凸形封头曲面深度的 1/3，如图 1-17（a）、（b）所示。

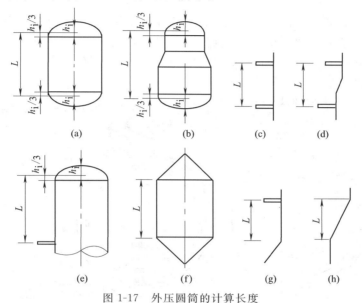

图 1-17　外压圆筒的计算长度

② 当圆筒部分有加强圈或可作为加强的构件时，则取相临两加强圈中心线之间的最大距离，如图 1-17（c）、（d）所示。

③ 取圆筒第一个加强圈中心线与封头连接线间的距离加凸形封头曲面深度的 1/3，如图 1-17（e）所示。

④ 当圆筒与锥壳相连时，若连接处可以作为支承，则取此连接处与相邻支承之间的最大距离，如图 1-17（f）、（g）、（h）所示。

⑤ 对于与封头相连的那段筒体，计算长度应计入封头的直边高度及凸形封头 1/3 曲面高度。

5. 外压容器的加强圈

设计外压圆筒时，在试算过程中如果出现许用外压力 $[p]$ 小于计算外压力 p_c 时，说明筒体刚度不够，此时，可以通过增加筒体壁厚或者减少筒体的计算长度来达到提高临界压力，从而提高许用操作压力的目的。从经济观点看，用增加厚度的方法来提高圆筒的许用应力是不合适的，适宜的方法是在外压圆筒的外部或内部装几个加强圈，以减少圆筒的计算长度，增加圆筒的刚性。当外压圆筒采用不锈钢或贵重金属制造时，在圆筒内部或外部采用碳素钢的加强圈可以减少贵重金属的消耗量，很有经济意义。采用加强圈结构来提高外压容器的刚性已经得到广泛应用。

（1）加强圈的结构及要求　加强圈应具有足够的刚度，通常采用扁钢、角钢、工字钢或其他型钢,如图 1-18 所示。它不仅对筒体有较好的加强效果,而且自身成形也比较方便,所用材料多采用价格低廉的碳素钢。

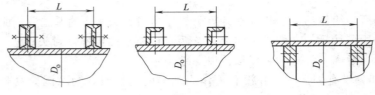

图 1-18　加强圈的结构

加强圈既可以设置在筒体内部,也可以设置在筒体的外部,为了确保加强圈对筒体的加强作用,加强圈应整圈围绕在圆筒的圆周上。外压容器加强圈的各种布置如图 1-19 所示。如果需要留出间隙时,则应满足图 1-22 对弧长的要求;若超出规定弧长,则需将容器内部和外部的加强圈相邻两部分之间接合起来。

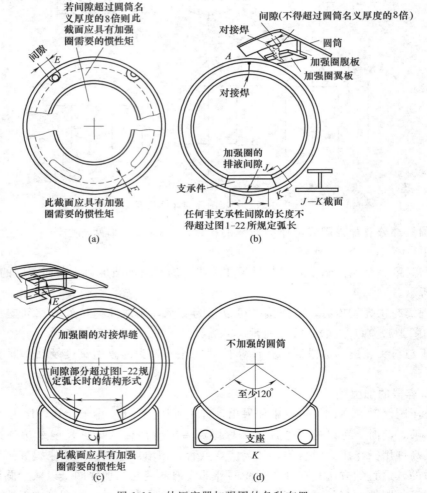

图 1-19　外压容器加强圈的各种布置

(2) 加强圈与圆筒的连接　加强圈与圆筒之间可以采用连续焊或间断焊。当加强圈设置在容器外面时,加强圈每侧间断焊接的总长,应不小于圆筒外周长的 1/2;当设置在圆筒内部时，应不小于圆筒内周长的 1/3。间断焊的布置如图 1-20 所示，间断焊缝可以错开或并排布置。无论错开还是并排，其最大间隙 l，对外加强圈时为 $8\delta_n$，对内加强圈时为 $12\delta_n$。为了保证壳体的稳定性，加强圈不得任意削弱或割断。

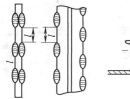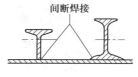

图 1-20　加强圈与筒体的连接　　　　　　　　　图 1-21　经削弱的加强圈

对外加强圈而言是比较容易做到的，但是对内加强圈而言，有时就不能满足这一要求，如卧式容器中的加强圈，往往需要开设排液孔，如图 1-21 所示。加强圈允许割开或削弱而不需补强的最大弧长间断值，可由图 1-22 查取。

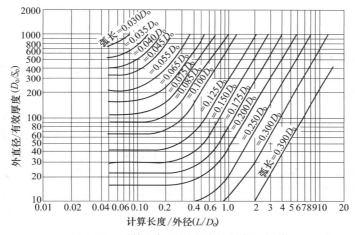

图 1-22　圆筒上加强圈允许的间断弧长值

（3）加强圈的间距　　加强圈的间距可以通过图算法或计算法来确定。图算法涉及的内容较多，因此这里仅介绍计算法，需要时查阅有关参考书。

通常计算压力已由工艺条件确定，如果筒体的 D_o、δ_e 已经确定，使该筒体安全承受所规定的外压 p_c 所需要的最大间距，可以通过下式计算所得

$$L_s = 2.59 E'D \frac{(\delta_e/D_o)^{2.5}}{m p_c} = 0.86 \frac{D_o}{p_c}\left(\frac{\delta_e}{D_0}\right)^{2.5} \tag{1-24}$$

式中　L_s——加强圈的间距，mm；

$\quad\quad D_o$——筒体的外径，mm；

$\quad\quad p_c$——筒体的计算压力，MPa；

$\quad\quad \delta_e$——筒体的有效厚度，mm。

加强圈的实际间距如果不大于上式的计算值，则表示该圆筒能够安全承受计算外压 p_c，需要加强圈的个数等于不设加强圈的计算长度 L 除以所需加强圈间距 L_s 再减去 1，即加强圈个数 $n = (L/L_s) - 1$。如果加强圈的实际间距大于计算间距，则需要多设加强圈个数，直到使 $L_{实际} \leqslant L_s$ 为止。

6. 轴向受压圆筒

有些压力容器除受到内部介质的压力外，往往还会受到其他载荷作用，其在轴向承受压应力。如高大直立设备的风载荷、地震载荷、裙座承受容器及其内部介质的重量等，塔壁上会产生很大的局部压缩应力；又如大型的卧式容器，由于自身和内部介质的重力和鞍座支承反力将可能造成弯曲，也会使容器壁产生局部的轴向压缩应力。这些薄壁容器上的压缩应力如果达到某一数值，将会引起圆筒的轴向失稳，因此，对于轴向受压的圆筒也须考虑其稳定性问题。

(a) 非对称形式　　　　(b) 对称形式

图 1-23　轴向压缩圆筒失稳后的形状

轴向受压圆筒稳定性概念：薄壁圆筒受轴向均匀分布的外压作用时，当压力达到临界压力 p_{cr} 值时，同样会发生失稳现象。这种失稳状态与径向外压圆筒失稳不同，即失稳后的轴向受压圆筒仍然具有圆形截面，只是经线的直线性受到了破坏而产生了波形，如图 1-23 所示。

六、封头

封头是压力容器的重要组成部分，按其结构形状可分为凸形封头、锥形封头、平盖三种；凸形封头又分为半球形封头、椭圆形和碟形封头。实际工程中究竟采用哪种封头需要根据工艺条件、制造难易程度以及材料的消耗等情况综合进行考虑。

1. 凸形封头

（1）半球形封头　半球形封头的结构如图 1-24 所示，它与球形壳体具有相同的优点，即在相同的条件下，它所需要的圆筒厚度最薄，相同容积的表面积最小，因此可以节约钢材，仅从这个方面看来它是最理想的结构形式。但与其他凸形封头比较，其深度较大，在直径较小时，整体冲压困难；而直径较大、采用分瓣冲压拼焊时，焊缝多，焊接工作量大，出现焊接缺陷的可能性也增加。因此，对于一般中、小直径的容器很少采用半球形封头，半球形封头常用在高压容器上。

　　　　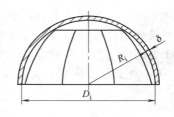

(a) 形状图　　　　　　　　　　　(b) 简图

图 1-24　半球形封头

半球形封头与半球形壳体受力状况完全相同，因此，在内压作用下，其应力状态与球壳完全相同，即

$$\sigma = \frac{pD}{4\delta}$$

其厚度计算公式与球壳厚度计算公式也完全相同，即

$$\delta = \frac{p_c D_i}{4[\sigma]^t \varphi - p_c} \tag{1-25}$$

（2）椭圆形封头　椭圆形封头由半个椭球面和高度为 h 的短圆筒（亦称直边）组成，如图 1-25 所示。设置直边的目的是避免筒体与封头连接处的焊接应力与边缘应力的叠加。为了改善焊接受力状况，直边需要一定的长度，其值可按照标准或表 1-16 进行选取。

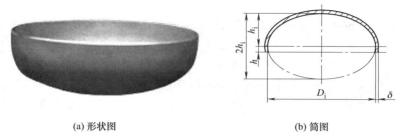

(a) 形状图　　　　　　　　　　　　(b) 简图

图 1-25　椭圆形封头

表 1-16　椭圆封头材料、厚度和直边高度的对应关系　　　　　　　　　　mm

封头材料	碳素钢	普通低合金钢	复合钢板	不锈耐酸钢		
封头厚度	4~8	10~18	≥20	3~9	10~18	≥20
直边高度	25	40	50	25	40	50

由于封头的椭球部分经线曲率变化平缓而连续，故应力分布比较均匀；此外，与球形封头比较，椭圆形封头的深度小，易于冲压成形，目前，在中、低压容器中采用比较广泛。

椭圆形封头厚度的计算按照下式进行

$$\delta = \frac{K p_c D_i}{2[\sigma]^t \varphi - 0.5 p_c} \tag{1-26}$$

式中　K——椭圆封头的形状系数，其值按照式（1-27）进行计算

$$K = \frac{1}{6}\left[2 + \left(\frac{D_i}{2h_i}\right)^2\right] \tag{1-27}$$

K 值也可以根据 a（长半轴）/b（短半轴）$\approx D_i/2h_i$ 按照表 1-17 进行查取。

表 1-17　椭圆封头形状系数

$D_i/2h_i$	2.6	2.5	2.4	2.3	2.2	2.1	2.0	1.9	1.8
K	1.46	1.37	1.29	1.21	1.14	1.07	1.00	0.93	0.87
$D_i/2h_i$	1.7	1.6	1.5	1.4	1.3	1.2	1.1	1.0	
K	0.81	0.76	0.71	0.66	0.61	0.57	0.53	0.50	

理论分析表明，当 $D_i/2h_i = 2$ 时，椭圆形封头的应力分布较好，所以规定为标准椭圆形封头，此时，$K=1$。标准椭圆封头的计算公式为

$$\delta = \frac{p_c D_i}{2[\sigma]^t \varphi - 0.5 p_c} \tag{1-28}$$

从式（1-28）可以看出，标准椭圆封头的厚度与其连接的圆筒厚度大致相等，因此筒体与封头可采用等厚度钢板进行制造，这不仅给选择材料带来方便，而且也便于筒体与封头的焊接加工，所以工程中多选用标准的椭圆形封头作为圆筒形容器的端盖。

我国标准中对椭圆形封头厚度进行了一定的限制，即标准椭圆形封头的有效厚度应不小于封头内直径的 0.15%，其他椭圆形封头的有效厚度应不小于封头内直径的 0.3%。

通过式（1-26）可以得到椭圆封头的最大允许工作压力，其值为

$$[p_w] = \frac{2[\sigma]^t \varphi \delta_e}{KD_i + 0.5\delta_e} \tag{1-29}$$

式中符号同前。

（3）碟形封头　碟形封头亦称带折边的球形封头，它由半径为 R_i 球面部分，高度为 h 短圆筒（直边）部分和半径为 r 过渡环壳部分组成，如图 1-26 所示。直边段高度 h 的取法与椭圆形封头直边段的取法一样。从几何形状看，碟形封头三个部分的交界处存在不连续，故应力分布不够均匀、缓和，在工程使用中不够理想。但过渡环壳的存在降低封头的深度，方便了成形加工，且压制碟形封头的钢模加工简单，因此，在某些场合仍可以代替椭圆形封头的使用。

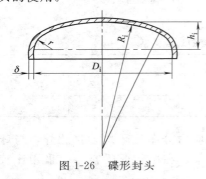

图 1-26　碟形封头

标准中对标准碟形封头作了如下的限制，即碟形封头球面部分内半径 R_i 应不大于封头内直径（即 $R_i \leqslant D_i$），封头过渡环壳内半径 r 应不小于 $10\% D_i$，且不小于 3δ（即 $r \geqslant 10\% D_i$，$r \geqslant 3\delta$）。碟形封头的形状与椭圆形封头比较接近，因此，在建立其计算公式时，采用类似的方法，引入形状系数 M（应力增强系数），得到碟形封头厚度计算公式，即

$$\delta = \frac{Mp_c R_i}{2[\sigma]^t \varphi - 0.5p_c} \tag{1-30}$$

$$M = \frac{1}{4}\left(3 + \sqrt{\frac{R_i}{r}}\right) \tag{1-31}$$

式中　M——碟形封头形状系数，其值见表 1-18；

　　　R_i——碟形封头球面部分的内半径，mm。

其他符号与意义同前。

表 1-18　碟形封头形状系数 M

R_i/r	1.0	1.25	1.50	1.75	2.0	2.25	2.50	2.75	3.0	3.25	3.50	4.0
M	1.00	1.03	1.06	1.08	1.10	1.13	1.15	1.17	1.18	1.20	1.22	1.25
R_i/r	4.5	5.0	5.5	6.0	6.5	7.0	7.5	8.0	8.5	9.0	9.5	10.0
M	1.28	1.31	1.34	1.36	1.39	1.41	1.44	1.46	1.48	1.50	1.52	1.54

与椭圆封头相似，碟形封头在内压作用下也存在屈服问题，因此规定，对于标准碟形封头（$R_i = 0.9D_i$，$r = 0.17D_i$，$M = 1.33$），其有效厚度应不小于内直径的 0.15%，其他碟形封头的有效厚度应不小于封头内直径的 0.30%。如果在确定封头厚度时已经考虑了内压作用下的弹性失稳问题，可不受此限制。

通过式（1-30）可得碟形封头的最大允许工作压力为

$$[p_w] = \frac{2[\sigma]^t \varphi \delta_e}{MR_i + 0.5\delta_e} \tag{1-32}$$

与标准椭圆封头比较，碟形封头的厚度增加了 33%，所以碟形封头比较笨重，不够经济。

2. 锥形封头

为了从底部卸出固体物料，工程中的蒸发器、喷雾干燥器、结晶器及沉降器等常在容器下部设置锥形封头，如图 1-27 所示。锥形封头分为无折边和有折边两种结构，当半锥角 $\alpha\leqslant30°$，可选用无折边结构，如图 1-27（a）所示；当半锥角 $\alpha>30°$ 时，则采用带有过渡段的折边结构，如图 1-27（b）、(c) 所示，否则，需要按应力设计。

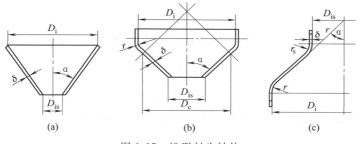

图 1-27 锥形封头结构

根据标准要求，大端折边锥形封头的过渡段的转角半径 r 应不小于封头大端内径 D_i 的 10%，且不小于该过渡段厚度的 3 倍，即 $r>10\%D_i$，$r\geqslant3\delta$。对于小端，当半锥角 $\alpha\leqslant45°$ 时，可以采用无折边结构；而当 $\alpha>45°$ 时，则应采用带折边结构。小端折边封头的过渡段半径 r_s 应不小于封头小端内直径 D_{is} 的 5%，且不小于该过渡段厚度的 3 倍，即 $r_s>5\%D_{is}$，$r\geqslant3\delta$。当半锥角 $\alpha\geqslant60°$ 时，其封头厚度按平盖计算。

根据应力分析可知，锥形封头的环向应力 σ_2 是经向应力 σ_1 的 2 倍。为保证强度，根据第一强度理论，锥形封头应满足如下条件

$$\sigma_2=\frac{pr}{\delta\cos\alpha}\leqslant[\sigma]^t \tag{1-33}$$

采用计算压力 p_c 及计算直径 D_c，并考虑焊缝系数 φ 和腐蚀裕量 C_2，则得设计温度下锥形封头厚度的计算式

$$\delta_{dc}=\frac{p_cD_c}{2[\sigma]^t\varphi-p_c}\times\frac{1}{\cos\alpha}+C_2 \tag{1-34}$$

式中　D_c——锥形封头的计算直径，mm；

　　　p_c——锥形封头的计算压力，MPa；

　　　α——锥形封头的半锥角，(°)；

　　　δ_{dc}——锥形封头的设计厚度，mm；

其他各参数的意义同前。

最后考虑钢板厚度的负偏差，并按锥形封头的名义厚度 $\delta_{nc}\geqslant\delta_{dc}$ 原则，圆整至相应的钢板标准厚度。

当锥形封头由同一半顶角的几个不同厚度的锥壳段组成时，式中计算厚度 D_c 为各锥壳段大端内直径。

3. 平盖

平盖是压力容器中结构最简单的一种封头，它的几何形状有圆形、椭圆形、长圆形、矩形和方形等，最常用的是圆形平盖。根据薄板理论，在内压作用下，受均布载荷的平板，壁内产生两向弯曲应力，一是径向弯曲应力 σ_r，另一个是周向弯曲应力 σ_t。平板产生的最大弯曲应力可能在板心，也可能在板的边缘，这要视压力作用面积和边缘支承情况而定。当周边

刚性固定时，最大应力出现在板边缘，其值为 $\sigma_{max} = 0.188p_c(D/\delta)^2$；当板周边简支时，最大应力出现在板中心，其值为 $\sigma_{max} = 0.31p_c(D/\delta)^2$。但在实际工程中，因平盖与筒体连接结构形式和尺寸参数的不同，平盖与筒体的连接多是介于固定与简支之间；因此在计算时，一般采用平板理论经验公式，并引入结构特征系数 K 来体现平盖周边支承情况不同时对强度的影响。由此，平盖最大弯曲应力可以表示为

$$\sigma_{max} = Kp\left(\frac{D}{\delta}\right)^2 \tag{1-35}$$

根据强度理论，并考虑焊接接头系数等因素，可得圆形平盖厚度计算公式为

$$\delta_p = D_c\sqrt{\frac{Kp_c}{[\sigma]^t\varphi}} \tag{1-36}$$

式中　σ_{max}——平盖受力时的最大应力，MPa；

　　　K——结构特征系数，查阅化工机械工程手册得到；

　　　δ_p——平盖计算厚度，mm；

　　　D_c——平盖计算直径，mm，查阅化工机械工程手册得到。

其他符号的意义同前。

第三节　压力容器附件

为了保证压力容器的安全使用，除了保证有足够的强度外，在使用过程中还要对其压力、温度等参数进行监测，因此需要各种不同的接管；此外，为了检修方便，在容器上需要开设人孔和手孔，本节对压力容器主要附件进行介绍。

一、法兰

压力容器的连接方式主要有不可拆连接和可拆连接。不可拆连接多采用焊接；而可拆连接主要采用法兰连接、螺纹连接、插套连接等。由于制造、安装、运输与检修方面的要求，压力容器及其连接的管道常采用可拆连接。为了安全，可拆连接必须满足刚度、强度、密封性及耐蚀性的要求。法兰连接是一种能较好满足上述要求的可拆连接，在化工设备和管道中得到广泛应用。

法兰连接结构是一个组合件，一般由连接件、被连接件、密封元件组成。工程中的法兰连接由一对法兰、数个螺栓、与螺栓配对的螺母和一个密封垫圈组成，如图1-28所示。

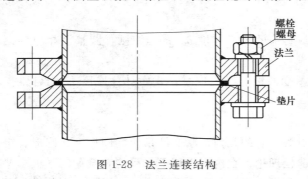

在生产实际中，压力容器常见的法兰密封失效很少是连接件或被连接件的强度破坏所引起的，较多的却是因为密封不好所导致，故法兰连接的实际问题是防止介质泄漏。防止泄漏的基本原理是在连接口处增加流体的流动阻力，当介质压力通过密封口的阻力降大于密封口两侧的介质压力差时，介质就被密封住了。工作时依靠螺栓预紧力把两个法

图1-28　法兰连接结构

兰部分连接在一起，同时压紧垫圈，垫圈变形后填平法兰密封面的不平处，以阻止介质泄

漏，达到密封的目的。压力容器法兰与管法兰结构类似，压力容器法兰主要用于筒体与封头、筒体与筒体或封头与换热器管板之间的连接；管法兰则用于容器与进、出料管以及管子与管子、管子与管件之间的连接。

1. 法兰结构类型与标准

法兰有多种分类方法，按密封面分为窄面法兰和宽面法兰；按应用场合分为容器法兰和管法兰；按组成法兰的圆筒、法兰环及锥颈三个部分的整体性程度可分为松式法兰、整体式法兰和任意式法兰三种，如图 1-29 所示。

（1）松式法兰　法兰不直接固定在壳体或虽然固定但不能保证与壳体作为一个整体承受螺栓载荷的结构，如活套法兰、螺纹法兰、搭接法兰等，这些法兰可以带颈或者不带颈，如图 1-29 （a）、（b）、（c）所示。这种法兰对设备或管道不产生附加弯曲应力，法兰力矩完全由法兰环自身来承担，因而适用于有色金属和不锈钢制设备或管道上。法兰可以用碳素结构钢制成，这样能节省贵重金属；但该种法兰也存在刚度小、厚度尺寸大的缺点，因而只适用于压力较低的场合。

（2）整体式法兰　将法兰与压力容器壳体锻或铸成一个整体或者采用全熔透焊的平焊法兰，如图 1-29 （d）、（e）、（f）所示。采用这种结构的目的是保证壳体与法兰同时受力，从而可以适当减薄法兰厚度；但是这种法兰也会对壳体产生较大的应力。其中带颈法兰可以提高法兰与壳体的连接刚度，适用于压力、温度较高的重要场合。

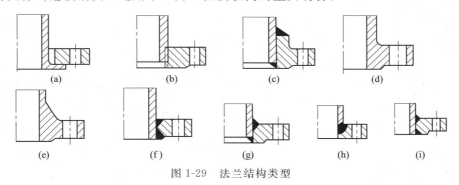

图 1-29　法兰结构类型

（3）任意式法兰　这种法兰介于整体式法兰和松式法兰之间，从结构上看，法兰与壳体连接成一个整体，如图 1-29 （g）、（h）、（i）所示。这类法兰结构简单，加工方便，在中低压容器和管道中得到广泛应用。

2. 法兰标准

为了简化计算、降低成本、增加互换性，世界各国根据需要相应的制订了一系列的法兰标准，在使用时尽量采用标准法兰。只有当直径大或者有特殊要求时才采用非标准（自行设计）法兰。

法兰根据用途分为管法兰和压力容器法兰两套标准，相同公称直径、公称压力的管法兰和容器法兰的连接尺寸是不相同的，二者不能混淆。

选择法兰的主要参数是公称直径和公称压力。

（1）公称直径　公称直径是容器和管道标准化后的系列尺寸，以 DN 表示。对卷制容器而言指的是容器内径；对于管子和管件而言，公称直径是一个名义尺寸，它既不是内径，也不是外径，而是与内径相近的某一数值，公称直径相同的钢管其外径是相同的，内径随厚度的变化而变化；如 $DN100$ 的无缝钢管有 $\phi108 \times 4$、$\phi108 \times 4.5$、$\phi108 \times 5$ 等规格。带衬环的甲型平焊法兰的公称直径指的是衬环的内径。

容器与管道的公称直径应按国家标准规定的系列选用。

（2）公称压力 压力容器法兰和管法兰的公称压力是指在规定的设计条件下，在确定法兰尺寸时所采用的设计压力，即一定材料和温度下的最大工作压力。公称压力是压力容器和管道的标准压力等级，按标准化要求将工作压力划分为若干个压力等级，以便于选用。标准化规定了压力容器法兰的公称压力为七个等级：0.25、0.6、1.0、1.6、2.5、4、6.4（单位均为MPa）；管法兰的公称压力分为十个等级：0.25、0.6、1.0、1.6、2.5、4、6.4、10、16、25（单位均为MPa）。法兰标准中的尺寸系列即是按法兰的公称压力与公称直径来编排的。压力容器法兰和管法兰对不同材料和不同温度下的许用应力见表1-19和表1-20，使用时可以查阅该表和有关手册。

表 1-19 甲型、乙型平焊法兰在不同材质和不同温度下的最大允许工作压力

公称压力 PN/MPa	法兰材料		工作温度/℃				备注
			>-20~200	250	300	350	
0.25	板材	Q235-A，Q235-B	0.16	0.15	0.14	0.13	t≥0℃
		Q235-C	0.18	0.17	0.15	0.14	t≥0℃
		20R	0.19	0.17	0.15	0.14	
		Q345R	0.25	0.24	0.21	0.20	
0.25	锻件	20	0.19	0.17	0.15	0.14	
		16Mn	0.26	0.24	0.22	0.21	
		20MnMo	0.27	0.27	0.26	0.25	
0.6	板材	Q235-A，B	0.40	0.36	0.33	0.30	t≥0℃
		Q235-C	0.44	0.40	0.37	0.33	t≥0℃
		20R	0.45	0.40	0.36	0.34	
		Q345R	0.60	0.57	0.51	0.49	
	锻件	20	0.45	0.40	0.36	0.34	
		16Mn	0.61	0.59	0.53	0.50	
		20MnMo	0.65	0.64	0.63	0.60	
1.0	板材	Q235-A，B	0.66	0.61	0.55	0.50	t≥0℃
		Q235-C	0.73	0.67	0.61	0.55	t≥0℃
		20R	0.74	0.67	0.60	0.56	
		Q345R	1.00	0.95	0.86	0.82	
	锻件	20	0.74	0.67	0.60	0.56	
		16Mn	1.02	0.98	0.88	0.83	
		20MnMo	1.09	1.07	1.05	1.00	
1.6	板材	Q235-B	1.06	0.97	0.89	0.80	t≥0℃
		Q235-C	1.17	1.08	0.98	0.89	t≥0℃
		20R	1.19	1.08	0.96	0.90	
		Q345R	1.60	1.53	1.37	1.31	
	锻件	20	1.19	1.08	0.96	0.90	
		16Mn	1.64	1.56	1.41	1.33	
		20MnMo	1.74	1.72	1.68	1.60	

续表

公称压力 PN/MPa	法兰材料		工作温度/℃				备注
			＞－20～200	250	300	350	
2.5	板材	Q235-C	1.83	1.68	1.53	1.38	$t \geqslant 0$℃
		20R	1.86	1.69	1.50	1.40	
		Q345R	2.50	2.39	2.14	2.05	
	锻件	20	1.86	1.69	1.50	1.40	
		16Mn	2.56	2.44	2.20	2.08	
		20MnMo	2.92	2.86	2.82	2.73	$DN < 1400$
		20MnMo	2.67	2.63	2.59	2.50	$DN \geqslant 1400$
4.0	板材	20R	2.97	2.70	2.39	2.24	
		Q345R	4.00	3.82	3.42	3.27	
	锻件	20	2.97	2.70	2.39	2.24	
		16Mn	4.09	3.91	3.52	3.33	
		20MnMo	4.64	4.56	4.51	4.36	$DN < 1500$
		20MnMo	4.27	4.20	4.14	4.00	$DN \geqslant 1500$

表 1-20 管法兰在不同温度下的最大允许工作压力

公称压力 /MPa	法兰材质	工 作 温 度/℃									
		≤20	100	150	200	250	300	350	400	425	450
		最 大 允 许 工 作 压 力/MPa									
0.25	Q235-A	0.25	0.25	0.225	0.2	0.175	0.15				
0.6		0.6	0.60	0.54	0.48	0.42	0.36				
1.0		1.0	1.0	0.9	0.8	0.7	0.6				
1.6		1.6	1.6	1.44	1.28	1.12	0.96				
0.25	20	0.25	0.25	0.225	0.2	0.175	0.15	0.125	0.088		
0.6		0.6	0.6	0.54	0.48	0.42	0.36	0.3	0.21		
1.0		1.0	1.0	0.9	0.8	0.7	0.6	0.5	0.35		
1.6		1.6	1.6	1.44	1.28	1.12	0.96	0.8	0.56		
2.5		2.5	2.5	2.25	2.0	1.75	1.5	1.25	0.88		
4.0		4.0	4.0	3.6	3.2	2.8	2.4	2.0	1.4		
0.25	16Mn 15MnV	0.25	0.25	0.245	0.238	0.225	0.2	0.175	0.138	0.113	
0.6		0.6	0.6	0.59	0.57	0.54	0.48	0.42	0.33	0.27	
1.0		1.0	1.0	0.98	0.95	0.9	0.8	0.7	0.55	0.45	
1.6		1.6	1.6	1.57	1.52	1.44	1.28	1.12	0.88	0.72	
2.5		2.5	2.5	2.45	2.38	2.25	2.0	1.75	1.38	1.13	
4.0		4.0	4.0	3.92	3.8	3.6	3.2	2.8	2.2	1.8	

续表

公称压力 /MPa	法兰材质	工 作 温 度/℃									
		≤20	100	150	200	250	300	350	400	425	450
		最 大 允 许 工 作 压 力/MPa									
0.25	15CrMo 12CrMo	0.25	0.25	0.25	0.25	0.25	0.25	0.238/0.25	0.228	0.223	0.218
0.6		0.6	0.6	0.6	0.6	0.6	0.6	0.57/0.6	0.546	0.534	0.522
1.0		1.0	1.0	1.0	1.0	1.0	1.0	0.95/1.0	0.91	0.89	0.87
1.6		1.6	1.6	1.6	1.6	1.6	1.6	1.52/1.6	1.456	1.424	1.392
2.5		2.5	2.5	2.5	2.5	2.5	2.5	2.38/2.5	2.28	2.23	2.18
4.0		4.0	4.0	4.0	4.0	4.0	4.0	3.8/4.0	3.64	3.56	3.48
0.25	1Co5Mo	0.25	0.25	0.25	0.25	0.25	0.25	0.25	0.25		
0.6		0.6	0.6	0.6	0.6	0.6	0.6	0.6	0.6		
1.0		1.0	1.0	1.0	1.0	1.0	1.0	1.0	1.0		
1.6		1.6	1.6	1.6	1.6	1.6	1.6	1.6	1.6		
2.5		2.5	2.5	2.5	2.5	2.5	2.5	2.5	2.5		
4.0		4.0	4.0	4.0	4.0	4.0	4.0	4.0	4.0		

注：表中分数的分子、分母分别为 15CrMo、12CrMo 在 350℃时各公称压力等级的最大允许工作压力。

国际上通用的管法兰标准有两大体系，即以美国为代表的美洲体系和以德国为代表的欧洲体系，我国的管法兰标准广泛采用也有两个：一个是国家标准 GB/T 9112—2010，另一个是原化学工业部颁发的行业标准 HG 20592—2009～HG 20635—2009。HG 标准包含了美洲和欧洲两大体系，内容完整、体系清晰。

压力容器法兰分为甲型平焊法兰、乙型平焊法兰和长颈对焊法兰，它们的尺寸分别见标准 NB/T 47021—2012、JB/T 47022—2012、JB/T 47023—2012。

3. 法兰密封面形式

压力容器法兰密封面的形式有平面型、凹凸型及榫槽型三类，它们的结构如图 1-30 所示。

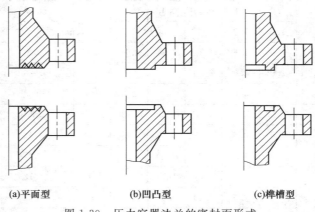

(a)平面型　　　　　(b)凹凸型　　　　　(c)榫槽型

图 1-30　压力容器法兰的密封面形式

　　为了增加密封性，平面型密封在突出的密封面上加工出几道环槽浅沟，其结构简单，加工方便，但垫圈没有定位处，上紧螺栓时易往两侧伸展，不易压紧；因此，它适用于压力及温度较低的设备。凹凸型密封面由一个凹面和一个凸面组成，在凹面上放置垫圈，上紧螺栓时垫圈不会被挤往外侧，密封性能较平面型有所改进。榫槽型密封面由一个榫和一个槽组成，垫圈放置进入凹槽内，密封效果较好。一般情况下温度较低、密封要求不严时采用平面密封，而温度高、压力也较高、密封要求严时采用榫槽型密封，凹凸型介于两者之间。甲型平焊法兰有平面密封与凹凸型密封面，乙型平焊法兰与长颈对焊法兰则三种密封面形式均有。

4. 法兰标记

　　法兰选定后，应在图样上进行标记；管法兰和压力容器的法兰标记的内容是不相同的。

　　压力容器法兰的标记为：

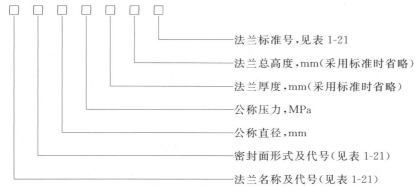

法兰标准号，见表 1-21
法兰总高度，mm(采用标准时省略)
法兰厚度，mm(采用标准时省略)
公称压力，MPa
公称直径，mm
密封面形式及代号(见表 1-21)
法兰名称及代号(见表 1-21)

　　例如标记：法兰-MFM　600　2.5　　NB/T 47022—2012

　　它的意义是容器法兰密封面形式是凹凸型，公称直径是 600mm，公称压力是 2.5MPa，属于乙型平焊法兰。

　　管法兰密封面形式有凸面、凹凸面、全平面、榫槽面和环连接五种形式。前四种为常见结构，如图 1-31 所示。凸面与全平面的垫圈没有定位挡台，密封效果差；凹凸型和榫槽型的垫圈放在凹面或槽内，垫圈不易被挤出，密封效果好。

表 1-21　压力容器法兰标准、密封面形式及代号

法 兰 标 准		法 兰 类 别		标 准 号
法兰标准		甲型平焊法兰		NB/T 47022—2012
		乙型平焊法兰		NB/T 47022—2012
		长颈对焊法兰		NB/T 47023—2012
法兰密封面形式及代号		密封面形式		代号
		平面密封面		RF
		凹凸密封面	凹密封面	FM
			凸密封面	M
		榫槽密封面	榫密封面	T
			槽密封面	G
法兰名称及代号		法兰类型		名称及代号
		一般法兰		法兰
		衬环法兰		法兰 C

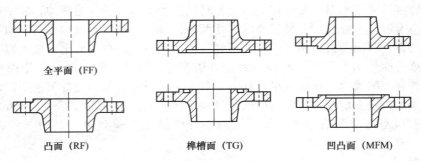

图 1-31　管道法兰密封面形式

为了使管法兰具有互换性，常采用标准法兰。对管法兰的标记采用如下形式。

管法兰的标记为

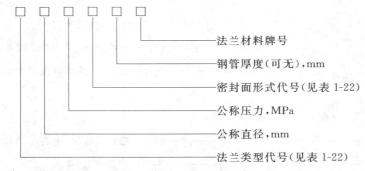

例如，标记为　HG20593—2009　法兰　PL100-1.0　　RF　S＝4mm　20

该法兰为：板式平焊法兰，公称直径为 100mm，公称压力为 1.0MPa，密封面为凸面法兰，管子壁厚为 4mm，法兰材料牌号为 20 钢。

5. 法兰垫圈

法兰垫圈与容器内的介质直接接触，是法兰连接的核心，所以垫圈的性能和尺寸对法兰密封的效果有很大的影响。垫圈在选择时需要考虑工作温度、工作压力、介质的腐蚀性、制造、更换及成本等因素。使用时要求垫圈的材料要耐介质的腐蚀，不污染介质，具有一定的弹性和机械性能，在工作温度下不易硬化和软化。

表 1-22　常用管法兰的密封面形式、标准代号

法兰类型	代号	标准号	密封面形式	代号
板式平焊法兰	PL	HG 20593—2009	凸面	RF
			全平面	FF
带颈平焊法兰	SO	HG 20594—2009	凸面	RF
			凹凸面	MFM
			榫槽面	TG
			全平面	FF
带颈对焊法兰	WN	HG 20595—2009	凸面	RF
			凹凸面	MFM
			榫槽面	TG
			全平面	FF

　　垫圈的变形能力和回弹能力是形成密封的必要条件，反映垫圈材料性能的基本参数是比压力和垫片系数。

　　在中低压容器和管道中常用的垫圈材料有非金属垫圈、金属垫圈、组合式垫圈等形式。它们的结构如图 1-32 所示。

非金属垫圈　　金属包垫圈　　组合式垫圈

图 1-32　垫圈的结构形式

二、人孔与手孔

　　在生产过程中，为了便于内件的安装、清理、检修、取出内件及工作人员的进出，一般需要设置人孔、手孔等检查孔。人孔、手孔一般由短节、法兰、盖板、垫片及螺栓、螺母组成。

　　1. 人孔

　　人孔按照压力分为常压人孔和带压人孔；按照开启方式及开启后人孔盖的位置分为回转盖快开人孔、垂直吊盖快开人孔、水平吊盖快开人孔；它们的结构如图 1-33 所示。

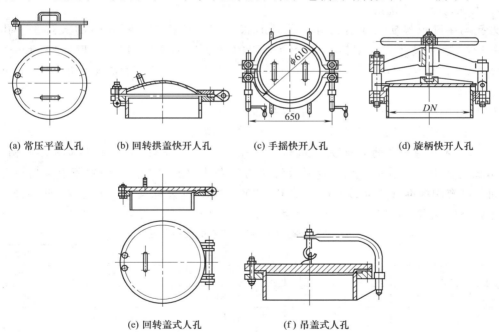

(a) 常压平盖人孔　　(b) 回转拱盖快开人孔　　(c) 手摇快开人孔　　(d) 旋柄快开人孔

(e) 回转盖式人孔　　　　　(f) 吊盖式人孔

图 1-33　各种人孔的结构形式

　　人孔的结构形式常常与操作压力、介质特性以及开启的频繁程度有关，为了实现较好的工作效果，人孔的结构形式常是几种功能的组合。

　　2. 手孔

　　手孔与人孔的结构有许多相似的地方，只是直径小一些而已。从承压方式分，它与人孔一样分为常压人孔和带压人孔；从开启方式分仍有回转盖手孔、常压快开手孔、回转盖快开手孔。

　　最简单的手孔就是在接管上安装一块盲板，其结构与常压人孔结构一致。这种结构采用比较广泛，多用于常压或低压以及不经常打开的设备上。

　　3. 人孔和手孔的设置原则

　　① 设备内径为 450～900mm，一般不考虑设置人孔，可根据需要设置 1～2 个手孔；设备内径为 900mm 以上，至少应开设一个人孔；设备内径大于 2500mm，顶盖与筒体上至少应各开一个人孔。

　　② 直径较小、压力较高的室内设备，一般选用公称直径 $DN＝450mm$ 的人孔；室外露天设备，考虑检修与清洗的需要，可选用公称直径为 $DN＝500mm$ 的人孔；寒冷地区应选用公称直径 $DN＝500mm$ 或 $DN＝600mm$ 的人孔。如果受到设备直径限制，也可选用 $400mm×300$ 的椭圆形人孔。手孔的直径一般为 150～250mm，标准手孔的公称直径有 $DN＝150mm$ 和 250mm 两种。

　　③ 压力容器在使用过程中，需要经常开启的人孔，应选择快开式人孔。受压设备的人孔盖较重，一般选用吊盖式或回转盖式人孔。

　　④ 人孔、手孔的开设位置应便于操作人员检查、清洗、清理内件和进出设备。

　　⑤ 无腐蚀或轻微腐蚀的压力容器，制冷用的压力容器和换热器可以不开设检查孔。

　　4. 人孔与手孔的选用

　　人孔与手孔已经实行了标准化，使用时根据需要按标准选择合适的人孔、手孔，并查找相应的标准尺寸。碳素钢、低合金钢制的标准为 HG 21514—2014～21535—2014，不锈钢制的标准为 HG 21594—2009～21604—2009，表 1-23 为常压人孔与手孔的使用范围。

　　人孔和手孔的选用可以根据下面的步骤进行。

　　① 根据设备内径尺寸初步选定人孔或手孔的类型及数量。

　　② 选择人孔或手孔筒节及法兰的材质，一般它们的材质与设备主体材质相同或相近。

　　③ 确定人孔或手孔的公称直径及公称压力。人孔的公称直径和公称压力系列与管道元件相同，可查阅标准管道元件 GB/T 1047—2005《DN（公称尺寸）的定义和选用》。人孔与手孔的公称压力级别取决于其中的法兰，所以它的确定方法与管法兰相同。

表 1-23　常用的人孔和手孔的使用范围

类　型	标　准　号	密封面名称及代号	公称直径 DN/mm	公称压力 PN/MPa
常压人孔	HG 21515—2005	全平面 FF	400～600	常压
回转盖板式平焊法兰人孔	HG 21516—2005	突面 RF	400～600	0.6
回转盖带颈平焊法兰人孔	HG 21517—2009	突面 RF	400～600	1.0～1.6
		凹凸面 MFM	400～500	
		榫槽面 TG		1.6
回转盖带颈对焊法兰人孔	HG 21518—2005	突面 RF	400～600	2.5～4.0
		凹凸面 MFM	400～500	2.5～6.3
		榫槽面 TG		
		环连接面 RJ	400～450	2.5～6.3
常压旋柄快开人孔	HG 21525—2005		400～500	常压

续表

类　型	标　准　号	密封面名称及代号	公称直径 DN/mm	公称压力 PN/MPa
椭圆形回转盖快开人孔	HG 21526—2005	平面 FS	350～450	0.6
回转拱盖快开人孔	HG 21527—2005	平面 FS	400～500	0.6
		凹凸面 MFM		
		榫槽面 TG		
常压手孔	HG 21528—2005	全平面 FF	150～250	常压
板式平焊法兰手孔	HG 21529—2005	突面 RF	150～250	0.6
带颈平焊法兰手孔	HG 21530—2005	突面 RF	150～250	0.6
		凹凸面 MFM		
		榫槽面 TG		1.0
带颈对焊法兰手孔	HG 21531—2005	突面 RF	150～250	2.5～4.0
		凹凸面 MFM		
		榫槽面 TG		2.5～6.3
		环连接面 RJ		
回转盖带颈对焊法兰手孔	HG 21532—2005	突面 RF	250	4.0
		凹凸面 MFM		
		榫槽面 TG		4.0～6.3
		环连接面 RJ		
常压快开手孔	HG 21533—2005		150～250	常压
回转盖快开手孔	HG 21535—2005	平面 FS	150～250	0.25

注：1. 人、手孔的公称压力等级分为八级：常压、0.25、0.6、1.0、1.6、2.5、4.0、6.3（MPa）。

2. 人、手孔的公称直径指筒节的公称直径，由于筒节由无缝或焊接钢管制作，所以，人、手孔的公称直径也就是制作筒节的钢管的公称直径。

④ 校核筒节强度。按强度条件计算得到的厚度 δ 与标准厚度 S 相比较，如果 $S \geqslant \delta$，即可满足要求。标准人孔及手孔的筒节厚度一般都满足强度要求，如果设备的操作条件不特殊，可直接在标准中选择厚度而忽略强度校核计算。

⑤ 根据公称直径和公称压力查表 1-23 选择合适的人孔和手孔。

三、支座

支座是用来支承压力容器及其附件以及内部介质重量的一个装置，在某些场合还可能受到风载荷、地震载荷等动载荷的作用。

压力容器支座的结构形式很多，根据压力容器自身的结构、尺寸和安装形式等，将支座分为立式容器支座、卧式容器支座和球形容器支座。这里主要介绍前两种支座，球形容器支座将在第四章中介绍。

1. 立式容器支座

根据压力容器的结构尺寸及其重量，立式容器支座分为耳式支座、支承式支座、腿式支座和裙式支座。中、小型容器一般采用前三种支座，大型容器才采用裙式支座，如图 1-34 所示。

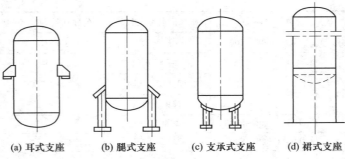

图 1-34 立式容器支座

（1）耳式支座　又称为悬挂式支座，它由筋板和支脚板组成，广泛用于反应釜和立式换热器等直立设备上。它的优点是结构简单、轻便，但会对容器壁面产生较大的局部应力，因此，当容器重量较大或器壁较薄时，应在器壁与支座之间加一块垫板，以增大局部受力面积。垫板的材料与压力容器壁相同，当不锈钢容器采用碳素钢支座时，为了防止器壁与支座在焊接过程中合金元素的损失，应在支座与器壁之间加一不锈钢垫板。

耳式支座推荐标准为 JB/T 4712.3—2007《容器支座　第 3 部分：耳式支座》，耳式支座有 A 型（短臂）和 B 型（长臂）两种，B 型具有较大的安装尺寸，当容器外部有保温层或者将压力容器直接放置在楼板上时，宜选用 B 型。每种又分为有垫板和无垫板两种类型，不带有垫板时分别用 AN 和 BN 表示，如图 1-35 所示。

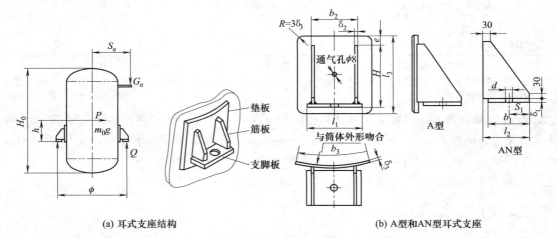

（a）耳式支座结构

（b）A 型和 AN 型耳式支座

图 1-35 耳式支座

耳式支座采用如下标记方法，即

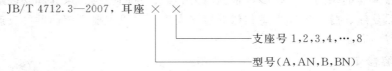

支座及垫板材料采用"支座材料/垫板材料"表示。

例如：A 型，带垫板，4 号耳式支座，支座材料为 Q235-A·F，垫板材料为 16Mn，垫板厚度为 10mm，其标记为

JB/T 4712.3—2007，耳座 A4

材料 Q235-A·F/16Mn

（2）支承式支座　支承式支座主要用于总高小于 10m、高度与直径之比小于 5、安装位置距基础面较近且具有凸形封头的小型直立设备上。它是在压力容器底部封头上焊上数根支柱，直接支承在基础地面上；它的结构简单，制造容易，但支座对封头会产生较大局部应力，因此当容器直径较大或重量较重、壁厚较薄时，必须在封头与支座之间加一垫板，以增加局部受力面积，改善壳体局部受力条件。

支承式支座推荐标准为 JB/T 4712.4—2007《容器支座 第 4 部分：支承式支座（附标准释义）》。它将支承式支座分为 A 和 B 两种类型，A 型支座采用钢板焊制而成，B 型支座采用钢管制作，如图 1-36 所示。支座与封头之间是否加垫板，应根据压力容器材料与支座焊接部位的强度及稳定性确定。

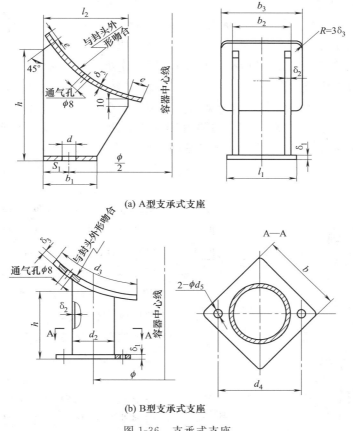

(a) A型支承式支座

(b) B型支承式支座

图 1-36　支承式支座

A 型支承式支座筋板和底板材料采用 Q235-A·F；B 型支承式支座钢管材料为 10 钢，底板为 Q235-A·F；垫板材料与容器壳体材料相同或相近。

支承式支座采用以下标记：

JB/T 4712.4—2007，支座 ×　×

支座号 1,2,3,4,…,8

支座型号（A,B）

支座及垫板材料采用"支座材料/垫板材料"表示。

标记示例：钢板焊制的 3 号支承式支座，支座与垫板材料均为 Q235-A·F，其标记为

JB/T 4712.4—2007，支座 A3

材料 Q235-A·F/Q235-A·F

（3）腿式支座 亦称支腿，多用于公称直径 400～1600mm、高度与直径之比小于 5、总高小于 5m 的小型直立设备，且不得与具有脉动载荷的管线和机器设备的刚性连接之中。腿式支座与支承式的最大区别在于：腿式支座是支承在压力容器的圆筒部分，而支承式支座是支承在容器的封头上，如图 1-37 所示。腿式支座具有结构简单、轻巧、安装方便、操作维护的空间大等优点，但不宜用于具有脉动载荷的刚性连接中。

腿式支座推荐标准为 JB/T 4712.2—2007《容器支座 第 2 部分：腿式支座》，在结构上有 A 型（角钢支柱）和 B 型（钢管支柱）两种支柱形式。支柱与圆筒是否设置垫板与耳式支座的规定相同。

腿式支座在选用时，先根据容器的公称直径 DN 和可能承受的最大载荷选取相应的支座号和支座数量，然后计算支座承受的实际载荷，使其不超过支座的允许值。

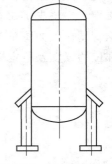

图 1-37 腿式支座结构

（4）裙式支座 裙式支座主要用于总高大于 10m、高度与直径之比大于 5 的高大直立塔设备中，根据工作中所承受载荷的不同，裙式支座分为圆筒形和圆锥形两类，如图 1-38 和图 1-39 所示。不管是圆筒形还是圆锥形裙座，均由裙座筒体、基础环、地脚螺栓、人孔、排气孔、引出管通道、保温支承圈等部分组成。圆筒形裙座结构简单、制造方便、经济合理，因而得到广泛应用，但对于直径小而高的塔（如 $DN < 1m$，且 $H/DN > 25$ 或 $DN > 1m$，$H/DN > 30$），为了防止风载荷和地震载荷引起的弯曲而造成翻倒，则需要配置较多的地脚螺栓以及具有较大承载面积的基础环，此时，圆筒形裙座满足不了这样多的地脚螺栓布置需要，往往采用圆锥形裙座。

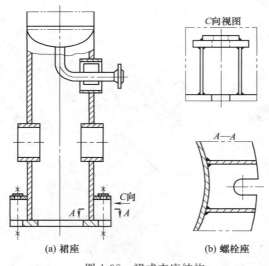

(a) 裙座   (b) 螺栓座

图 1-38 裙式支座结构

裙座与塔设备的连接有对接和搭接两种形式。采用对接接头时，裙座筒体外径与封头外径相等，焊缝必须采用全熔透的连续焊，焊接结构及尺寸如图 1-39 所示。

采用搭接接头时，接头可以设置在下封头上，也可以设置在筒体上。裙座与下封头搭接时，为了不影响封头的受力状况，接头必须设置在封头的直边处，如图 1-39（a）所示。搭接焊缝与下封头的环焊缝距离应在 $(1.7～3)\delta_s$ 范围内（该处 δ_s 为裙座筒体厚度）。如果封头上有拼接焊缝，裙座圈的上边缘可以留缺口以避免出现十字交叉焊缝，缺口形式为半圆形，如图 1-39（c）所示。

由于裙座不与设备内的介质接触，也不承受介质的压力，因而裙座材料一般采用 Q235-A·F 及 Q235-A 制作，但这两种材料不适用于温度过低的场合，当温度低于 -20℃ 时，应

选择 Q345R 作为裙座材料。如果容器下封头采用低合金钢或者高合金钢时，裙座上部应设置与封头材质相同的短节，短节的长度一般为保温层厚度的 4 倍。

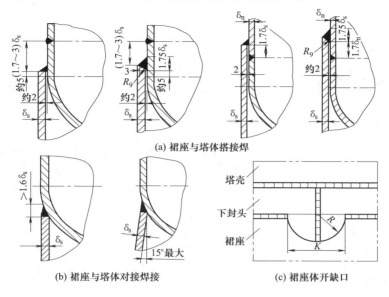

(a) 裙座与塔体搭接焊

(b) 裙座与塔体对接焊接　　　(c) 裙座体开缺口

图 1-39　裙座与塔体的焊接结构

2. 卧式容器支座

卧式容器支座有鞍式、圈式和支腿式三类，如图 1-40 所示，在实际工程中应用最多的是前两者。常见的大型卧式储罐、换热器等多采用鞍座，但对于大型薄壁容器或者外压真空容器，为了增加筒体支座处的局部刚度常采用圈式支座。重量轻直径小的容器则采用支腿式支座。

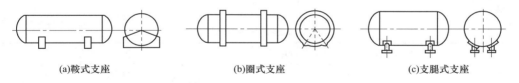

(a)鞍式支座　　　　　　(b)圈式支座　　　　　　(c)支腿式支座

图 1-40　卧式容器支座

（1）鞍式支座　鞍式支座有焊制和弯制两种。焊制鞍座一般由底板、腹板、筋板和垫板组成，如图 1-41（a）所示；当容器公称直径 $DN \leqslant 900$mm 时应采用弯制鞍座，弯制鞍座的腹板与底板是同一块钢板弯制而成的，两板之间没有焊缝，如图 1-41（b）所示。

按承受载荷的大小，鞍座又分为轻型（A 型）和重型（B 型）两类。在鞍座与容器之间大多设置有垫板，但 $DN \leqslant 900$mm 的容器也有不带垫板的。按标准 JB/T 4712.1—2007《容器支座 第 1 部分：鞍式支座（附标准释义）》的规定鞍座与容器的包角有 120°和 150°两种。

鞍座类型及结构特征见表 1-24；表 1-25 列出了包角为 120°鞍座能承受的载荷的部分直径，未列出部分请查阅有关手册。

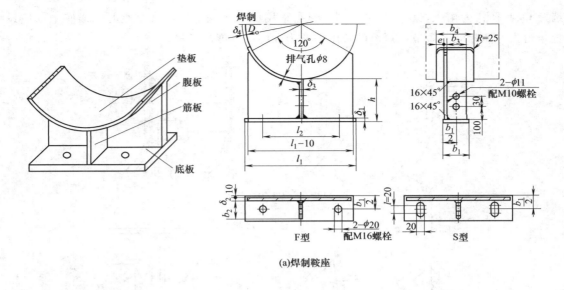

(a)焊制鞍座

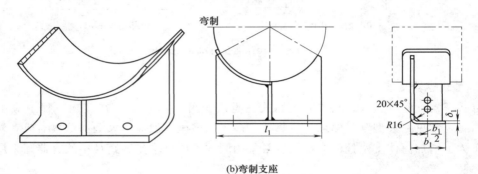

(b)弯制支座

图 1-41　鞍式支座

表 1-24　鞍座类型

类　型	代　号	适用公称直径 DN/mm	结　构　特　征
轻型	A	1000～4000	焊制,120°包角,带垫板,4～6 筋
重型	BⅠ	159～4000	焊制,120°包角,带垫板,4～6 筋
	BⅡ	1500～4000	焊制,150°包角,带垫板,4～6 筋
	BⅢ	159～900	焊制,120°包角,不带垫板,单、双筋
	BⅣ	159～900	弯制,120°包角,带垫板,单、双筋
	BⅤ	159～900	弯制,150°包角,不带垫板,单、双筋

表 1-25　轻、重型 120°包角鞍座的允许载荷

直径/mm	1000	1100	1200	1300	1400	1500	1600	1700	1800	1900	2000
轻型允许载荷/kN	143	145	147	158	160	272	275	278	295	298	300
重型允许载荷/kN	307	312	562	571	579	786	796	809	856	867	875

　　为了使容器的壁温发生变化时容器能够沿着轴线方向自由伸缩,底板螺栓孔有两种形式,一种是圆形螺栓孔（代号为 F）,另一种是椭圆形螺栓孔（代号为 S）,如图 1-41（a）所示。安装时,F 型鞍座固定在基础上,S 型鞍座使用两个螺母,先拧上去的螺母较松,用

第二个螺母锁紧，当设备出现伸缩变形时，鞍座可以与容器一起沿着轴线移动。双鞍座必须是 F 型（固定鞍座）和 S 型（滑动鞍座）搭配使用，以防止热膨胀对容器产生附加应力。

鞍座材料大多采用 Q235-A·F，若需要也可改成其他材料，垫板材料一般与筒体材料相同。

鞍座标记由以下几部分组成。

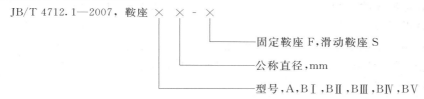

标记示例：容器的公称直径为 1000mm，支座包角 120°，重型、带垫板、标准高度的固定焊制支座，其标记为

$$JB/T\ 4712.1-2007，鞍座\ B\ I\ 1000\text{-}F$$

为了充分利用压力容器封头对筒体的加强作用，尽可能将鞍式支座设置在靠近封头处，鞍座中心截面至凸形封头切线的直线距离 $A \leqslant 0.5R_{\rm m}$（$R_{\rm m}$ 为筒体的平均半径），当筒体的长径比（L/D）较小，壁厚与直径之比（δ/D）较大时，或在鞍座所在平面内装有加强圈时，可取 $A \leqslant 0.2L$。

一般一台卧式容器采用双支座，如果采用三个或三个以上支座，可能会出现支座基础的不均匀沉陷，引起局部应力过高。

（2）圈式支座 因自身重量而可能造成严重挠曲的薄壁容器常采用圈式支座。圈式支座在设置时，除常温常压外，至少应有一个圈座是滑动结构。当采用两个圈座支承时，圆筒所受的支座反力、轴向弯矩及其相应的轴向应力的计算与校核均与鞍式支座相同。

【例 1-4】 有一管壳式换热器，如图 1-42 所示，试对该容器选择一对鞍式支座。已知换热器壳体总质量为 4500kg，内径为 1200mm，壳体厚 10mm，封头为半球形封头，换热管长 $L_1 = 10\rm m$，规格为 25mm×2.5mm，根数为 396，其左右两管箱短节长度为 120mm，400mm，管板厚度 $\delta = 32\rm mm$，管程物料为乙二醇，壳程物料为甲苯。

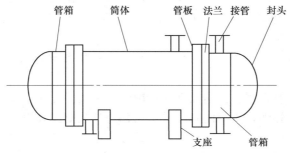

图 1-42 带鞍式支座的管壳式换热器

解 查物料物性手册得乙二醇密度为 $1042\rm kg/m^3$，甲苯密度为 $842\rm kg/m^3$，两者质量之和比水压试验时小，所以换热器在做水压试验时的质量是设备的最大质量。

（1）设备储存液体的容积

封头的容积 V_1 　　　　$V_1 = \dfrac{1}{2} \times \dfrac{4\pi R^3}{3} = \dfrac{2 \times \pi \times 0.6^3}{3} = 0.454\rm m^3$

中间筒节的长度 　　　　$L = L_1 - 2\delta = 10 - 2 \times 0.032 = 9.94$

筒体的容积　　　　　$V_2 = \dfrac{(0.12+0.4+9.94)}{4}\pi D_i^2 = 11.88\text{m}^3$

换热管金属的容积　　　$V_3 = \dfrac{Ln\pi(d_0^2 - d_i^2)}{4} = \dfrac{9.94 \times 396 \times 3.14 \times (0.025^2 - 0.02^2)}{4}$

$$= 0.67\text{m}^3$$

换热器储存液体的容积　　$V = 2V_1 + V_2 - V_3 = 2 \times 0.454 + 11.88 - 0.67 = 12.12\text{m}^3$

（2）计算设备最大质量

水压实验时，水的质量　$m_1 = V\rho = 12.12 \times 1000 = 12120\text{kg}$

鞍座承受的最大质量　　　$m = 4500 + 12120 = 16620\text{kg}$

（3）鞍座的选择

$$每个鞍座承受的最大重量 = \frac{mg}{2} = \frac{16620 \times 10}{2} \approx 83.1\text{kN}$$

查表 1-24 和表 1-25，可选择 A 型支座。焊制，120°包角，带垫板，4～6 筋。其允许的最大重量为 147kN，可以使用。

两个鞍座的标记分别为：

JB/T 4712.1—2007，鞍座 A1200-F；

JB/T 4712.1—2007，鞍座 A1200-S。

四、压力容器的开孔与补强

1. 开孔补强的原因

为了正常生产和便于检修，在压力容器上需要开设各种形式的孔，如进、出物料孔，检测仪表孔，人孔、手孔等。压力容器开设孔后，不仅连续性受到破坏而造成应力集中，同时器壁受到削弱，因此需要采取适当的补强措施，以改善边缘的受力情况，减轻其应力集中程度，保证有足够的强度。

2. 补强方法与补强结构

目前压力容器开孔补强的方法主要有整体补强和局部两种。整体补强即是增加容器的整体厚度，这种方法主要适用于容器上开设的孔较多且分布比较集中的场合；局部补强是在开孔边缘的局部区域增加筒体厚度的一种补强方法。显然，局部补强方法是合理而经济的方法，因此广泛应用于容器开孔补强中。

局部补强的结构形式有补强圈补强、厚壁接管补强和整体锻件补强三种，如图 1-43 所示。

（1）补强圈补强　补强圈补强是在开孔周围焊上一块圆环状金属来增强边缘处金属强度的一种方法，也称贴板补强，所焊的圆环状金属称为补强圈。补强圈可设置在容器内壁、外壁或者同时在内外壁上设置，但是考虑到施焊的方便程度，所以一般设置在容器外壁上，如图 1-43（a）、（b）。补强圈的材料一般与容器壁的材料相同，厚度与器壁厚度相等。补强圈与器壁要求很好的贴合，否则起不到补强作用。

（2）加强管补强　加强管补强也称接管补强，它是在开孔处焊上一个特意加厚的短管，如图 1-43（d）、（e）、（f），利用多余的壁厚作为补强金属。该种补强方法结构简单、焊缝少、焊接质量容易检验，效果好，已广泛使用在各种化工设备上。对于重要设备，焊接需要采用全焊透结构。

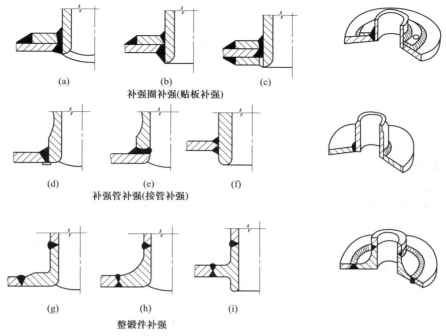

图 1-43 开孔补强常见结构

（3）整体锻件补强　它是在开孔处焊上一个特制的锻件，如图 1-43（g）、（h）、（i）。它相当于把补强圈金属与开孔周围的壳体金属熔合在一起，且壁厚变化缓和，有圆弧过渡，全部焊缝都是对接焊缝并远离最大应力作用处，因而补强效果好。但该种方法存在机械加工量大，锻件来源困难等缺点，因此多用于有较高要求的压力容器和设备上。

3. 对容器开孔的限制

在压力容器上开设孔径应满足下列要求。

① 对于圆筒，当内径 $D_i \leqslant 1500$mm，开孔最大直径 $d \leqslant D_i/2$，且 $d \leqslant 520$mm；当 $D_i >$ 1500mm 时，开孔最大直径 $d \leqslant D_i/3$，且 $d \leqslant 1000$mm。

② 凸形封头或球壳上开孔的最大尺寸满足 $d \leqslant D_i/2$。

③ 锥壳或锥形封头上开孔，开孔尺寸满足 $d \leqslant D_i/3$，D_i 为开孔处锥壳的内直径。

④ 在椭圆形封头或碟形封头过渡部分开孔时，开孔的孔边与封头边缘的投影距离不小于 $0.1D_o$，孔的中心线宜垂直于封头表面。

⑤ 开孔应避开焊缝处，开孔边缘与焊缝的距离应大于壳体厚度的 3 倍，且不小于 100mm。如果开孔不能避开焊缝，则在开孔焊缝两侧 1.5d 范围内进行 100% 的无损探伤，并在补强计算时考虑焊缝接头系数。

4. 允许不另行补强的最大开孔直径

根据工艺要求，容器上的开孔有大有小，并不是所有开孔都需要补强，当开孔直径比较小，削弱强度不大，孔边应力集中在允许数值范围内时，容器就可以不另行补强了。符合下列条件者，可以不另行补强。

① 设计压力小于或等于 2.5MPa。

② 两相邻开孔中心的间距（曲面以弧长计算）应不小于两孔直径之和的两倍。

③ 接管公称外径小于或等于 89mm。

④ 接管最小壁厚满足表 1-26 要求。

表 1-26　不另行补强接管外径及其最小壁厚　　　mm

接管外径	25	32	38	45	48	57	65	76	89
最小壁厚	3.5	3.5	3.5	4.0	4.0	5.0	5.0	6.0	6.0

五、安全装置

为了保证压力容器的安全工作，常在压力容器上设置安全阀、爆破片等安全附件。

1. 安全阀

在生产过程中，由于介质压力的波动，可能会出现一些不可控制的因素使操作压力在极短的时间内超过设计压力。为了保证安全生产，消除和减少事故的发生，设置安全阀是一种行之有效的措施。

安全阀已广泛应用于各类压力容器上，是一种自动阀门，它利用介质本身的压力，通过阀芯的开启来排放额定数量的流体，以防容器内压力过载。当内部压力高于安全阀设定的压力时，内部压力将顶开安全阀的阀瓣，从而排出一定量的介质；随着内部介质的泄放，压力降低，当压力降低到调定压力而恢复正常时，安全阀的阀瓣将自动关闭，阻止介质继续排出，从而保证了生产的安全进行。但由于阀瓣与阀座接触面上的密封性能有时不好，会有不同程度的微量泄漏，而且压紧所用弹簧有滞后现象，因此对各种腐蚀介质的适应能力差。

安全阀的种类很多，其分类的方式有多种，按加载机构可分为重锤杠杆式和弹簧式；按阀瓣升起高度可分为微起式和全启式；按气体排放方式分为全封闭式、半封闭式和开放式；按照作用原理分为直接式和非直接式等。

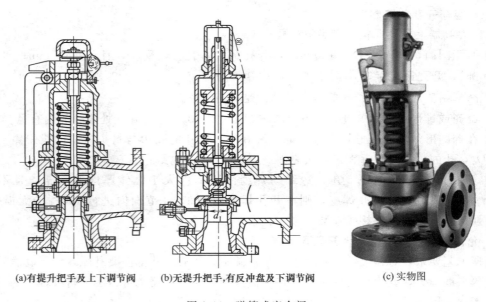

(a)有提升把手及上下调节阀　　(b)无提升把手,有反冲盘及下调节阀　　(c)实物图

图 1-44　弹簧式安全阀

图 1-44 为带上、下调节圈的弹簧全启式安全阀示意图。它的工作原理是利用弹簧压缩力来平衡作用在阀瓣上的力。调节螺旋弹簧的压缩量，可以对安全阀的开启压力进行调节。装在阀瓣外面的上调节圈和装在阀座上的下调节圈在密封面周围形成一个很窄的缝隙，当开

启高度不大时，气流两次冲击阀瓣，使它继续升高，然而当阀瓣开启高度增大后，上调节圈有迫使气流弯转向下，反作用力对阀瓣进一步开启。因此，改变调节阀圈的位置，可以调节安全阀开启压力和回座压力。弹簧式安全阀的优点是结构简单、紧凑、灵敏度高、安装方位不受限制及对振动不敏感等。随着结构的不断改进和完善，其使用范围将会越来越广。

安全阀的选用，应综合考虑压力容器的操作条件、介质特性、载荷特点、容器的安全泄放量、安全阀的灵敏性、可靠性、密封性、生产运行特点以及安全技术要求等。一般按如下原则进行。

① 对于危险程度较大的易燃、毒性为中度以上的介质，必须选择封闭式安全阀，以防介质泄放在大气中污染环境；如需要带手动提升机构的，须采用封闭式带扳手的安全阀；对空气或其他不会污染环境的非易燃气体，则可以选用敞开式安全阀。

② 高压容器、泄放量较大、容器壳体的强度裕量不大的压力容器，应选择全启式安全阀；而微启式安全阀仅适用于排量不大，要求不高的场合。

③ 高温容器宜选用重锤杠杆式安全阀或带散热器的安全阀，不宜选用弹簧式安全阀。

2. 爆破片

爆破片是一种断裂型的安全泄放装置，它是利用爆破片在标定爆破压力下爆破，即发生断裂来达到泄放的目的，泄压后爆破片不能继续使用，容器也只能停止运行。虽然爆破片是一种爆破后不重新闭合的泄放装置，但与安全阀相比它具有密封性好、泄压反应迅速的特点，因此，当安全阀不能起到有效保护作用时，必须使用爆破片或爆破片与安全阀的组合装置。

爆破片有很多种类，其分类方法较多，按破坏时受力形式分为拉伸型、压缩型、剪切型和弯曲型；按产品外观分为正拱型、反拱型和平板型；按破坏动作分为爆破型、触破型及脱落型等。

爆破片装置是由爆破片或爆破片组件以及夹持器装配而成的压力泄放装置。普通的爆破片装置由爆破片和夹持器组成；组合式爆破片装置由爆破片、夹持器、背压托架、加强环、保护膜、密封膜等组合而成。爆破片在工作过程中如果超压将迅速动作，起控制泄放压力的作用，是核心泄放装置；背压托架是用来防止爆破片因出现背压差而发生意外的拱形托架；加强环放置在爆破片边缘，可以增强爆破片刚度；保护膜和密封膜可以增强爆破片的耐腐蚀能力和密封能力。

爆破片在夹持器中的动作过程如图 1-45 所示。爆破片在正常工作时是密封的，如果工作中设备的压力一旦超压，膜片就发生破裂，超压介质被迅速泄放，直至与排放口所接触的环境压力相等为止，由此可以保护设备本身免遭损伤。一般爆破片的爆破压力应高于设备正常工作时的压力，但不得高于容器的设计压力。

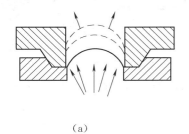
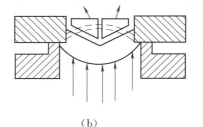

|（a）|（b）|（c）|

图 1-45 爆破片在夹持器中的动作示意图

爆破片所用的材料有纯铝、铜、镍、银等及其合金，奥氏体不锈钢、蒙乃尔合金等金属材料，以及石墨、聚四氟乙烯等非金属材料。

目前，绝大多数压力容器都使用安全阀作为泄放装置，然而安全阀却存在"关不严、打不开"的潜在隐患，因而在某些场合应优先选用爆破片作为容器的安全泄放装置。由于爆破片有标定的爆破压力和爆破温度，有明确的安装方向要求，因此使用中要注意维持爆破压力的恒定，爆破片需要定期检查及更换。

选择爆破片时，其爆破压力和爆破温度必须满足以下条件：爆破压力不允许超过压力容器的设计压力，正拱型爆破片的标定爆破压力可以达到最高工作压力的1.5倍，反拱型爆破片的标定爆破压力为压力容器最高工作压力的1.2倍。爆破片的爆破温度与爆破片的材料有关，工业中常用的几种材料的最高温度为：工业纯铝，100℃；工业纯铜，200℃；工业纯钛，250℃；工业纯镍，400℃；蒙乃尔合金，430℃。

六、其他附件

1. 视镜

为了观察压力容器内部情况，有时在设备或封头上需要安装视镜。视镜的种类很多，它已经进行了标准化，尺寸有 $DN50\sim150mm$ 五种，但常用的仅有凸缘视镜和带颈视镜，如图1-46所示。

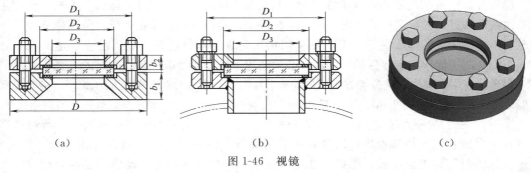

| (a) | (b) | (c) |

图1-46　视镜

对安装在压力较高或有强腐蚀介质设备上的视镜，可以选择双层玻璃或带罩安全视镜，以免视镜玻璃在冲击振动或温度巨变时发生破裂伤人。

2. 液面计

为了显示压力容器内部液面高度，需要安装液面计。液面计种类很多，常用的有玻璃板式和玻璃管式两种。

对于公称压力超过0.07MPa的设备所用玻璃液面计，可直接在设备上开长条形孔，利用矩形凸缘或者法兰把玻璃固定在设备上，如图1-47所示。对于设计压力低于1.6MPa的承压设备，常采用双层玻璃式或玻璃式

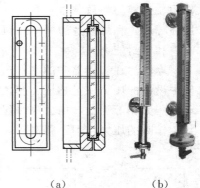

| （a） | （b） |

图1-47　玻璃板式液面计

液面计。它们与设备的连接多采用法兰、活接头或螺纹接头。板式和玻璃管式液面计已经标准化，设计时可以直接选用。

第四节　压力试验

按照强度、刚度要求计算所确定的容器厚度，由于受到材质、钢板弯卷、焊接及安装等加工制造过程的影响，有可能在规定的工作压力下出现过大变形或焊缝有渗漏现象，导致容

器使用不安全。为了防止容器使用中安全可靠，设备在出厂前或检修后需要进行压力试验或增加气密性试验。压力试验的目的是在超设计压力下，检查容器的强度、密封结构和焊缝的密封性等；气密性试验是对密封性要求高的重要容器在强度试验合格后进行的泄漏检验。

压力试验的方法有两种，一种是液压试验，另一种是气压试验。压力试验的种类、要求和试验压力值应在图样中注明。通常情况下采用水压试验，对于不适合进行液压试验的容器，例如，容器内不允许有微量残留液体，或由于结构原因不能充满液体的塔类容器，液压试验时液体重力可能超过承受能力等，可采用气压试验。

一、液压试验

液压试验是在被试验的压力容器中注满液体，再用泵逐步增加试验压力以检验容器的整体强度和致密性。图 1-48 为容器液压试验示意图，试验时必须采用两个量程完全相同并经检验校正的压力表，压力表的量程一般为试验压力的 1.5～4 倍，最好为试验压力的 2 倍。

液压试验所用的介质要求价格低廉、来源广，并对设备的影响小，满足此条件的多为洁净的水，故常称为水压试验；需要时也可采用不会导致发生危险的其他液体。无论何种液体，试验时的温度应不高于试验液体的闪点温度或沸点温度。对于奥氏体不锈钢制容器用水进行液压试验后，应将水渍清除干净，当无法达到这一要求时，应控制水中的氯离子含量不得超过 25mL/L。

碳素钢、Q345R 和正火 15MnVR 钢制容器液压试验时，液体温度不得低过 5℃；其他低合金钢容器，试验时液体温度不得低于 15℃。

试验过程中应在容器顶部设置排气口，以便在充加液体时将设备内的空气排尽，并保持设备观察表面干净。

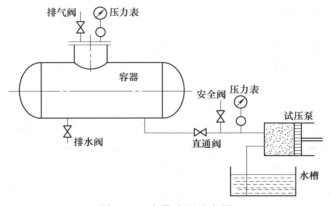

图 1-48　容器液压示意图

试验时压力应缓慢上升，达到规定压力后，保压时间一般不得低于 30min（此时容器上压力表读数应保持不变）。之后，将压力降至规定试验压力的 80%，在此压力下保持足够长的时间以对所有焊接接头和连接部位进行检查。如发现有渗漏，应进行标记，卸压后进行修补，补修好后再重新进行试验，直至达到要求为止。对夹套容器，应首先进行内筒液压试验，合格后再焊夹套，然后对夹套进行液压试验。液压试验完毕后，应将容器内的液体排尽并用压缩空气吹干。

1. 液压试验压力 p_T

试验压力是进行液压试验时规定容器应达到的压力，该值反映在容器顶部的压力表上。试验压力按照下面的方法确定

$$p_T = 1.25 p \frac{[\sigma]}{[\sigma]^t} \tag{1-37}$$

式中　p_T——试验压力，MPa；

　　　p——设计压力，MPa；

　　　$[\sigma]$——容器元件材料在试验温度下的许用应力，MPa；

　　　$[\sigma]^t$——容器元件材料在设计温度下的许用应力，MPa。

确定试验压力时应注意：容器铭牌上规定有最大允许工作压力时，式（1-37）中应以最大允许工作压力替代设计压力 p；容器各受压元件，诸如筒体、封头、接管、法兰及其他紧固件等所用材料不同时，式（1-37）中应取各元件材料的 $[\sigma]/[\sigma]^t$ 比值中最小者；直立容器液压试验充满水时，其试验压力应按式（1-37）计算确定值的基础上加上直立容器内所承受最大的液体静压力。

2. 试验强度校核

压力试验前应对压力容器进行强度校核，强度校核按下式进行

$$\sigma_T = \frac{p_T(D_i + \delta_e)}{2\delta_e} \tag{1-38}$$

式中　σ_T——试验压力下圆筒的应力，MPa；

　　　D_i——圆筒内直径，mm；

　　　δ_e——圆筒的有效厚度，mm。

校核满足如下要求

$$\sigma_T \leqslant 0.9\varphi\sigma_s(\sigma_{0.2}) \tag{1-39}$$

式中　σ_s（$\sigma_{0.2}$）——圆筒材料在试验温度下的屈服点（或 0.2% 的屈服强度），MPa；

　　　φ——圆筒的焊缝系数。

二、气压试验

由于气体具有可压缩的特点，盛装气体的容器一旦发生事故所造成的危害较大，所以在进行气压试验以前必须对容器的主要焊缝进行 100% 的无损探伤，并应增加试验现场的安全设施。气压试验时所用气体多为干燥洁净的空气、氮气或其他惰性气体。

气压试验时的试验温度对碳素钢和低合金钢不得低于 $15℃$，其他钢种容器的气压试验温度按图样规定。

气压试验压力为 $\qquad p_T = 1.15 p \frac{[\sigma]}{[\sigma]^t} \tag{1-40}$

气压试验校核条件为 $\qquad \sigma_T \leqslant 0.8\varphi\sigma_s(\sigma_{0.2}) \tag{1-41}$

式中符号意义同前。

气压试验时压力应缓慢上升至规定试验压力的 10%，且不得超过 0.05 MPa 时，保压 5min，然后对焊缝和连接部位进行初次泄漏检查，如发现泄漏，修补后应重新进行试验。初次泄漏检查合格后，再继续缓慢增加压力至规定值的 50%，进行观察检验，合格后再按规定试验压力的 10% 级差逐级增至规定的试验压力。保压 10min 后将压力降至规定试验压

力的 87%，并保持足够长的时间后再次进行泄漏检查。如有泄漏，修补后再按上述规定重新进行试验。

三、气密性试验

容器工作时盛装的介质危险程度较大（为易燃或毒性程度为极度、高度危害或设计上不允许有微量泄漏）时，需要进行气密性试验。气密性试验应在液压试验合格后进行，在进行气密性试验前，应将容器上的安全附件装配齐全。

气密性试验的压力大小应根据压力容器上是否配置有安全泄放装置，如容器上没有配置有安全泄放装置，气密性试验压力一般取为设计压力的 1.0；但若容器上配置有安全泄放装置，为保证安全泄放装置的正常工作，其气密性试验压力值应低于安全阀的开启压力或爆破片的设计爆破压力，建议取容器最高工作压力的 1.0 倍。气密性试验压力、试验介质和检验要求应在图样上予以注明。

气密性试验时，压力应缓慢上升，达到规定试验压力后保压 10min，之后降至设计压力。对所有焊接接头和连接部位进行泄漏检查，检查中如发现泄漏，应进行修补后重新再进行液压试验和气密性试验。

【例 1-5】 某化工厂欲设计一台石油气分离用乙烯精馏塔，工艺参数为：塔体内径 $D_i =$ 600mm，计算压力 $p_c = 2.2$ MPa，工作温度 $t = -3 \sim -20$℃，试选择塔体材料并确定塔体厚度。

解 （1）确定塔体材料

由于石油气对钢材的腐蚀不大，温度在 $-3 \sim -20$℃，压力为中压，故选用 Q345R。

（2）确定设计参数

$p_c = 2.2$ MPa；$D_i = 600$ mm；$[\sigma]^t = 170$ MPa（附录中查得），$\varphi = 0.8$（采用带垫板的单面焊对接接头，局部无损探伤），取 $C_2 = 1$ mm

（3）计算壁厚

根据公式（1-9）得

$$\delta = \frac{p_c D_i}{2[\sigma]^t \varphi - p_c} = \frac{2.2 \times 600}{2 \times 170 \times 0.8 - 2.2} = 4.9 \text{mm}$$

$$\delta_d = \delta + C_2 = 4.9 + 1 = 5.9 \text{mm}$$

根据 $\delta_d = 5.9$ mm，假设板厚为 $6 \sim 16$ mm，查表 1-8 得 $C_1 = 0.6$ mm，故 $\delta_d + C_1 = 5.9 + 0.6 = 6.5$ mm，根据表 1-13 提供的常用钢板系列进行圆整，最后确定塔体的名义厚度为 $\delta_n = 7$ mm

（4）校核水压试验强度

根据式

$$\sigma_T = \frac{p_T (D_i + \delta_e)}{2\delta_e} \leq 0.9 \varphi \sigma_s$$

$$p_T = 1.25 p = 1.25 \times 2.2 = 2.75 \text{MPa}, t < 200℃, [\sigma]/[\sigma]^t \approx 1, p = p_c = 2.2 \text{MPa}$$

$$\delta_e = \delta_n - C_2 = 7 - 1 = 6 \text{mm}$$

查得 16MnR 材料的 $\sigma_s = 345$ MPa

则

$$\sigma_T = \frac{2.75 \times (600 + 6)}{2 \times 6} = 138.9 \text{MPa}$$

$$\sigma_s = 0.9 \varphi \sigma_s = 0.9 \times 0.8 \times 345 = 248.4 \text{MPa}$$

可见 $\sigma_T < 0.9 \varphi \sigma_s$，所以强度足够。

同步练习

一、填空题

1. 指出下列容器属于一、二、三类容器的哪一类?

序号	容器(设备)条件	类别	序号	容器(设备)条件	类别
1	$\phi1500$,设计压力为 10MPa 的管壳式余热锅炉		6	压力为 4MPa,毒性程度为极度危害介质的容器	
2	设计压力为 0.6MPa,容积为 $1m^3$ 的氟化氢气体储罐		7	$\phi800$,设计压力为 0.6MPa,介质为非易燃和无毒的管壳式余热锅炉	
3	$\phi2000$,容积为 $20m^3$ 液氨储罐		8	工作压力为 23.5MPa 的尿素合成塔	
4	压力为 10MPa,容积为 800L 的液氨储罐		9	用抗拉强度规定值下限为 $\sigma_b=620$MPa 材料制造的容器	
5	设计压力为 2.5MPa 的搪瓷玻璃容器				

2. 查手册找出下列无缝钢管的公称直径 DN?

规格	$\phi14\times3$	$\phi25\times3$	$\phi45\times3.5$	$\phi57\times3.5$	$\phi108\times4$
DN/mm					

3. 压力容器法兰和管法兰分别有哪些等级?

压力容器法兰 PN/MPa						
管法兰 PN/MPa						

4. 钢板卷制的筒体和成形封头的公称直径是指它们的 (　　) 径。无缝钢管作筒体时,其公称直径是指它们 (　　) 径。GB 150—2011《钢制压力容器》是我国压力容器标准体系中的 (　　) 标准?

5. 指出图 1-49 所示回转壳体上诸点的第一曲率和第二曲率半径?

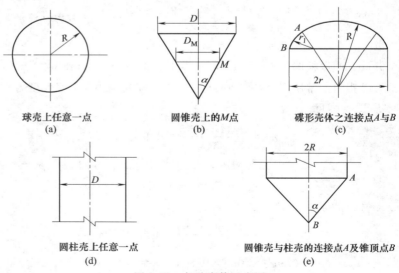

球壳上任意一点
(a)

圆锥壳上的M点
(b)

碟形壳体之连接点A与B
(c)

圆柱壳上任意一点
(d)

圆锥壳与柱壳的连接点A及锥顶点B
(e)

图 1-49　各种壳体示意图

6. 有一容器,其最高气体工作压力为 1.6MPa,无液体静压作用,工作温度≤150℃,且装有安全阀,试确定该容器的设计压力为 (　　)MPa;计算压力为 (　　)MPa;水压试验压力 (　　)MPa。

7. 有一立式容器,下部装有 10m 深、密度为 $\rho=1200$kg/m^3 的液体介质,上部气体压力最高达

0.5MPa，工作温度≤100℃，试确定该容器的设计压力为（　　　）MPa，计算压力为（　　　）MPa，水压试验压力为（　　　）MPa。

8. 标准碟形封头之球面部分内径 R_i=（　　　）D_i，过渡圆弧部分之内半径 r=（　　　）D_i；标准椭圆形封头的长、短半轴之比 a/b=（　　　），此时的 k=（　　　）；对于碳素钢和低合金钢制的容器，考虑刚性需要，其最小壁厚 δ_{min}=（　　　）mm，对于高合金钢制容器，δ_{min}=（　　　）mm？

9. 在计算厚度、有效厚度、名义厚度中，它们的关系是（　　　）≤（　　　）≤（　　　）。

10. 受外压的长圆筒，侧向失稳时波形数 n=（　　　），短圆筒侧向失稳时波形数 n>（　　　）的整数；外压容器的焊接接头系数均取为 φ=（　　　）。

11. 直径与壁厚分别为 D、δ_n 薄壁圆筒壳体，承受均匀侧向外压 p 作用时，其环向应力 σ_2=（　　　），经向应力 σ_1=（　　　），它们均是（　　　）应力，且与圆筒的长度 L（　　　）关；外压圆筒设置加强圈后，其作用是将（　　　）圆筒转化为（　　　）圆筒，以提高临界失稳压力；对长度、直径完全相同的不锈钢、铝和钢制外压容器，它们的临界压力分别是 $p_{cr不锈钢}$，$p_{cr铝}$，$p_{cr钢}$，则它们的临界压力的关系是（　　　）>（　　　）>（　　　）。

12. 法兰连接结构，一般由（　　　）件、（　　　）件、（　　　）件三部分组成？在法兰密封所需要的预紧力一定时，采用适当减少螺栓（　　　）和增加螺栓（　　　）的办法，对密封是有利的。

13. 法兰按结构形式分为（　　　）、（　　　）和（　　　）三类；按密封面形式分为（　　　）、（　　　）和（　　　）三类。

14. 现行标准中规定的圆形人孔的公称直径有 DN（　　　）mm 和 DN（　　　）mm 两种；椭圆形人孔尺寸为长轴×短轴=（　　　）mm×（　　　）mm 与（　　　）mm×（　　　）mm 两种；标准中规定的手孔公称直径有 DN（　　　）mm 和 DN（　　　）mm 两种。

15. 压力容器试验分为（　　　）和（　　　）两种，试验压力分别按（　　　）和（　　　）确定。

二、计算题

1. 某厂生产的锅炉汽包，其工作压力为 2.5MPa，汽包圆筒的平均直径为 816mm，壁厚为 16mm，试求汽包圆筒壁的轴向薄膜应力 σ_1 和周向薄膜应力 σ_2？

2. 有一 DN2000mm 的内压薄壁容器，壁厚 δ_n=22mm，承受的最大气体工作压力 p_w=2MPa，容器上装有安全阀，焊接接头系数 φ=0.85，壁厚附加量 C=2mm，试求筒体的最大工作压力？

3. 某化工厂反应釜，内径为 1500mm，工作温度为 5～105℃，工作压力为 p_c=1.6MPa，釜体材料采用 0Cr18Ni10Ti，采用双面对接焊缝，局部无损探伤，凸形封头上装有安全阀，试设计釜体厚度？

4. 今欲设计一台高温变换炉，炉内最高温度为 550℃，炉内加衬里保温砖和耐火砖后，最高壁温为 450℃，工作压力为 1.8MPa，炉体内径为 3000mm，采用双面焊对接接头，100%探伤；试用 20R 和 Q345R 两种材料分别设计炉体厚度，并作分析比较。

5. 查阅有关标准或手册，确定下列甲型平焊法兰的公称压力 PN。

法兰材料	工作温度/℃	工作压力/MPa	公称压力/MPa	法兰材料	工作温度/℃	工作压力/MPa	公称压力/MPa
Q235-B	300	0.12		Q235-B	180	1.0	
Q345R	240	1.3		Q345R	50	1.5	
15MnVR	200	0.5		15MnVR	300	1.2	

6. 一接管公称直径为 20mm，材质为 16Mn，最高工作压力 3.0MPa，工作温度 250℃，管内介质腐蚀性一般，试确定法兰及其密封面的形式和连接尺寸？

7. 有一卧式容器，DN=3000mm，最大质量为 100t，材质为 Q345R，试确定双鞍支座，并进行标记。

第二章 压力容器制造

知识目标：掌握压力容器的制造工艺过程，制造中易出现的缺陷及其消除方法；掌握压力容器制造中所用设备的特点、工作原理、操作方法。了解单层和多层压力容器的制造方法。

能力目标：掌握压力容器的制造方法，能够焊接压力容器的焊缝；熟悉筒体、封头的成形过程，能够对压力容器及接管进行组对焊接。

压力容器制造过程中受压壳体的成形有圆筒的弯卷、封头的冲压和旋压、管子的弯曲等。圆筒壳体的制造根据压力高低又有单层和多层之分。单层压力容器的制造方法主要有单层卷焊式、整体锻造式、锻焊式；多层压力容器的制造方法主要有热套式、包扎式、绕板式、扁平钢带式等。

第一节 准备工艺

压力容器是由钢板经过一定加工工序完成的，其制造过程与其他机械加工方法存在很大的差别，本节对压力容器的制造过程进行介绍。

一、材料的准备

原材料在运输及储存的过程中，由于出现铁锈和氧化皮、粘附上泥土和油污，这些污物的存在如果不加清理，在经过划线、切割、成形、焊接等工序后，将会严重影响压力容器的制造质量。所以在坯料投入生产前需要进行净化，以消除焊缝两边缘的油污和锈蚀物，保持容器的耐蚀性，并为下道工序做准备。

净化的方法主要有手工净化、机械净化、化学净化、火焰净化等。

（1）手工净化 指工人直接用钢丝刷、砂纸、手动砂轮打磨或者用锉刀、刮刀刮削的方法。这种方法具有灵活方便、不受条件的限制等优点，但也存在工人劳动强度大、效率低、环境恶劣等缺点，一般用于焊口的局部净化。

（2）机械净化 机械净化有电动砂轮机、喷砂机、抛丸等方法。

手提电动砂轮机（亦称电动角磨机）利用砂轮的高速转动以消除铁锈，由于砂轮具有磨削作用，所以通常还用于磨光坡口、磨光焊缝、磨去边缘毛刺等。当用砂丝轮代替砂轮除锈时，其除锈效果更好，效率更高，可用于大面积的除锈。

喷砂是利用高速喷出的压缩空气流带出的砂粒高速冲击工作表面而打落铁锈和氧化膜的一种净化方法，如图2-1所示，所用砂粒为均匀的石英砂，压缩空气的压力一般为0.5~0.7MPa；喷砂嘴受冲刷磨损较大，常用硬质合金或陶瓷等耐磨材料制成。它主要用于碳素钢和低合金钢的大面积表面处理。这种方法效率虽高，但粉尘大，对人体健康有害，需要在封闭的喷砂室进行。

由于喷砂严重危害人体健康，污染环境，目前国外已普遍采用抛丸处理。其主要特点是

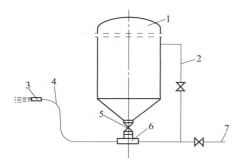

图 2-1 喷砂装置工作原理

1—砂斗；2—平衡管；3—喷砂嘴；

4—橡胶软管；5—放砂旋塞；

6—混砂管；7—导管

改善劳动条件，容易实现自动化，被处理材料表面质量控制方便。抛丸机抛头的叶轮一般为 $\phi380\sim500mm$；抛丸量为 $200\sim600kg/min$，钢丸粒度为 $\phi0.8\sim1.2mm$。另外，还有一套钢丸回收除尘系统。

（3）化学净化 它是利用酸、碱或其他溶剂来溶解锈、油和氧化膜的一种高效方法。大面积净化时将所净化的钢板浸入酸池或碱池中，局部净化时则用特制的除锈剂或净化剂涂于净化处。化学净化后必须用水清洗以除去所粘附的酸碱等溶剂，不锈钢设备所用冲洗水的氯离子含量不超过 $25mg/kg$。化学清洗法多用于铝、不锈钢等的大面积除锈。化学除锈效果受到被除锈材料种类、锈蚀程度以及清洗剂种类、浓度、温度和时间的影响。

（4）火焰净化 火焰净化是利用高温燃烧来除去表面所粘附的油脂，但常在表面留下烧不尽的"炭灰"。火焰净化的基本原理是被净化的材料在加热及冷却的过程中，由于其与锈的线膨胀系数不同，彼此间产生滑移，从而使锈和金属分离，金属冷却后可以再采用钢丝刷来刷尽锈层。火焰净化主要用于碳素钢和低合金钢的表面除锈和除油。

二、矫形

由于钢材在运输、吊装或存放过程中的不当，引起了弯曲、波浪变形或扭曲变形。这些变形如果不加以处理，它不仅直接影响划线、切割、弯曲和装配等工序的尺寸精度，而且还影响容器的制造质量，甚至出现废品。所以，当材料的变形超过允许的范围时，必须进行矫形处理。

矫形处理的实质是调整弯曲件"中性层"两侧的纤维长度，使所有纤维达到等长。调整的方法有两种，一种是以"中性层"为准，使长者缩短、短者伸长，达到等长的目的；另一种是以长者为准，把其余的纤维都拉长从而达到等长，但要注意伸长率。前者主要应用于钢板和型钢的矫形，后者主要用于管材和线材的矫形。

常用的矫形方法主要有机械矫形和火焰矫形。

1. 机械矫形

机械矫形主要用于冷矫，当变形较大、设备能力不足时，可采用热矫，其矫形方法和适用范围见表 2-1。

表 2-1 机械矫形方法及适用范围

矫形方法	矫形设备及示意图	适用范围
手工矫形	手锤、大锤、型锤（与被矫形型材外形相同的锤）或一些专用工具	操作过程简单灵活、劳动强度大、矫形质量不高，适用于无法用设备矫形的场合
拉伸机矫直	$F \xrightarrow{\qquad} \boxed{\ \ //////\ \ } \xrightarrow{\qquad} F$ 拉伸机	适用于薄板瓢曲矫正、型材扭曲矫直及管材的矫直
压力机矫正	压力机	适用于板材、管材、型材的局部矫正。对型钢的校正精度一般为 $1.0mm/m$

续表

矫形方法	矫形设备及示意图	适 用 范 围
辊式矫板机矫正	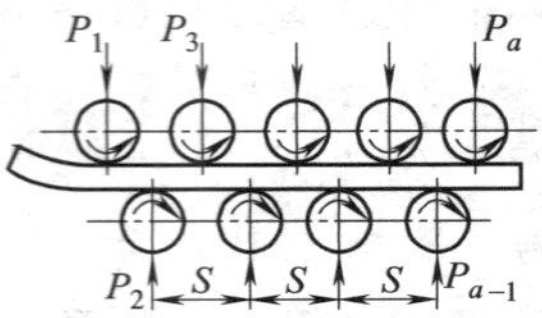 辊式矫板机	适用于钢板的矫正,不同厚度的钢板选择不同的辊子数目、不同直径的矫板机。矫正精度为 1.0～2.0mm/m
型钢矫正机矫正	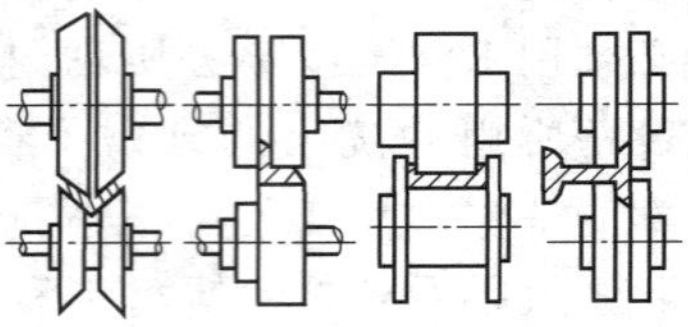 辊式型钢矫正机	适用于型钢的矫正。矫正辊的形状与被矫形钢截面形状相同,一般上、下列辊子对正排列,以防止矫正过程中生产扭曲变形

2. 火焰矫形

火焰矫形是利用可燃气体的火焰加热被矫形件的局部变形部位,经冷却后达到矫形的目的。当金属局部受热时,被加热部位受热膨胀,但又受到周围冷金属的阻碍而产生压缩应力,当压缩应力超过金属高温时的屈服极限时,被加热部位便产生塑性变形。当加热区冷却时,虽然该部位也受到周围冷金属的阻碍作用,但温度已经下降,屈服极限升高,因而只产生较小的塑性变形。所以,从加热到冷却过程中,被加热部位的金属纤维总地来说是缩短了,因而实现了矫正的目的。火焰矫正的加热温度,一般控制在 600～900℃。火焰矫正最适用于锅炉制造中因组装、焊接、运输等因素引起的变形,因为这些变形已一般不可能再采用机械矫正方法进行矫正。

三、展开

划线是在原材料或经初加工的坯料上划出下料线、加工线、各种位置线和检查线等,并打上或标记上必要的标志或符号的过程。划线工序通常包括对零件的展开计算、放样和打标记等过程。

划线前应确定坯料尺寸,它由零件的展开尺寸和各种加工余量组成。确定零件展开尺寸的方法通常有以下几种。

作图法　用几何制图法将零件展开成平面图形的方法。

计算法　按展开原理或压(拉)延变形前后面积不变原则推导出计算公式的方法。

试验法　通过试验公式确定形状较复杂零件的坯料,这种方法简单、方便。

综合法　对计算过于复杂的零件,可对不同部位分别采用不同的方法,甚至需要采用试验法予以验证。

压力容器受压壳体主要有可展曲面和不可展曲面。对于圆筒、圆锥形筒体属于可展曲面,而封头则属于不可展曲面。

1. 可展曲面

板材弯曲前后中性层尺寸不变,由此可精确计算出圆柱形和圆锥形筒体。圆柱形筒体展开是一个矩形,圆锥形筒体展开则是一个扇形,如图 2-2 所示。可展曲面一般采用计算的方法确定坯料尺寸。

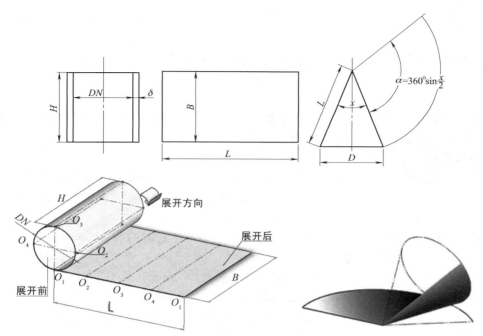

图 2-2 圆柱和圆锥展开图

圆柱形壳体的展开尺寸为 $\quad L \times B = \pi(DN + \delta) \times H$

圆锥形壳体的展开尺寸为 $\quad \alpha = \dfrac{D}{L} \times 180° = 360° \sin \dfrac{x}{2}$

由于锥角测量不方便而且不准确，在工程中实际上采用计算出扇形的弧长后，用盘尺在圆弧上量取该弧长而得到扇形，也可以采用计算并量取弦长的方法而得到。

2. 不可展曲面

不可展曲面不能用计算的方法直接方便地计算出所需材料的面积，所以通常采用近似的方法，如等弧长法、等面积法、经验展图法等。

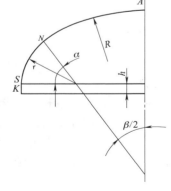

图 2-3 碟形封头
的中性面尺寸

（1）等弧长法　等弧长法是假设壳体成形前后"中性层"几何长度尺寸不变的原则来确定所需要坯料尺寸的，主要用于封头坯料尺寸的确定。为了便于理解，这里以碟形封头为例说明其近似计算过程，如图 2-3 所示，设直边高度为 h，过渡圆弧半径为 r，圆弧半径为 R，则所需坯料的尺寸 D_a 为

$$D_a = 2(KS + SN + NA) = 2h + 2r\alpha + R\beta$$

（2）等面积法　等面积法认为封头曲面中性层面积和变形前坯料中性层面积相等。设直边高度为 h，则按等面积展开所得标准椭圆封头的坯料尺寸 D_a 为

$$D_a = \sqrt{1.38 D_m^2 + 4 D_m h}$$

（3）经验展图法　对于常用的封头的坯料尺寸，一些封头生产厂家根据自身生产设备提出了一些经验公式，设封头公称直径为 DN，直边高度为 h，封头厚度为 δ。

典型模压标准椭圆封头的展开尺寸为 $\quad D_a = 1.2DN + 2h + \delta$

典型旋压椭圆封头的展开尺寸为 $\quad D_a = 1.15(D_i + 2\delta) + 2h + 20$

值得注意的是：旋压封头的展开尺寸与封头旋压机类型有关，不同旋压设备下料尺寸是不同的。

利用作图法确定展开尺寸的方法在工程制图中已经介绍，在此不再赘述。

四、号料

将展开图及其尺寸划在钢板上的作业称为号料。号料过程中应注意两个方面的问题：全面考虑各种加工余量；考虑划线的技术要求。

1. 号料尺寸

上面各种方法所得到的坯料尺寸仅是理论尺寸，在号料时还需要考虑各个工序中的加工余量，如成形变形量、机加工余量、切割余量、焊接余量等。所以号料时的实际坯料尺寸为

$$D_划 = D_展 - \Delta_变 + \Delta_割 + \Delta_加 + \Delta_焊$$

式中　$\Delta_变$——筒节卷制伸长量，冷卷时约为 $7 \sim 8$mm，热卷时约为 $(0.13 \sim 0.22)D_展$，封头成形时不考虑该项；

　　　$\Delta_割$——切割余量，与切割方法有关，一般取为 $2 \sim 3$mm；

　　　$\Delta_加$——坯料边缘加工余量，与加工方法有关，一般取为 5mm；

　　　$\Delta_焊$——焊缝冷却时的收缩余量，与材料、焊接方法、工件长度、焊缝长度等有关。

实际用料尺寸＝展开尺寸－卷制伸长量＋焊缝收缩量－焊缝坡口间隙＋边缘加工余量

切割下料尺寸＝实际用料尺寸＋切割余量＋划线公差

划线时要注意精度，划角度时尽量采用几何作图而避免使用量角器；划线时，最好在板边划出切割线、实际用料线和检查线，如图 2-4 所示。

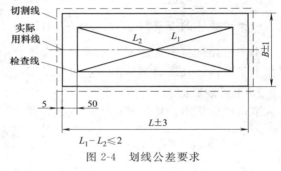

图 2-4　划线公差要求

2. 号料过程

（1）直接划线与样板划线　对于形状简单的零件和单件零件，一般采用把展开图的号料尺寸直接划在钢板上，这种方法称为直接划线。形状较为复杂和重要的零件，以及大批量的零件，一般是将号料尺寸划在薄铁皮、油毡或纸板上制成样板，然后再用样板在钢板上划线，这种方法称为样板划线。样板划线可以省工省料。

（2）排样　为了充分利用钢材，应利用样板在钢板上尽可能紧凑排列。在剪板机上剪板时应注意切割方便。随着计算机的广泛应用，可以利用计算机进行模拟排样，这样大大方便了排样工作，减少了工人的劳动强度，缩短了时间。

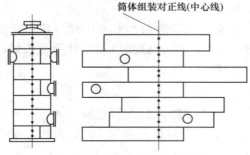

图 2-5　筒体划线方案示意图

（3）划线方案　大型压力容器，由于筒节多，开孔接口也多，因此在进行组对焊接前需要事先做出划线方案，以确定筒体节数、每节的装配中心线和各接管的位置，如图 2-5 所示。这样可以保证各条焊缝的分布和满足压力容器焊接规范要求，不会出现在焊缝上开孔、十字交叉焊缝、焊缝距离过小等现象。

（4）标号　由于压力容器制造过程中工序多且错综复杂，很多工序需要在不同的车

间完成，为了不致混淆，因此在划线时需要在坯料上标注一些符号来表示加工顺序和内容。

划线完成后，为了保证加工尺寸精度及防止下料尺寸模糊不清，在切割线、刨边线、开孔中心线及装配中心线等处打上样冲眼，然后用油漆标明标号和产品工号。如果材料被分成几块，应于材料切割前完成标记移植工作，以指导切割、成形、组焊等后续工序，保证材料加工及加工准确、清晰，且有利于材料的管理、待查和核准。

需要注意的是不锈钢设备不允许在板料上打样冲眼，只能用油漆或记号笔做出标记，以防止钢板表面氧化膜被破坏而影响不锈钢的耐蚀性。

五、切割及边缘加工

1. 切割

划线的下一道工序就是按照所划的切割线从板材坯料上切割下来，切割力求尺寸准确、切口整齐光洁，切割后坯料无较大变形。在制定切割工艺时需要考虑板坯的规格和同一形状坯料的数量。切割的方式目前主要有机械切割、热切割（氧气切割、等离子切割）和其他切割方法。

（1）机械切割　利用机械力对材料进行切割的方法统称为机械切割，它有剪切和锯切两种。

剪切主要有板材剪切和型材剪切。板材剪切多用闸门式斜口剪板机，剪切时在边缘切口上产生毛刺，且在切口边缘 $2\sim3mm$ 内产生加工冷作硬化现象，使材质变脆，对于重要容器构件，这部分应设法消除。如果需要在板材上剪切曲线，则采用滚剪机和振动剪床来完成。滚剪机剪切面质量较差，因而只用于对剪切要求不高的薄板坯料。振动剪床用于剪切板厚小于 $2mm$ 的内外曲线轮廓以及成形件的切边工作，这种剪切的切口比较粗糙，剪切后需要将边缘磨光。型材可以采用联合冲剪机来完成，这种剪床更换不同的剪刀后，可以切割圆钢、方钢、角钢、工字钢等。

锯切设备主要有弓锯、圆盘锯和摩擦锯，它属于切削加工。化工设备制造中主要采用圆盘锯来锯切管料、棒料、细长条状材料。

（2）热切割　它有氧气切割和等离子弧切割两类。

氧气切割俗称气割，也称火焰切割。它是利用可燃气体燃烧放出的热量来预热被切割金属，使金属温度达到其燃点后在氧气中燃烧，金属燃烧生成的氧化物在熔融状态下被气流冲走而形成切口。切割主要有加热阶段、燃烧阶段、排除熔渣阶段和移动割炬四个过程。它适用于切割厚度比较大的工件，而且在钢板上可以实现任意位置的切割工作，几乎不受条件和场地的限制，可以割出形状复杂的零部件。因此，气割被广泛应用于钢板的下料、铸钢件切割、钢材表面清理、焊接坡口加工等。

等离子弧切割是利用等离子弧产生的高温将被切割金属熔化，然后在等离子弧的高速冲刷作用下将熔渣吹走而形成切口。它与氧气切割原理不同，氧气切割是使金属在纯氧中燃烧的氧化切割，而等离子弧切割是高温等离子弧熔化金属的熔割。它不仅可以切割低碳钢、低合金钢，还可以切割不锈钢、铜、铝、铸铁、高熔点金属及非金属。目前生产上主要用于切割不锈钢、铜、铝、镍及其合金。

（3）其他切割方法　除氧气切割和等离子弧切割外，还有碳弧气刨、高速水射流切割等。

碳弧气刨是利用碳棒作为电极来产生电弧，利用电弧的高温将金属局部熔化，同时利用压缩空气吹走熔融状态的金属而实现切割和"刨削"的加工方法。碳弧气刨虽然温度高，不受被切割金属种类的限制，但生产效率低，切口精度太差，因而只适用于制造条件较差的地方作为切割以外的一种补充切割手段。它主要用于铲焊根、去毛刺、刨平焊缝余高以及焊缝的返修等作业中。有时又用它来开坡口，特别是曲面上的坡口和平面上的曲线坡口。

高压水射流加工技术是用高压高速流动的水作为携带能量的载体，对各种材料进行切割、穿孔和去除表层材料的一种加工新方法。射流水的流速可以达到声速的 2～3 倍，具有极大的冲击力，所以又称高速水射流切割。所用的射流水一般有纯水射流和磨料射流两种。前者水压在 20～400MPa，喷嘴孔径为 0.1～0.5mm；后者水压达到 300～1000MPa，喷嘴孔径为 1～2mm。高压水射流切割具有加工质量高、不会产生任何热效用、加工清洁、准备工序短等优点，几乎能切割所有的材料，除铸铁、铜、铝等金属材料外，还能加工特别硬脆、柔软的非金属，如塑料、皮革、木材、陶瓷和复合材料等。

高压水射流技术是近 20 年迅速发展起来的新技术，目前正朝着精细的方向发展，随着高压水发生装置制造技术的不断发展，设备成本的不断降低，它具有无限广阔的应用前景。

2. 边缘加工

边缘加工的目的有两个方面：第一，消除切割时所产生的边缘缺陷，如加工硬化、裂纹、热影响区等；第二，根据图样规定，加工出各种形式、尺寸的坡口。目前边缘加工的方法主要有手工加工、机械加工、热切割加工等数种。

手工边缘加工是利用手提式砂轮机、扁铲等工具来进行的。该方法简单灵活，不受工件的位置和形状的限制，对工人的技术要求不高，但是工人的劳动强度大，效率和精度低。主要用于复杂工件的边缘加工或者边缘修正。

机械边缘加工是利用机械设备来进行的，该种方法的效率高，劳动强度低，加工的表面质量好，精度高，无热影响区，是一种应用广泛，优先考虑的边缘加工方法。根据工件的形状和要求可以选择刨边、铣边和车削的方法。

刨边作业是在刨边机上完成的，主要是用于板坯周边进行的直线加工中。加工时，工件放在工作台上，用夹紧机构将板坯紧紧压住。刨边机侧边的刀架上装有刨刀，借助于传动结构的丝杠或传动齿条将装有刨刀的刀架沿导轨来回移动，进行加工切削。在刀架上的刨刀可作水平或垂直方向移动，也可装成一定倾斜角度，以便加工出不同角度的坡口。刨边机的重要技术规格是其刨边长度一般为 3～5m，如图 2-6 所示。

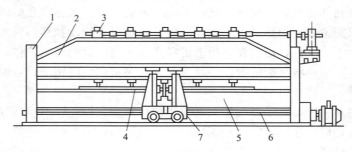

图 2-6　刨边机示意图
1—立柱；2—横梁；3—夹紧机构；4—钢板；5—工作台；6—丝杠；7—刀架

铣边是在铣边机上完成的。铣边机的结构类似于刨边机，不同的是采用圆盘铣刀来代替刨刀。铣刀的传动系统比较复杂，但它的加工效率比刨边机高。

车边是在立式车床上完成，它常用于压力容器筒节、封头的环形焊缝坡口的加工，也可用于法兰的加工。这种方法加工时找正比较困难。

　　热切割边缘加工包括氧气切割、等离子弧切割和碳弧气刨。由于氧气切割和等离子弧切割灵活方便，不受零件形状和切割条件的限制，因此，目前应用最为广泛。它们既可以进行手工操作，也易实现机械化和自动化。如果切割机装上 2～3 个割嘴，在一次行程中便可切出 V 形和 X 形坡口，如图 2-7 所示。等离子弧切割主要用于不锈钢、铜、铝、镍及其合金材料的边缘加工。

　　封头由于其结构的特殊性，其边缘加工常采用热切割方式来进行，图 2-8 是其装夹和切割过程。作业时将切割炬固定在机架上，对封头边缘进行开坡口或者齐边加工。如果机架上固定的是氧气割炬，则用于低碳钢、低合金钢封头的边缘加工；如果机架上固定的是等离子弧割炬则可以加工不锈钢、铝制封头。

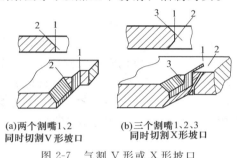

(a)两个割嘴1、2
同时切割 V 形坡口　　(b)三个割嘴1、2、3
同时切割 X 形坡口

图 2-7　气割 V 形或 X 形坡口

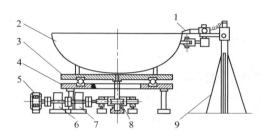

图 2-8　封头切割

1—割嘴；2—封头；3—转盘；4—平盘；

5—电动机；6—减速机；7—机架；8—蜗

轮减速器；9—切割机架

第二节　成形加工与组对

　　在工程实际中绝大多数用的都是圆筒形的压力容器，它们经过卷焊成形、组对焊接、无损检测、压力试验、油漆包装等工序后交付使用。圆筒筒节是通过卷制加工的，而封头的加工则是通过冲压成形、旋压成形、爆炸成形等来完成的。

一、筒节卷制成形

　　筒节的卷焊成形是压力容器采用最多的一种制造方法，当材料经过检验、净化、矫形、划线、切割、边缘加工后，进行卷焊，达到需要的直径要求。

1. 卷制成形

　　卷制成形是压力容器筒节制造的主要工艺手段，成形过程是将钢板放在卷板机上进行滚弯成筒节，其优点是成形连续，操作简便、快速、均匀。

　　（1）钢板弯曲的原理　弯卷时对钢板施以连续均匀的塑性弯曲变形即可获得圆柱面形的筒节。筒节的弯卷是钢板的塑性变形过程，变形过程中沿钢板厚度方向的尺寸是变化的，而且其外圆周伸长、内圆周缩短，中间层不变。实现这种变形是在卷板机上完成的，而卷板机根据结构又有三辊卷板机和四辊卷板机两种。钢板在对称的三辊卷板机弯曲时，可将钢板看成简支梁，改变上辊的下压量（上、下辊间距），即可卷出不同半径的筒节，如图 2-9 所示。

图 2-9　钢板弯曲的基本原理

① 对称三辊卷板机　对称三辊卷板机有两个下辊和一个上辊，上辊是从动辊，可以上下移动，对钢板产生压应力，从而获得需要的弯曲半径；下辊是主动辊，依靠它的转动，可使从侧面送入的钢板在上下辊之间来回移动，产生塑性变形，使整块钢板卷成圆筒形。上辊的调节大多采用蜗杆蜗轮-螺母丝杆系统，钢板卷制成圆筒节后就套在了上辊中，此时只能从上辊的一端取出圆筒节，因而上辊的一端必须是快拆装结构。当拆去一端的轴承后，必须在另一端轴承的外伸端尾部施加一平衡力，以平衡上辊自身的重量，如图 2-10 所示。

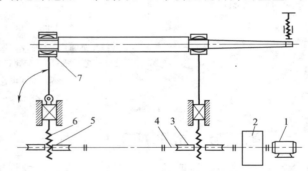

图 2-10　对称式三辊卷板机上辊调节示意图
1—电动机；2—减速机；3—蜗杆；4—蜗轮；5—螺母；6—丝杠；7—快拆轴承

该种卷板机具有结构简单，紧凑，易于制造维修，价格低廉等优点；但所卷制的筒节纵向接缝处产生直边，使筒节截面呈桃形。为解决这一问题，卷板前先将板端预弯，或者预留直边卷制后割掉。

② 不对称三辊卷板机　不对称三辊卷板机上、下辊在同一垂直中心线上，工作时上、下辊将钢板夹紧，侧辊进行斜向移动，对钢板施加压应力完成预弯，然后侧辊回位，上、下辊转动调整钢板位置，同法预弯另一侧。两侧完成预弯后再反复来回旋转上、下辊并按需要提升侧辊直至卷圆，其弯卷过程如图2-11所示。

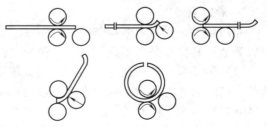

图 2-11　上、下辊在同一垂直中心线上的
不对称三辊卷板机工作过程

这种卷板机省去了板端预弯的工序，故比对称三辊卷板机优越；但要使板料全部预弯，需要进行二次安装，因而操作复杂；由

于采用了不对称辊子排列形式，所以不能弯卷太厚的钢板。

③ 对称四辊卷板机   对称四辊卷板机的上辊是主动辊，下辊是从动辊。主动辊 1 由电动机-减速器动力系统驱动，从动辊 2 可以上下移动以夹紧不同厚度的钢板；两侧辊 3、4 可沿斜向升降，以产生对板料施加塑性变形所需的力。工作时将下辊 2 上升以夹紧钢板，再利用斜辊 3 的斜向移动来使钢板产生预弯，开启电动机卷板至另一端，然后利用侧辊 4 的斜向运动使另一端板边产生预弯。反复正、反转动主动辊，并逐渐上移侧辊，以达到需要的筒节曲率半径，其弯卷过程如图 2-12 所示。

该种卷板机具有一次安装全部弯卷成形、没有直边的优点，但由于增加了一只侧辊使其重量加重，所以结构复杂、成本高。

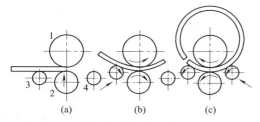 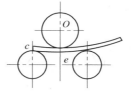 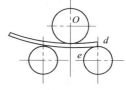

图 2-12 对称四辊卷板机工作原理示意图　　　　图 2-13　直边的产生

（2）**直边消除方式**   对称三辊卷板机在卷制成形后将在板边产生一直边，直边长度约为两下辊间距的一半，如图 2-13 所示。

直边的存在严重影响了圆筒的截面形状，因此需要对其消除。直边的消除方式是采用成形前的预弯和成形后消除两种方法。成形前的预弯方法有卷板机预弯和冲压预弯两种。在卷板机上进行预弯时，在两下辊的上面搁置一块由厚钢板制成的预弯模，将钢板的端部放入预弯模中，再依靠上辊把它压弯成形，如图 2-14 所示。图 2-14 中（a）、（b）、（c）适用于 $\delta_0 \geqslant 2\delta_s$，$\delta_s \leqslant 24mm$，图（d）适用于较薄板。图 2-15 为用模具在压力机上进行的预弯。

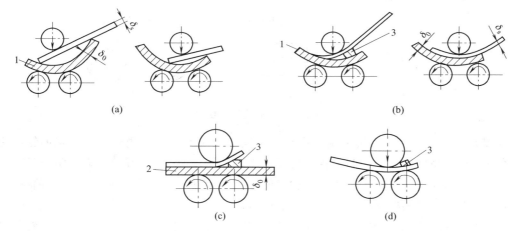

图 2-14　用模具在对称三辊卷板机上的预弯示意图
1—预弯模；2—垫板；3—楔块

成形后的消除方法是采用预留直边，待卷圆后割去直边的方法消除，如图 2-16 所示，这种方法对材料的浪费严重。

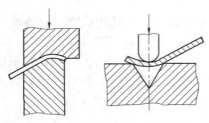

图 2-15　用模具在压力机上预弯

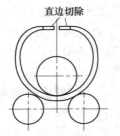

图 2-16　预留直边的消除

（3）弯卷缺陷及消除方法

① 失稳　当卷制圆筒的厚径比较小时，已卷制部分呈弧形从辊间伸出，当伸出较长时，由于刚度不够而失去稳定性，使其向内或者向外倒去，如图 2-17 所示。为了防止卷制过程中的失稳，常采用加设支承的方式。

② 过弯　即弯卷过度，指弯卷成形后的圆筒曲率半径小于规定的曲率半径值，如图 2-18（a）所示，过弯是由于卷制过程调节不当而造成的。为了防止过弯，在弯卷时应注意每次调节上辊和侧辊的量，并随时用规定半径值的弧形样板检查圆筒的半径，如发现弯卷过度，则可用大锤击打筒体，使直径扩大达到规

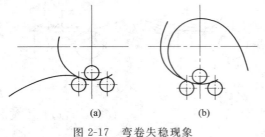

图 2-17　弯卷失稳现象

定值的要求。

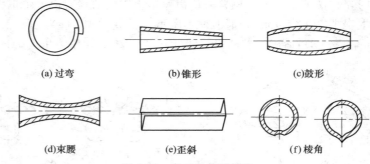

(a) 过弯　　(b) 锥形　　(c) 鼓形

(d) 束腰　　(e) 歪斜　　(f) 棱角

图 2-18　常见的外形缺陷

③ 锥形　由于上辊或侧辊两端的调节量不同，致使上下辊或侧辊与上下辊的轴线之间出现了不平行，由此所卷制的圆筒将会出现锥形，如图 2-18（b）所示。为了防止卷制过程中出现锥形，应在卷制前检查辊子之间轴线的平行度，并不断检查卷圆件两端的曲率半径，如果出现锥形，应限制曲率半径小的一端的进给量。

④ 鼓形　由于辊子的刚度不够，在卷制过程中辊子出现弯曲变形，致使出现鼓形缺陷，如图 2-18（c）所示。为了防止此缺陷，需要增加辊子的刚度以减少或降低弯曲变形，如在辊子中间增设支承辊等方式来加以解决。

⑤ 束腰　所卷制的圆筒出现两端大中间小的形状，如图 2-18（d）所示。它所造成的原因是上辊压力或下辊顶力太大，为了防止出现束腰现象，卷制时适当减少辊子的压力或顶力来加以解决。

⑥ 歪斜　所卷制的圆筒两端出现不平齐的现象，如图 2-18（e）所示。它是由于板料放入卷板机时，板边与卷板机辊子轴线不平行所致。为了防止出现此缺陷，钢板放入卷板机时需要保证板边与上辊和下辊中心线平行。

⑦ 棱角　在钢板两板边对接处出现外凸或内凹现象，如图 2-18（f）所示。板边预弯不足时将会造成外凸棱角，预弯过大时会引起内凹棱角。为了防止棱角的产生，板边预弯时保证预弯量准确；若弯卷成形后已经出现了棱角，则采用如图 2-19 所示的方法来予以消除。

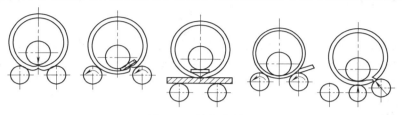

图 2-19　棱角的矫正

⑧ 外部拉裂　钢板卷制成圆筒的过程是一个塑性变形过程，沿钢板厚度方向上的变形程度是不同的，外侧伸长、内侧缩短、中性层不变。当钢板厚度较大或弯卷时圆筒的曲率过大，在外层的塑性变形也大，当达到某一临界时，外层出现裂缝，该缺陷称为拉裂。为了防止出现拉裂现象，需要控制塑性变形率，在实际生产中一般要求冷加工时塑性变形率 $\varepsilon \leqslant 2.5\% \sim 3\%$。为了防止筒体被拉裂，常采用控制弯曲半径的方法来解决，即根据筒体厚度有一个最小弯曲半径。碳素钢、16MnR 的最小弯曲半径为 $R_{min} = 16.7\delta$，其他低合金钢的最小弯曲半径为 $R_{min} = 20\delta$，奥氏体不锈钢的最小弯曲半径为 $R_{min} = 3.3\delta$。

2. 矫圆

筒节完成卷制成形后，进行纵焊缝的组对焊接，焊接时由于焊缝的收缩变形使得筒体截面出现了圆度误差，为了消除这种误差常采用矫圆来实现。矫圆即是将已经焊完纵缝的筒节，再放入卷板机内，往返滚压 3～4 次，使筒节各部分的尺寸均匀。

3. 锥形壳体成形

锥形封头或者压力容器的变径段采用的就是锥形壳体，从大端到小端的曲率半径是逐渐变化的，其展开面为一扇形面。卷制时要求卷板机辊子表面的线速度从小端到大端逐渐变大，其变化规律要适合各种锥角和直径锥体的速度变化要求，这在实际工程生产中很难办到；因此锥形壳体的制造通常采用压弯成形法、卷制法和卷板机辊子倾斜法。

（1）压弯成形法　在扇形坯料上均匀地划出若干条射线，如图 2-20 所示。然后在压力机或卷板机上按射线进行弯曲，待两边缘对合后进行点焊，再进行矫正，最后进行焊接。这种方法仅适合薄壁钢板的锥形壳体成形。对于厚壁锥形壳体，则将坯料分成几小块扇形板，再按射线压弯后再组合焊接成锥体；这种方法对不能卷制的小直径锥体尤其适用，但是它费时，工人的劳动强度大。

（2）卷制法　将卷板机的活动轴承上装上阻力工具，或直接在轴承架上焊上两段耐磨块，如图 2-21 所示。卷制时将扇形板的小端紧压在耐磨块上，由于小端与摩擦块间的摩擦作用减缓了小端的移动速度，使其运动速度比大端慢，这样就完成了卷制锥体的运动。但是扇形板大端和小端移动时的摩擦力并不能控制，因此其速度变化不可能完全满足卷制锥形壳体时的速度变化要求，而且其曲率半径也有差别，故在卷制过程中和卷制后都要矫正。

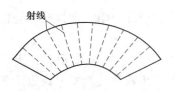

图 2-20 压弯成形示意图

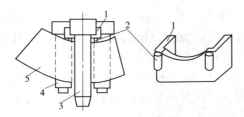

图 2-21 小端减速法卷制锥形壳体示意图
1—阻力工具；2—耐磨块；3—上辊；4—下辊；5—扇形坯料

（3）**卷板机辊子倾斜法** 这种方法主要用于锥角较小、板材不太厚的锥体的卷制上。其方法是将卷板机上辊（对称式）或侧辊（不对称式）适当倾斜，使扇形板小端的弯曲半径比大端的小，从而形成锥体。

二、封头的成形

压力容器的封头主要有球形、椭圆形、碟形、锥形和平板形。常用的球形和椭圆形封头多采用冲压、旋压和爆炸成形等数种，以冲压和旋压所用最多。

冲压有冷冲压和热冲压，选择时应根据材料的塑性、厚径比等来选择。常温下塑性好的材料选择冷冲压，对热塑性较好的材料则采用热冲压。对厚径比 $\delta/D \times 100 < 0.5$ 的碳素钢、低合金钢和厚径比 $\delta/D \times 100 < 0.7$ 的合金钢、不锈钢采用冷冲压，反之则采用热冲压。

1. 冲压成形

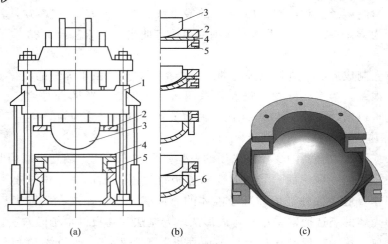

(a)　　　　(b)　　　　(c)

图 2-22 封头冲压过程示意图
1—活动横梁；2—压边圈；3—冲头；4—坯料；5—下模；6—脱模装置

（1）**冲压成形设备** 封头的冲压成形通常是在 $50 \sim 8000t$ 的水压机或油压机上进行的，图 2-22 是封头冲压的成形过程。冲压时将封头坯料 4 放在下模 5 上并找正对中，然后开启水压机或油压机，使活动横梁 1 向下移动，当压边圈 2 与封头坯料接触后，启动压边缸将坯料边缘按需要压紧；接着上模（冲头）3 向下移动，当冲头与坯料接触时，开启主缸使冲头向下冲压而对坯料进行拉伸，如图 2-22（b）所示，当坯料完全通过下模后，封头便冲压成形。之后开启提升缸和回程缸，将冲头（上模）和压边圈向上提起，同时用脱模装置（挡块）6 将包在上模上的封头脱下，并将封头从下模支座下取出，冲压过程即告结束。

（2）**冲压成形工艺** 封头的坯料一般采用整块钢板经划线、切割下料后再进行冲压，但是当封头直径较大，单块钢板不能满足要求而需要对封头坯料进行拼焊后再进行冲压。

① 拼板　拼焊焊缝的布置要符合相关规定所提出的要求，即拼焊焊缝的间距至少应为封头厚度的 3 倍，且不小于 100mm。当封头采用瓣片和中心圆板拼接而成时，焊缝只允许径向和环向布置，焊缝间的间距也需满足前述规定，如图 2-23 所示。此外，拼接焊缝的位置应避开封头上的工艺接管孔、视镜孔以及支座的安装位置，以防焊缝叠加或焊缝间距较小。拼接后，由于焊缝存在余高，它将会影响冲压，因此需要将其打磨平齐后才能进入下道工序。

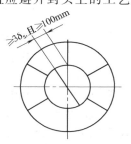

图 2-23　封头焊缝位
置布置示意图

② 板坯加热　封头冲压时，封头坯料的变形较大，所以一般采用热冲压成形，特别是高压厚壁封头。冲压前将坯料加热至需要的温度，再放在压力机上冲压，当温度降至锻造温度以下时冲压工作应该结束。对于典型材料的加热温度请查阅有关资料。

③ 冲压　将加热的封头坯料放置在下模上并对中；冲压时为了减少坯料与模具之间的摩擦力、减少封头表面划伤，提高模具的使用寿命，所以通常在压边圈表面、下模上表面和圆角处涂以润滑剂。

④ 封头边缘余量的切割　封头边缘加工和余量的切割如图 2-8 所示。切割时固定割炬在机架上，封头置于转盘上并找正固定，保持割嘴与封头表面之间的距离恒定，不会由于封头椭圆的变化而影响切割。

封头找正是使几何中心与旋转中心重合，并且切割前应按封头的规格、直边尺寸划好切割线，检查并保证割炬在整个圆周上正对切割线。

如果条件具备也可以在立式车床上切割余量和加工出坡口。

（3）冲压封头的典型缺陷分析　封头冲压时出现的缺陷主要有拉薄、皱褶、鼓包等，它们的影响因素很多，在此进行简要的分析。

① 拉薄　封头坯料的直径即是冲压成形后的经向尺寸，两者之间并不相等。研究发现，碳钢封头冲压后，其厚度变化如图 2-24 所示。对于椭圆形封头，直边部分增厚，其余部分则出现减薄现象，最小厚度仅为 $(0.90 \sim 0.94)\delta$，球形封头底部越深，底部拉伸减薄越多。由此可知，封头深度越大，减薄则越厉害。

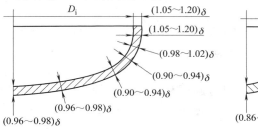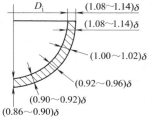

(a)椭圆形封头　　　　　　　　　　　　　**(b)球形封头**

图 2-24　碳钢封头冲压成形壁厚变化示意图

② 皱褶　冲压时封头边缘失稳而出现波浪形状的现象称为皱褶。其引起的原因主要是由于坯料边缘压缩量过大，分析如下：

板料周边的压缩量为

$$\Delta L = \pi(D_p - D_m)$$

式中　D_p——坯料直径；

　　　D_m——封头直径。

当封头直径 D_m 不变时，封头越深，坯料尺寸 D_p 越大，则边缘的压缩量 ΔL 也越大。压缩量金属用于补偿周边厚度的增加和封头经向长度的增加上，当压缩量大于补偿量时造成周边出现过分的压应变而使板料失稳出现皱褶。此外，板料加热不均、搬运和夹持不当造成坯料不平，也会造成皱褶。

实际冲压中，已经总结出是否出现皱褶的判定条件，即：

$D_p - D_m \leqslant 20\delta$ 肯定无皱褶

$D_p - D_m \geqslant 45\delta$ 必然皱褶

③ 鼓包　在封头表面局部区域出现外凸的现象称为鼓包。它产生的原因与皱褶类似，但主要因素是拼接焊缝的余高量以及冲压工艺方面的原因，如加热不均匀、压力太小或不均匀、冲头与下模间隙太大以及下模圆角太大等。

为了防止封头冲压时出现缺陷，必须采取适当的措施，如板料的加热应该均匀，冲压时的温度应满足要求；施加适当的压边力，压边力太大拉薄比较严重，太小易产生皱褶；选定合适的下模圆角半径；提高模具（包括压边圈）的光洁程度，即降低表面粗糙度；合理的润滑及大批量生产时适当冷却模具等。

2. 旋压成形

随着生产规模的不断扩大，大型压力容器的使用不断增多，大型封头的制造问题迫切需要解决。如果采用常用的冲压成形法，就需要大吨位、大工作台面的水压机，由此带来了制造成本的提高。采用分瓣冲压拼焊法则需要制作瓣片模具，组焊工作量大、工序多、工期长、成本高、质量不易保证、焊缝布置与封头接管孔位置有矛盾等。如果采用旋压成形则可以解决这一矛盾，并且采用旋压成形法制造大型封头已经成为一种趋势。

旋压成形具有以下优点：制造封头的尺寸大，目前已能制造 $\phi5000mm$、$\phi7000mm$、$\phi8000mm$、甚至 $\phi20000mm$ 的超大型封头；旋压机比水压机轻巧，且模具简单、尺寸小、成本低，同一模具可以制造直径相同而厚度不同的封头；封头制造质量好，不易出现皱褶、鼓包和减薄；制造时间短，仅为冲压时间的 1/5 左右，最适应于单件小批量生产。

旋压成形的方法主要有单机旋压和联机旋压两种。

(1) 单机旋压法　在旋压机上一次完成封头的旋压成形。它占地面积小，不需要半成品堆放地，生产效率高，为当前的发展趋势。根据模具的使用情况它又分为有模旋压法、无模旋压法、冲旋联合法，如图 2-25 所示。

① 有模旋压　这类旋压具有与封头内面曲率相同的模具，封头坯料被施加的外力碾压在模具上成形，如图 2-25（a）所示。这类旋压机一般由液压传动，旋压所施加的力由液压提供；它同时具有液压靠模仿形旋压装置，旋压过程可以实现自动化。因此效率高、速度快、时间短，可以一次完成封头成形，具有旋压和边缘加工的功能；旋压封头的尺寸准确；旋压不需要加热，因此避免了加热造成的种种缺陷。但是它必须具备旋压需要的不同尺寸的模具，因而工装的费用较大。

② 无模旋压法　这类旋压机除用于夹紧毛坯的模具外，不需要其他的成形模具。封头成形全靠外旋辊与内旋辊的配合完成，如图 2-25（b）所示。下（或左）主轴一般是主动轴，由它带动毛坯旋转，外旋辊有两个，也可以只有一个，旋压过程由数控来完成。该方法主要适用于批量生产。

③ 冲旋联合法　该种制造方法是先以冲压法将毛坯压鼓成碟形，然后再以旋压法进行翻边使封头成形，如图 2-25（c）所示。制造时将毛坯 2 加热并放置于旋压机下模 3 压紧装置的凸面上，用专用定位装置 5 进行定位，接着有凹面的上模 1 从上向下将毛坯压紧，继续模压使毛坯变成碟形，然后上下压紧装置夹住毛坯一起旋转，外旋辊 6 开始旋压并使封头成形达到要求，内旋辊 4 起靠模支承作用，内外辊相互配合，即将旋转的毛坯旋压成需要的形状。这种成形方法需要模具，而且需要加热装置和装料设备，因此消耗的功率较大，较适用于大型、单件的厚壁封头的制造。

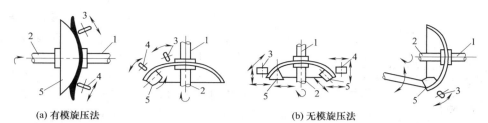

(a) 有模旋压法	(b) 无模旋压法
1—上(右)主轴；2—下(左)主轴；	1—上(右)主轴；2—下(左)主轴；3—外旋辊Ⅰ；4—外旋辊Ⅱ；5—内旋辊
3—外旋辊Ⅰ；4—外旋辊Ⅱ；5—模具	

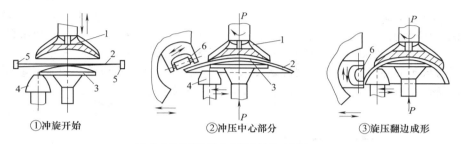

①冲旋开始   ②冲压中心部分   ③旋压翻边成形

(c) 立式冲旋联合法生产封头过程示意图

1—上模；2—毛坯；3—下模；4—内旋辊；5—定位装置；6—外旋辊

图 2-25　封头单机旋压成形

（2）联机旋压法　用压鼓机和旋压翻边机先后对封头毛坯进行旋压成形。成形时先用压鼓机将毛坯逐点压成凸鼓形，完成封头大曲率半径部分的成形，然后再用旋压翻边机将其边缘部分逐点旋压，完成小曲率半径部分的成形，如图 2-26 所示。

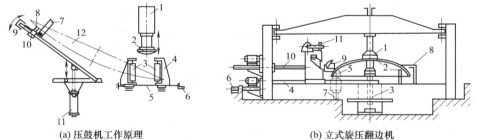

(a) 压鼓机工作原理	(b) 立式旋压翻边机
1—油压缸；2—上胎（下胎未画出）；3—导辊；4—导辊架；	1—上转筒；2—下转筒；3—主轴；4—底座；
5—丝杆；6—手轮；7—导辊（可作垂直板面运动）；	5—内旋辊；6—内辊水平轴；7—内辊垂直轴；
8—驱动辊；9—电动机；10—减速箱；11—压力杆；12—毛坯	8—加热炉；9—外旋辊；10—外辊水平轴；11—外辊垂直轴

图 2-26　联机旋压法

3. 爆炸成形

封头的爆炸成形是利用高能源炸药在极短的时间内（10^{-6} s）爆炸所产生的巨大冲击波，并通过水或砂子等介质均匀作用在封头毛坯上，迫使产生塑性变形而获得需要的形状和尺寸的封头。封头的爆炸成形有无模成形和有模成形两类。

① 无模爆炸成形　它是通过控制载荷的分布来达到控制封头成形的目的，如图 2-27 所示。

为了克服爆炸成形后封头边缘褶皱和无直边的缺陷，可在毛坯上加放压边圈，或在毛坯外侧焊上防皱圈。封头的直边由所加放于端口的成形环形成。

无模爆炸成形具有装置简单，成本低，表面光滑，成形质量好等优点，但若成形工艺处

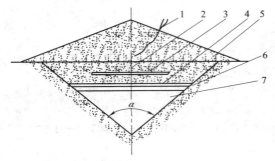

图 2-27 封头的无模爆炸成形

1—导线；2—雷管；3—平面药包；4—毛坯；
5—砂堆；6—防皱圈；7—砂坑

理不当也存在一定风险。由于爆炸产生的冲击波是呈球面传播的，故最适宜制造其他成形方法难以制造的球形封头。

② 有模爆炸成形　封头毛坯 6 被压板 3 与模具 5 夹持住，在毛坯上放置竹圈 2 及塑料布 1，并根据需要在其中盛水，水中放置炸药包。封头模具用支架 7 撑离地面一定高度，在支架中盛有一定的砂子，以缓冲成形封头落下时与地面的冲击，如图 2-28 所示。在接通电源炸药爆炸后，高压冲击波迫使封头板料通过模具落下，封头即可成形。这种爆炸成形具有成形质量好，可以达到规定要求的形状、尺寸和表面质量的要求，壁厚减薄较小；制造设备简单、操作方便、效率高、成本低，利于成批生产。

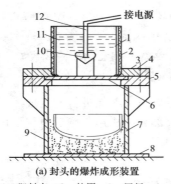

(a) 封头的爆炸成形装置

1—塑料布；2—竹圈；3—压板；4—螺栓；
5—模具；6—毛坯；7—支架；8—底板；
9—砂；10—炸药包；11—水；12—雷管导线

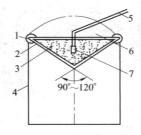

(b) 炸药包的结构

1—胶布、黄泥、黄油密封；
2—铁皮罩；3—炸药；4—药包架；
5—导线；6—黄泥；7—雷管

图 2-28 封头有模爆炸成形

三、装配

压力容器的制造装配就是把组成设备的零部件按图纸要求组装成一台整体设备，也就是把卷好的筒节组焊成筒身，再组焊封头、法兰、接管、支座等附件。由于压力容器制造的特殊性，因此在组装过程中是边组对边焊接，最后成为总体设备。

装配工序是压力容器制造的一个重要环节，该工序不仅需要确定各零部件的相对位置、尺寸公差、焊接次序、焊接间隙、焊接位置等，尽量降低或减少焊接变形，而且还要考虑零部件的拼装方法、施工方便程度、检查和调整方便程度，并充分利用组对工装夹具。

1. 筒节纵缝装配

筒节在制造时至少有一条纵缝是在卷制完成后组焊的。由于纵缝组装没有积累误差，组装质量容易控制，但若壁厚较厚（$\delta = 20 \sim 45mm$），直径较大的筒节（$D = 1000 \sim 6000mm$），如果在弯卷时控制不好，就会产生间

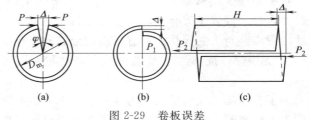

图 2-29 卷板误差

隙、错边、端部不平齐等制造误差，如图 2-29 所示，由此给组装带来一定的困难。手工装配时常利用一些专用工具来纠正卷制时出现的错边、间隙过大、端面不平齐、间隙等偏差，表 2-2 列出了一些专用工具的使用情况。

表 2-2 常用组装工具

校正内容	简　图	说　明
错边		坡口一边外壁上焊 Γ 形铁，或内壁装门形铁，打入斜楔，迫使坡口对齐
间隙		过大的间隙可用拉紧板，再用螺栓收小；过小的间隙，可打入斜楔扩大
端面不平齐		一边焊上 Γ 形铁，并打入斜楔强迫对齐
错边及间隙		利用钳形夹具横向及纵向丝杠的调节，可同时调节间隙与错边

板料边缘预弯质量不佳，就会造成筒节纵焊缝棱角超差，如图 2-30 所示，过大的棱角靠组装过程来校正已无能为力，只有通过在筒节焊接完成后的矫圆工序来予以修正。

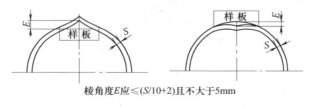

棱角度 E 应 $\leqslant (S/10+2)$ 且不大于 5mm

图 2-30　棱角度

2. 筒体环缝的组对

筒体环缝的组装比纵焊缝更困难。一方面由于制造误差，每个筒节的圆周长度并不完全相同，即直径大小存在一定偏差；另一方面由于筒节组装截面存在圆度偏差，即不能完全对齐。此外组装时还必须控制环缝的间隙，以满足压力容器最终的总体尺寸要求。由于环缝组对的复杂性和大工作量，使得对机械化组装的需要显得更加迫切。图 2-31 是我国目前常用的筒节环焊缝的组装工具，小车式滚轮座可以上下、前后活动，可调节到合适的位置，以便于与固定滚轮上的筒节组对。组对中可用间隙调节器、螺栓撑圆器、筒式万能夹具、单缸油压顶圆器等辅助工具和其他有关工具来矫正、对中和对齐，如图 2-32、图 2-33 所示。

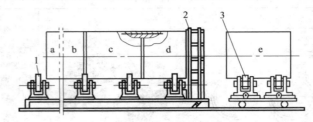

图 2-31 筒节环焊缝的组对

1—滚轮座；2—辅助组对工具；3—小车式滚轮座

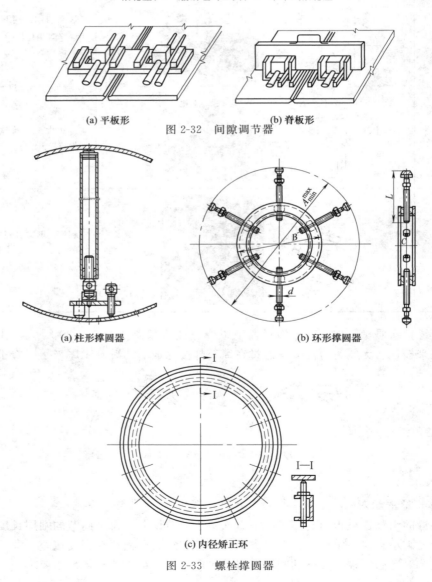

(a) 平板形　　　　　　　　　　(b) 脊板形

图 2-32 间隙调节器

(a) 柱形撑圆器　　　　　　　　(b) 环形撑圆器

(c) 内径矫正环

图 2-33 螺栓撑圆器

第三节 高压容器的制造

在石油、化工、医药等工业生产中,由于工艺方面的原因,需要应用高压容器。由于目前冶金技术的限制,单层厚度已不能满足高压条件下的强度要求,此时,就需要多层压力容器。多层压力容器的制造方法主要有多层热套式、多层包扎式、多层绕板式、扁平钢带式、绕丝式、螺旋绕板式等。

一、多层热套式

由于制造水平的提高,单层圆筒的圆度和过盈量已能很好控制,而且在制造过程中的几项关键性的工艺得以解决,所以热套式高压容器近年受到了普遍的重视。

热套式高压容器的制造方法根据其制造工艺过程分为分段热套法和整体热套法两种。

1. 分段热套法

这种方法将筒节分解成长为 2～2.5m 的若干个筒节,然后将外筒逐层套在内筒上,直到所需要的厚度为止,之后将所有筒节用环焊缝焊接起来。这种方法分为内筒制造、外筒制造、热套三个工艺过程。

(1)内筒制造 钢板经检验合格后,进行划线、下料与卷焊。无论内筒采用什么方法进行焊接,一般都采用 V 形双面对接焊。焊接完成的纵焊缝必须进行 100% 的射线探伤检查,合格后进行相应的热处理以消除焊接应力。然后对焊缝进行铲平及修磨,并在三辊卷板机上矫圆。内筒外表面一般不必加工,但有时需进行喷砂处理以消除铁锈、油污。

(2)外筒制造 内筒制造完成后,精确测量其外圆直径,外筒则根据内筒直径的实测值来下料,使外筒的内直径略小于内筒的外直径。然后再对外筒进行滚圆、刨边、焊接纵焊缝,焊接完成后对纵焊缝的内外表面进行打磨平齐,以便于热套时的顺利进行。为保证热套的准确性,经探伤合格后,有时需再滚圆校正一次。

(3)热套 热套容器最关键的问题是过盈量的控制,最佳过盈量是以内外圆筒同时达到屈服而确定的,此过盈量一般为 0.1mm 左右,对大型多层热套容器,是很难控制在此最佳

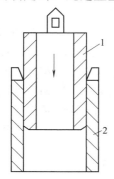

图 2-34 筒节热套示意图
1—内筒;2—外筒

范围的。为了保证内外圆筒的紧密贴合,往往采用比理论计算值大得多的过盈量,一般采用 1mm 左右。由此,热套后在内外圆筒产生了一个预紧应力,使应力沿着壁厚方向分布均匀。热套是整个制造过程的关键工序,热套时先将外筒加热到 580～640℃,外筒受热膨胀到大于内筒的外径,然后将冷的内筒套在外筒中,最后在空气中缓冷至室温,外筒冷却后就紧紧地包紧在内筒上,如图 2-34 所示。如此循环进行,直到达到所需要的厚度为止。筒节热套后,在车床上加工筒节的两个端面,车出 U 形坡口,然后焊接环焊缝,焊接完成后再进行 100% 的射线探伤检查。

2. 整体热套法

此法的工艺过程和分段热套法基本相同,其特点是:

① 先将内筒焊制好,再将外筒逐节套上,各节外筒的环焊缝不需要焊接;

② 内外圆筒间的过盈量不需要严格控制,在普通公差范围内即可,套合时可采用加热松套和加压套合的方式进行,无论采用哪种套合方式,在常温下内外筒之间要紧密贴合,不得松动;

③ 内筒较厚，内压所产生的轴向力全部由内筒承担，而环向应力则由外筒承受；

④ 热套后，整个容器进行自增强处理。

整体热套法在于简化了热套工艺，筒壁上的预加应力分布比较均匀；但在内筒太长时热套不方便。

二、多层包扎式

多层包扎式压力容器是以钢板卷制成内筒，用厚度为 12～20mm 的钢板卷制成半圆形或瓦片形，并将其包扎在内筒上，包扎完成后焊接纵焊缝进行紧箍，包扎的层数由所需要的厚度确定。在实际工程制造中，一般是根据容器的长度和钢板的宽度，应用上述方法制成数个筒节，再将各个筒节用焊接或法兰连接为一体而制成高压容器。

多层包扎式压力容器的制造方法主要有内筒制造、层板制造和包扎工艺三个过程。

1. 内筒制造

层板包扎式内筒的制造方法与热套式相似，其工艺过程主要为划线—下料—喷砂清理外表面（不锈钢清洗即可）—刨边—预弯两侧直边—卷圆—焊接纵焊缝—无损检查。内筒制造时要求尺寸、形状精度，如果内壁厚度较小而刚度达不到要求时，可用内撑胎提高刚度，否则容易造成过大的错边量。

2. 层板制造

它主要包括层板材料的选择、下料、卷圆及边缘加工等工序。同一钢板的厚度偏差不超过 0.5mm，表面不得有裂缝、气泡、折叠、夹渣、结疤等缺陷。为了保证包扎时层板与内筒、层板与层板之间很好贴合，可以采用两片或三片滚压成圆弧形的层板组成圆筒形。层板内半径应略小于内筒的外径，包扎时有利于与内筒贴合，当焊接完成后，焊缝冷却收缩，使得外层紧紧的包紧在内层上。包扎的第一层和第二层钢板必须钻直径为 10mm 的两个通气孔，作为检查泄漏之用。

3. 包扎工艺

层板包扎是在液压包扎机上进行，层板组装好后，在筒节纵向每相距一定间距上分别绕上勒紧用钢丝绳，如图 2-35 所示，在勒紧的过程中用锤轻击弧板，使其适当滑动，以消除层板间的间隙，使里外层贴紧。符合要求后进行点焊，点焊后解开钢丝绳焊接纵焊缝，焊接完成后要对松动面积进行检查，通常采用小锤敲击，凭所发出的声音判断，对公称直径 DN ≤1000mm 的筒节，每一个松动部位沿环向长度不得超过筒体内径的 30%，沿轴向长度不得超过 600mm；对公称 DN≥1000mm 筒节，松动部位沿环向长度一般不得超过 300mm，沿轴向长度不得超过 600mm。此外，还可以用塞尺在筒节端部进行检查，ASME 规范第Ⅷ篇 ULM-77 规定间隙小于 0.25mm 时略去不计；通常按 JB754 标准要求层间局部最大间隙不得超过 0.5mm。布置层板时，要注意各层板的焊口互相错开，使端面同一直径上不致出现重复的焊口。

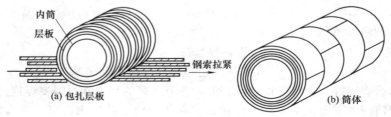

图 2-35   层板包扎结构

三、多层绕板式

绕板式压力容器的制造是近几十年才出现的一种新型结构，它是在内筒上连续缠绕薄层钢板所构成。它具有层板包扎的一系列优点，同时减少了纵向焊缝，省掉了一些复杂工序，缩短了生产周期，提高了劳动生产率和材料的利用率。但是这种方法仍然没有消除较深的环焊缝问题，这是其最大的不足之处。

绕板式高压容器的卷制工艺有两种，即冷卷法和热卷法，目前较多的采用冷卷法。制造过程分为内筒制造和绕板两个主要工序。

1. 内筒制造

与层板包扎式相似，用钢板（一般厚度为10mm）经过划线—下料—喷砂清理外表面（不锈钢清洗即可）—刨边—预弯两侧直边—卷圆—焊接纵焊缝—无损检查等工序后形成筒体，然后放置于卷板机上进行卷制绕板。为了防止出现卷制开始部位和卷制终止部位产生厚度的突然变化，因而需要在这两处用一块楔形薄板做接头，如图2-36所示。楔形板一端削尖，另一端的厚度与所采用的绕板厚度相等；楔形板可以用整块钢板加工，也可以用几块薄钢板重叠而成，楔形板长度为内圆筒周长的1/4。

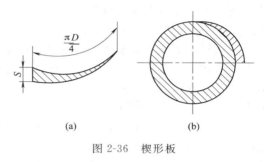

图 2-36 楔形板

2. 绕板工序

楔形板滚圆后将厚的一端点焊在内圆筒上，同时将削尖的一端也点焊好，之后对接钢板、点焊并留出焊接坡口，再施焊。钢板与楔形板焊好后磨平焊缝就可以绕板了。卷绕方法如图2-37所示，它是在卷绕机上进行的，卷绕机大致由5个部分组成，其各部分的作用如下。

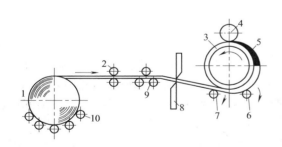

图 2-37 绕板式卷制过程示意图

1—钢板滚筒；2—夹紧辊；3—内筒；4—加压辊；
5—楔形板；6—主动辊；7—从动辊；8—切板机；
9—校正辊；10—托辊

图 2-38 绕板式圆筒筒节的制造过程

1—楔形板下料；2—弯曲成形；3—纵焊缝点焊；
4—与钢板点焊；5—沿纵焊缝焊接并绕制；
6—绕板结束，焊接外楔形板

① 钢板滚筒   卷板层所用钢板的厚度为3~4mm，宽度为1.2~2.2m，将钢板卷绕到一个滚筒上，滚筒则放在卷板机前的托辊上。

② 夹紧辊   夹紧辊上下分别各有一个，钢板从中间通过，下辊固定，上辊由油压缸控制，可以在机架内上下移动，以调整对钢板施加的夹紧力，而且在卷板时对钢板产生一定的拉紧作用。

③ 校正辊   一般为三辊式，其作用是将弯曲的钢板矫平，以消除翘曲，便于绕制。下

部辊子固定，上部辊子可用手轮调整，以适应不同钢板厚度的要求。

④ 切板机　它位于校正辊的后面，当筒节卷到预定的厚度时，则利用切板机将钢板切断。

⑤ 油压机　油压机为卷板机的关键部分。三个直径相同的活塞由油压机带动，上辊与其中的一个活塞相连，并固定在横梁上随活塞做上下运动，卷板时将筒节夹紧。下面两个辊子装在底部的导轨上，一个主动一个从动，辊子同时兼有支承和传递作用。两个辊子的间距可以调整，以满足不同直径大小的要求。

绕板时将内筒置于卷板机上并让其转动，所绕钢板先经夹紧辊拉紧，再通过校正辊矫平，便将钢板逐层卷绕在内筒上，当达到预定的厚度时，利用切板机将钢板切断，并让筒节继续在滚子架上再继续滚动几圈，以进一步将钢板包紧。在绕制过程中要不断地检查层板的贴紧度和错边情况，贴紧度的检查与层板包扎和热套式类似。绕板结束后，将钢板切割的一端焊到筒体上，再用一块楔形板与绕板组对，留出坡口并进行施焊。制成筒节后再通过环焊缝将其连接达到所需要的长度。为了安全起见，一般需要在每一个筒节上钻上几个通到内筒外表面的泄漏安全检测孔。

绕板卷紧的原理是靠卷板机的加压辊对内筒和层板施力，使其产生弹性变形，并让加压辊附近的筒节曲率变小，钢板外侧长度缩短，当这部分钢板离开加压辊后，压力减少，弹性变形恢复，钢板即被拉紧在圆筒上而形成筒节，筒节的制造过程如图 2-38 所示。

制造多层绕板式高压容器时，通常是根据容器筒体长度和所卷钢板的宽度来确定所需要的绕制筒节数，其主要的焊接工作量是筒节与筒节、筒节与法兰（或封头）之间的环焊缝。用碳钢制成的绕板容器一般不需要经过热处理，用低合金钢制造的容器，可以按照验收条件做热处理。

用绕板冷卷时，它具有操作方便、设备简单、机械化程度高、生产效率高、材料利用率高等优点；但因钢板的卷紧主要依靠筒节经过压力辊时产生的变形与回弹而实现的，在钢板的送进端并没有足够的拉力牵制钢板，故筒节上施加的预应力不可能很大，也难于调整，这是该种制造方法的主要缺点。

四、扁平钢带式

扁平钢带缠绕式高压容器是将宽度为 80～100mm 的无槽扁平钢带以相对于筒体环向 15°～30°倾角螺旋地缠绕在内筒外表面上，且相邻两层钢带的旋向相反但倾角相同，并以一定的张紧力逐层地缠绕在内筒上，内筒厚度一般为容器总厚度的 1/4～1/6。与其他形式的高压容器相比，扁平钢带缠绕式高压容器的制造具有以下特点。

① 相邻两层钢带相互交错，消除了相同倾角对内筒的扭剪作用。内筒壁厚较薄，一般只有总厚的 1/4～1/6，因此，对重型设备和厂房要求不高。

② 缠绕的钢带通常采用厚度为 4～6mm、宽为 80～120mm 的 16MnR 或相近的材料热轧而成，材料成本低，利用率高，备料简单方便。

③ 容器基本由钢带缠绕而成，除了钢带始末两端分别与法兰和底盖锻件的锥形焊缝外，其余几乎没有焊缝，因此焊缝数量少，从而减少了热处理和探伤的工作量。

④ 该种方法生产成本低，效率高，缠绕装置简单，操作方便。主要用于制造内径 1000mm 以下的高压容器。

它的主要制造工序有内筒制造和钢带缠绕。

1. 内筒制造

采用厚度为容器总厚度的 1/4～1/6 钢板制造，其制造工艺过程与单层容器相同，钢板经卷制成筒节后，再与封头或法兰组对，并用焊接的方法连接成一体。该工序完成后就可以进行钢带的缠绕了。

2. 钢带缠绕

缠绕的钢带一般采用厚度 4～6mm、宽度 80～120mm 的钢带，在专用的缠绕机上进行，如图 2-39 所示。缠绕前先将钢带端部约为 300mm 范围内可能存在的缺陷割去，同时割出斜边，斜边与钢带侧边的夹角等于钢带缠绕的螺旋倾角，然后将斜边焊接于缠绕开始端的法兰或封头的锥面上。缠绕时由床头带动内筒旋转，小车则带动钢带沿内筒轴向移动，通过调节床头的转动角速度 ω 与小车的轴向移动速度 v 来得到对应于缠绕倾角的导程，并由置于小车上的钢带张紧器调节和保持缠绕于筒节上的钢带张紧力。每根钢带缠绕至筒体的另一端后在钢带的末端割出与始端相同倾角斜边，并将斜边沿筒体的环向焊接于法兰或封头的锥面。每一层钢带全部缠绕完毕后，在距钢板始、末两端 2 倍以上带宽的范围内，将缠绕间的间隙全部焊满，经检验合格、修平焊缝余高后，即可以在相反方向上缠绕下一层，如图 2-40 所示。

值得注意的是每一层钢带的第一根是其余钢带缠绕的基准，需要严格控制缠绕倾角。一般是先在筒壁上按缠绕倾角绘出缠绕螺旋线，再依据螺旋线缠绕，如果出现偏差则用木槌进行修正。

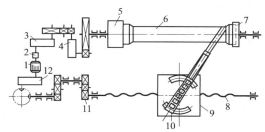

图 2-39　扁平钢带式缠绕过程示意图
1—电动机；2—刹车装置；3,4,12—减速器；
5—床头；6—容器；7—尾架；8—丝杠；
9—小车；10—压紧装置；11—挂轮

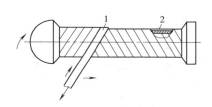

图 2-40　扁平钢带缠绕结构
1—扁平钢带；2—内筒

钢带缠绕时筒节半径不断增加，为了每层达到相同的螺旋倾角，应逐层调节机床的导程。实际缠绕时大多是依据经验采取措施、在保证缠绕质量的前提下，尽量少的调节导程，以提高生产率。

五、螺旋绕板式

图 2-41　螺旋绕板式圆筒
1—筒体端部；2—用于螺旋缠绕的钢板；3—封头

螺旋绕板式与扁平钢带式圆筒在结构上没有实质性区别，只是前者使用钢板宽度比钢带的大而已。这种制造方法是根据内筒直径的大小，在内筒外面缠绕螺距为 $(0.2～2.2)D_i$ 的钢板，直到所需厚度，如图 2-41 所示。所用钢板的厚度约为 4mm，宽度一般为 400～2500mm。

这种结构与扁平钢带式制造一样没有深环焊缝，制造时不需要进行热处理。与单层卷焊式比较，可以节省工时 60%，能耗降低 90%，制造成本可以降低 6% 左右，使用更加安全可靠。但是由于采用宽钢板缠绕，这显然增加了制造难度，对螺距的控制和精度要求更高；且随着钢板厚度和宽度的增加，需要有大功率的绕板机床才能保证足够的缠绕力。

目前，螺旋绕板式制造方法主要适用于设计压力为 100MPa，设计温度为 $-40\sim350℃$，圆筒体最大厚度为 200mm，筒体最大长度可达到 9.5m。

每种高压容器的制造方法具有不同的特点，选用时除了结构因素外，还要考虑经济性。目前，在国内压力容器的有关标准中已经纳入了其中的一些圆筒结构，实际需要时查阅有关内容和相关手册。

========= 同步练习 =========

一、填空题

1. 钢板净化的方法主要有（   ）、（   ）、（   ）和（   ）；矫形的种类有（   ）、（   ）、（   ）、（   ）和（   ）等数种。

2. 压力容器曲面的种类有（   ）和（   ）两种，其展开的方法有（   ）、（   ）、（   ）、（   ）四种。对不可展曲面一般采用（   ）和（   ）来确定坯料尺寸。

3. 切割的种类有（   ）、（   ）和（   ）三种。

4. 钢板在卷板机上弯曲成形时可能出现的缺陷有（   ）、（   ）、（   ）、（   ）、（   ）和（   ）。

5. 封头成形的方法主要有（   ）、（   ）、（   ）等数种。

6. 高压容器的制造方法主要有（   ）、（   ）、（   ）、（   ）和（   ）等种类。

二、简答题

1. 净化的目的是什么？为什么对钢板要进行矫形？什么叫划线？

2. 什么叫号料？它分为哪几个过程？号料时需要考虑哪些余量？为什么？

3. 计算无折边锥形封头的展开尺寸？已知大端尺寸为 D_m，小端尺寸为 d_m，半锥角为 $30°$。

4. 计算标准椭圆封头的展开尺寸？已知封头的公称直径为 2200mm，封头直边高度为 45mm，试分别用等面积法、等弧长法和经验法的计算公式展开计算，并进行比较？

5. 切割和边缘加工的目的是什么？

6. 钢板在三辊卷板机卷制时为什么会出现直边？直边怎样消除？

7. 简要说明热套式和多层包扎式高压容器的制造工艺？

第三章　换热设备

知识目标：掌握管壳式换热器、板式换热器、废热锅炉、加热炉、蒸发器等换热设备的种类、结构特点、工作原理及适用场合，并能够对它们的优缺点进行比较。掌握各种换热设备的制造方法及检验标准。

能力目标：能够根据物料的性质和使用场合选择合适的换热设备类型。能够对换热设备的主要零部件进行制造和检验。

换热设备是一种实现物料与物料之间热量传递的节能设备，是化工、石油、轻工、食品、动力、制药、冶金等许多工业部门中广泛应用的一种工艺设备。它也是回收余热、废热，特别是低位热能的有效装置。下面主要介绍各种换热设备的特点和零部件结构。

第一节　管壳式换热器

管壳式换热器作为一种最常见的换热设备，是最早也是最普遍的换热器，虽然种类很多，但其结构大同小异，本节对其结构特征进行介绍。

一、概述

管壳式换热器的优点是可靠性高，适应性广，在工业领域中应用广泛。在换热器向高参数、大型化发展的今天，管壳式换热器仍占主导地位。根据管壳式换热器的结构特点可分为固定管板式、浮头式、U形管式、填料函式和釜式重沸器五类。如图 3-1 所示。

二、结构特点

1. 固定管板式换热器

典型结构如图 3-1（a）所示。管束连接在管板上，管板与壳体焊在一起。其优点是结构简单、紧凑、能承受较高的压力，造价低，管程清洗方便，管子损坏时易于堵管或更换；缺点是当管束与壳体的壁温或材料的线膨胀系数相差较大时，壳体和管束中产生较大的热应力。此种换热器适用于介质清洁且不易结垢并能进行清洗，管、壳程两侧温差不大或温差较大但壳侧压力不高的场合。

2. 浮头式换热器

浮头式换热器的典型结构如图 3-1（b）所示。管板只有一端与壳体固定，另一端可相对壳体自由移动，该端称为浮头。浮头由浮头管板、钩圈和浮头端组成，管束可从壳体内抽出。管束与壳体的热变形相互不约束，不会产生热应力。其特点是管间和管内清洗方便，不会产生热应力；但结构复杂，造价比固定式换热器高，设备笨重，材料消耗量大，制造时对密封要求较高。适用于壳体和管束之间壁温差较大或壳程介质易结垢的场合。

3. U形管式换热器

U形管式换热器的结构如图 3-1（c）所示。其特点是只有一块管板，管束由多根 U 形

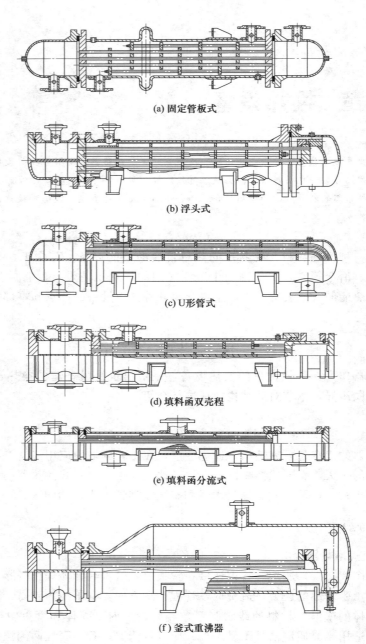

(a) 固定管板式

(b) 浮头式

(c) U形管式

(d) 填料函双壳程

(e) 填料函分流式

(f) 釜式重沸器

图 3-1　管壳式换热器类型

管组成，管的两端固定在同一块管板上，管子可以自由伸缩，有温差时不会产生热应力。其结构简单，价格便宜，承压能力强，适用于管、壳壁温差较大或壳程介质易结垢需清洗，又不易采用浮头式和固定管板式的场合。

4. 填料函式换热器

其结构如图 3-1（d）、（e）所示。这种换热器的特点与浮头式换热器相类似，浮头部分露在壳体以外，在浮头与壳体的滑动接触面处采用填料函式密封结构。管束在壳体轴向可以自由伸缩不会引起热应力。其结构简单，加工制造方便，节省材料，造价比较低廉，且管束从壳体内可以抽出，管内、管件都能进行清洗，维修方便。

5. 釜式重沸器

其结构如图 3-1（f）所示。管束可以是浮头式、U 形管式和固定管板式结构，所以它具有浮头式、U 形管式换热器的特性。与其他换热器结构上不同之处在于壳体上部设置一个蒸发空间，空间大小由产气量和所要求的蒸气品质所决定。产气量大、蒸气品质要求高者蒸发空间大，反之小些。此种换热器清洗维修方便，可处理不清洁、易结垢的介质，并能承受高温、高压。

三、主要零部件结构

管壳式换热器主要由壳体、管束、管板、折流挡板、管箱、封头等部件组成。管束两端固定在管板上，管板连同管束都固定在壳体上，封头、壳体上装有流体的进出口接管。实际操作时，一种流体在管束及与其相通的管箱内流动，其所流经的路程称为管程；另一种流体在管束与壳体之间的间隙中流动，其所经过的路程称为壳程。

1. 管程结构

（1）换热管　换热管一般采用无缝钢管，为了强化传热，还可采用各种各样的强化传热管，如翅片管、螺旋槽管、螺纹管等，如图 3-2 所示。

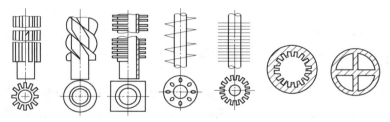

图 3-2　换热管的形式

换热管的材质主要根据工艺条件和介质腐蚀性来选择，常用的金属材料有碳素钢、不锈钢、铜、铝等；非金属材料有石墨、陶瓷、聚四氟乙烯等。

换热管的尺寸一般用外径与壁厚表示，常用碳素钢、低合金钢钢管的规格有 $\phi 19 \times 2$、$\phi 25 \times 2.5$、$\phi 38 \times 2.5$；不锈钢管规格为 $\phi 25 \times 2$ 和 $\phi 38 \times 2.5$。标准管长为 1.5m、2.0m、3.0m、4.5m、6.0m、9.0m 等。管子的数量、长度和直径是根据换热器的传热面积来确定，所选的直径和长度应符合标准规格。

换热管在管板上的排列方式主要有正三角形、转角正三角形、正方形和转角正方形四种，如图 3-3 所示。正三角形排列用得最为普遍。其管板面积上排列管数最多，但管外不易清洗，可以采用正方形或转角正方形排列的管束。此外，还有一种可用于一些特殊场合的同心圆排列方式，如石油化工装置中的固定床反应器等。共同的要求是截面均匀分布，排列紧凑等。

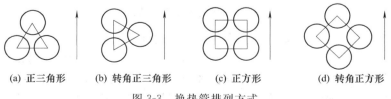

(a) 正三角形　　　(b) 转角正三角形　　　(c) 正方形　　　(d) 转角正方形

图 3-3　换热管排列方式

为保证相邻两管间有足够的强度和刚度以及为了便于管间的清洗，换热管中心距应不小于管子外径的 1.25 倍，常用换热器中心距可以根据管子外径按表 3-1 确定。

表 3-1 常用换热器的中心距   mm

换热器外径	10	14	19	25	32	38	45	57
换热管中心距 S	13～14	19	25	32	40	48	57	72
分层隔板槽两侧相邻管中心距 S_n	28	32	38	44	52	60	68	80

（2）管板　管板是换热器中较重要的受力元件之一，用来排布换热管，将管程和壳程的流体分隔开，避免管程和壳程的冷热流体相混合。其结构如图 3-4 所示。

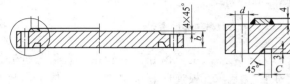

图 3-4　管板基本结构

根据换热器的不同类型，管板的结构主要分为平板式、浮头式、U 形式、双管板和高温高压换热器管板，最常用的是平板式。

管板常用的材料有低碳钢、普通低合金钢、不锈钢、合金钢和复合钢板等。工程设计中为了节省耐腐蚀材料，常采用不锈复合钢板。特殊要求时，可以采用铜、铝、钛等耐腐蚀材料。

（3）换热管与管板连接　换热管与管板连接是管壳式换热器设计、制造最关键的技术之一，是换热器事故率最多的部位。换热管与管板常用连接方法主要有强度胀接、强度焊接和胀焊结合等。

① 强度胀接　指保证换热管与管板连接的密封性能及抗拉脱强度的连接。其基本原理是迫使换热管端扩张产生塑性变形与管板贴合。常用的胀接有非均匀胀接（机械滚珠胀接）和均匀胀接（液压胀接、液袋胀接、橡胶胀接和爆炸胀接等）两大类，其结构形式如图 3-5 所示。

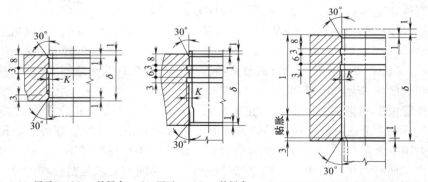

(a) 用于 $\delta \leqslant 25\text{mm}$ 的场合　(b) 用于 $\delta > 25\text{mm}$ 的场合　(c) 用于厚管板及避免间隙腐蚀的场合

图 3-5　强度胀接管孔结构

机械滚珠胀接是利用滚胀管伸入插在管板孔中的管子端部，旋转胀管器使管子直径增大并产生塑性变形，管板只产生弹性变形，从而达到连接，该种方法目前仍在大量使用。

液压胀接与液袋胀接的基本原理相同。橡胶胀接是利用机械压力使特种橡胶长度缩短，直径增大，而带动换热管扩张达到胀接的目的。爆炸胀接是利用炸药在换热管内的有效长度内爆炸，使换热管贴紧管板孔而达到胀接目的。

② 强度焊接　指保证换热管与管板连接的密封性能及抗拉脱强度的焊接。结构如图 3-6

所示。此法目前应用较为广泛，加工简单、连接强度高，在高温下也能保证连接处的密封性和抗拉脱能力。主要用于要求接头严密不漏、管间距太小或薄管板结构中。

③ 胀焊结合　胀接和焊接方法都有各自的优、缺点，在有些情况无论单独采用哪一种都难以解决问题，两者并用则能迎刃而解，提高使用寿命。其结构有两种：一是强度胀接加密封焊，如图 3-7 所示；二是强度焊接加贴胀，结构如图 3-8 所示。胀焊并用主要用于密封性能要求较高、承受振动和疲劳载荷、有缝隙腐蚀、需采用复合管板等的场合。

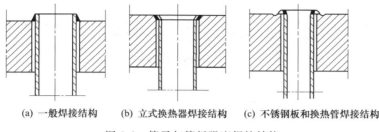

(a) 一般焊接结构　　(b) 立式换热器焊接结构　　(c) 不锈钢板和换热管焊接结构

图 3-6　管子与管板强度焊接结构

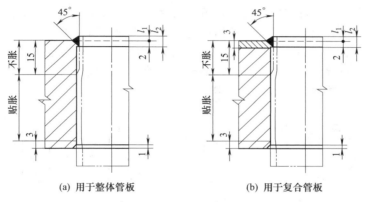

(a) 用于整体管板　　　　　　　　(b) 用于复合管板

图 3-7　强度胀接加密封焊结构形式及尺寸

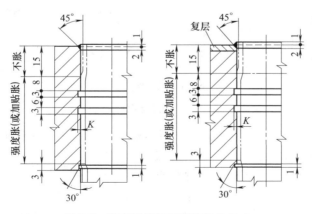

图 3-8　强度焊接加贴胀结构及尺寸

④ 管箱　壳体直径较大的换热器大多采用管箱结构，其作用是把从管道输送来的流体均匀地分布到各换热管和把管内流体汇集在一起送出换热器。结构形式主要以换热器是否需要清洗或管束是否需要分程等因素来决定。如图 3-9 所示。

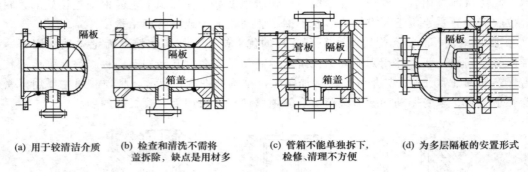

(a) 用于较清洁介质　(b) 检查和清洗不需将　(c) 管箱不能单独拆下，　(d) 为多层隔板的安置形式
　　　　　　　　　　盖拆除，缺点是用材多　　检修、清理不方便

图 3-9　管箱结构形式

2. 壳程结构

壳程主要由壳体、折流板或折流杆、支承板、纵向隔板、拉杆、防冲挡板、防短路结构等元件组成。

（1）壳体　壳体一般是一个圆筒，在壳壁上焊有接管，供壳程流体进入或排出之用。在壳程进口接管处常装有防冲挡板以防进口流体直接冲击管束而造成管子的侵蚀和振动。为克服壳程进出口接管距管板较远，流体停滞区过大而采用导流筒结构。

（2）折流板　其目的是为了提高壳程流体的流速，增加湍动程度，并使壳程流体垂直冲刷管束，以改善传热效果，增大壳程流体的传热系数，同时减少结垢。常用的结构形式如图 3-10、图 3-11 所示；根据需要也可采用其他形式。

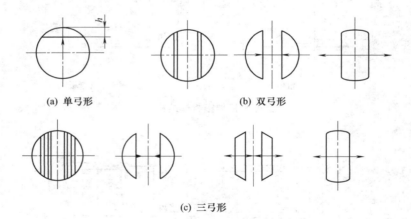

(a) 单弓形　　　　　　　　　(b) 双弓形

(c) 三弓形

图 3-10　折流板形式

弓形折流板缺口高度应使流体通过缺口时与横向流过管束时的流速相近。对于卧式换热器缺口布置结构如图 3-12 所示。折流板一般应按等间距布置，管束两端的折流板应尽量靠近壳程进、出口接管。最小间距应不小于壳体内直径的 1/5，且不小于 50mm；最大间距应不大于壳体内直径。

折流板与支承板一般用拉杆和定距管连接在一起，如图 3-13 所示。在大直径的换热器中，为了消除一部分流体停滞导致传热效果降

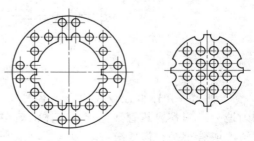

图 3-11　圆盘-圆环形折流板

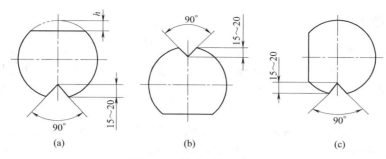

图 3-12 折流板缺口布置

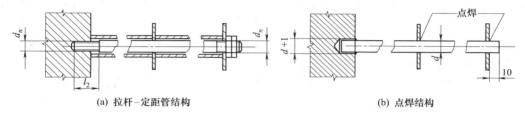

(a) 拉杆-定距管结构　　　　　　　　　(b) 点焊结构

图 3-13 拉杆结构

低，宜采用多弓形折流板。

（3）折流杆　为了解决传统折流板换热器中换热管与折流板的切割破坏和流体诱导振动，近年来开发了一种新型的管束支承结构——折流杆支承结构。如图 3-14 所示。它由折流圈和焊在折流圈上的支承杆所组成。

（4）防短路结构　其作用是防止壳程流体流动在某些区域时发生短路，从而降低传热效率。常用的结构主要有旁路挡板、挡管、中间挡板。如图 3-15～图 3-17 所示。

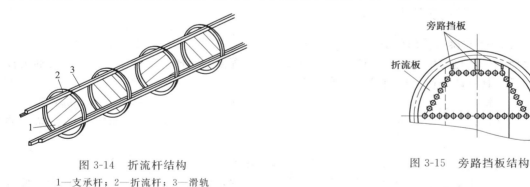

图 3-14 折流杆结构

1—支承杆；2—折流杆；3—滑轨

图 3-15 旁路挡板结构

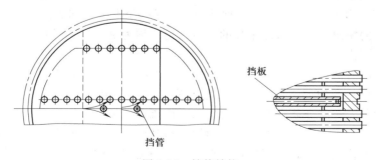

图 3-16 挡管结构

四、制造技术及检验

固定管板式换热器的制造主要是筒体、封头、管板和折流板的制造。筒体和封头的制造按照第二章的有关方法进行，在此不再赘述。因此，主要涉及管板和折

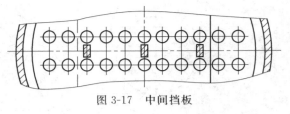

图 3-17　中间挡板

流板的制造，为了便于穿管，管板和折流板中的换热管孔具有较高的同轴度要求。

管板材质通常有 Q235A、20 等碳素钢，Q345R、15MnV 等合金钢，304、321、316L 等不锈钢。管板单孔的加工质量决定了管板整体质量，它是由机械加工完成，加工主要由车削和钻削工序组成。它的孔径和孔间距都有公差要求，所以采用数控钻床钻孔，如果采用划线钻孔时，则需要将管板和折流板重叠在一起钻削，以保证换热管孔的同轴度要求。对于胀接和胀焊接管板，为了增加管子与管板的连接强度，需要借助专用工具在管板换热管孔内开槽，开槽的数量和尺寸要求见有关标准。

折流板按整块下料，钻孔后拆开再切成弓形。加工时通常将几块折流板叠加在一起，边缘点焊固定进行钻孔和切削加工外圆，以提高加工精度和加工效率。

对于整体管板和折流板，机械加工后按照图纸要求进行检验；对于拼焊管板，其焊缝需进行 100％的射线或超声波探伤检查，确认无缺陷后再进行机械加工，并按图纸要求进行检验。

第二节　板式换热器

板式换热器的传热效率通常比管式换热器高，因此国外称为紧凑式换热器，目前在国内很多地方得到了广泛使用，其结构与管式换热器存在很大差别，本节对其进行介绍。

一、螺旋板式换热器类型

1. 螺旋板式换热器的分类

螺旋板式换热器由外壳、螺旋体、密封及进出口等部分组成。螺旋体用两张平行的钢板卷制而成，具有两个使介质通过的矩形通道。

根据螺旋板式换热器的结构，可以分成两大类，即不可拆式和可拆式。不可拆式螺旋板式换热器结构特点为通道两端全部垫入密封条后焊接密封（称为 I 型），如图 3-18 所示，使用压力在 2.5MPa 以内。

可拆式螺旋板式换热器结构又有两种：一种结构的特点是螺旋通道两端面交错焊死，两端面的密封采用端盖加垫片的密封结构，螺旋体内清洗可由两端分别进行清洗（称为 II 型），见图 3-19，使用压力为 1.6MPa；另一种结构特点是一个通道两端焊死，另一个通道两端全部敞开，两端面的密封采用端盖加垫片的密封结构（称为 III 型），见图 3-20 和图 3-21，使用压力为 1.6MPa 以内。

介质流动情况有两种：一种为全逆流，热流体由换热器的中心进入，从里向外流动，冷流体由螺旋板式换热器的周边向里流动，呈逆流流动，见图 3-22；另一种为旋转流和轴向流，在 III 型结构中，一种介质在全部焊死的通道内流动，另一种介质在两端敞开的通道轴向流动。一般冷却、冷凝工况下，冷却介质由周边转到中心，热介质由上向下流（见图 3-20）。对于再沸器，则蒸汽由中心转到周边，冷介质由下向上（见图 3-21）。

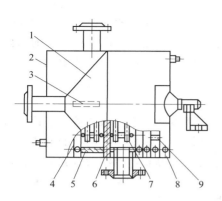

图 3-18　螺旋板式换热器结构示意图

1—切向缩口；2—外圈板；3—支持板；
4—螺旋板；5—半圆端板；6—中心隔板；
7—支承圈；8—圆钢；9—定距管

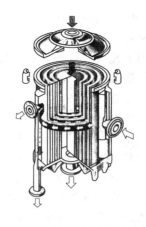

图 3-19　Ⅱ型螺旋板式换热器结构

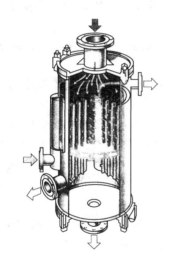

图 3-20　Ⅲ型螺旋板式换热器（一）

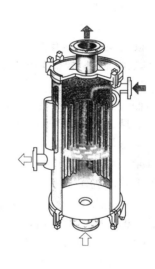

图 3-21　Ⅲ型螺旋板式换热器（二）

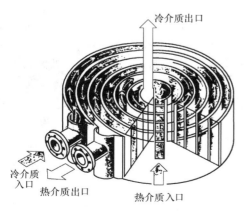

图 3-22　全逆流示意图

上述三种形式的螺旋板式换热器，除Ⅰ型采用通道两端全部焊死的结构，对Ⅱ型和Ⅲ型一般采用垫片密封结构，端盖形式有平盖、椭圆形盖、锥形盖和密闭的椭圆形封头，具体根据流体的特性、操作压力和使用场合而定。

2. 螺旋板式换热器结构特点

（1）传热效率高　由于螺旋板式换热器具有螺旋通道，流体在通道内流动，在螺旋板上焊有保持螺旋通道宽度的定距柱或冲压出来的定距泡，在螺旋流动的离心力作用下，能使流体在较低的雷诺数时发生湍流，由此能提高传热效率。

（2）能有效地利用流体的压头损失　螺旋板式换热器中的流体，虽然没有流动方向的剧烈变化和脉冲现象，但因螺旋通道较长，螺旋板上焊有定距柱，在一般情况下，这种换热器的流体阻力比管壳式换热器要大一些。但它与其他类型的换热器相比，由于流体在通道内是作均匀的螺旋流动，其流体阻力主要发生在流体与螺旋板的摩擦和定距柱的冲撞上，而这部分阻力可以造成流体湍流，因此相应地增加了给热系数，这使螺旋板式换热器能更有效利用流体的压头损失。

（3）不易污塞　在螺旋板式换热器中，由于介质走的是单一通道，而它的允许速度可以比其他类型的换热器高，污垢不易沉积。如果通道内某处沉积了污垢，则此处的通道截面积就会减小，在一定流量下，如截面积减小，局部的流速就相应提高，对污垢区起到了自冲刷作用，因此它的污垢形成速度约为管壳式换热器的 1/10。对于发生堵塞时，国外多用酸洗或热水清洗，在国内多数采用蒸汽吹净的方法，比用热水清洗既方便，效率又好。

（4）能利用低温热源，并能精确控制出口温度　为了提高螺旋板式换热器的传热效率，就要求提高传热推动力。当两流体在螺旋通道中采用全逆流操作时，则两流体的对数平均温度差就较大，有利于传热。螺旋板式换热器允许的最小温差为最低，在两流体温差为 3℃ 情况下仍可以进行热交换。由于允许的温差较低，因此，世界各国都利用这种换热器来回收低温热能。

螺旋板式换热器具有两个较长的均匀螺旋通道，介质在通道中可以进行均匀加热和冷却，所以能够精确地控制其出口温度。

（5）结构紧凑　一台直径为 1.5m，宽度为 1.8m 的螺旋板式换热器，其传热面积可达 200m²，而单位体积的传热面积约为管壳式换热器的 3 倍。

（6）密封结构可靠　目前使用的螺旋板式换热器两通道端部有采用焊接密封（不可拆式）和端盖压紧（可拆式）两种。不可拆式在保证焊接质量的同时，就能保证两介质之间不会产生内漏。可拆式的两端用端盖压紧，端盖上有整体密封板，只要螺旋通道两端面加工平整，可防止同侧流体从一圈旁流到另一圈。

（7）温差应力小　螺旋板式换热器的特点是允许膨胀，由于它有两个较长的螺旋形通道，当螺旋板受热或冷却后，可像钟表内的发条一样伸长和收缩。而螺旋体各圈之间都是一侧为热流体，另一侧为冷流体，最外圈与大气接触。在螺旋体之间的温差没有管壳式换热器中的换热管与壳体之间温差那样明显，因此不会产生大的温差应力。

在国内、外使用的螺旋板式换热器实例中，使用在两介质温差很大的场合，未发现有较大的温差应力存在。

（8）热损失少　由于结构紧凑，即使换热器的传热面积很大，但它的外表面积还是较小的。又因接近常温的流体是从最外边缘处的通道流出，所以一般不需要保温。

（9）制造简单　螺旋板式换热器与其他类型的换热器相比，制造工时最少，机械加工量小，材料主要是板材，容易卷制，制造成本低。

但螺旋板式换热器也存在承压能力受到限制、修理困难、机械清洗困难等缺点。一般螺旋板的清洗方法，主要采用热水冲洗、酸洗和蒸汽吹洗三种，在国内较多采用蒸汽吹洗的方法。

二、主要零部件结构

1. 螺旋板式换热器外壳

螺旋板式换热器的外壳是承受内压或外压的部件，为了提高外壳的承压能力，有些制造厂的产品，采用增加最外一圈螺旋板厚度的方法。但因外围仍是螺旋形，就有一条纵向的角焊缝存在，见图3-23。由于角焊缝的强度不易保证，受力差，所以这种结构不能承受较高的压力。

为了改善外壳与螺旋板的连接结构，提高外壳的承压能力，螺旋板式换热器外壳用两个半圆环组合焊接而成，其结构如图3-24（a）所示。这种组合焊接的关键零件是连接板，连接板与螺旋板及外壳的连接方式如图3-24（b）所示。其连接方法是先将螺旋板与连接板焊接，经过无损探伤合格后，再将两个半圆形的外壳与连接板焊接，焊接结构采用有衬板的对接焊缝。对接焊缝容易保证焊接质量，承受力较好，故这种连接牢固可靠，并避免了角焊缝，从而提高螺旋板式换热器的操作压力。

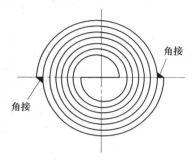 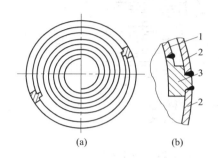

图3-23　外圈板角接结构

图3-24　外壳由两个半圆筒组成的结构
1—螺旋板；2—外壳；3—连接板

2. 密封结构

密封结构的好坏，直接影响到螺旋板式换热器能否正常运转。即使微小的泄漏使两流体相混，也使传热不能正常进行，所以密封结构的设计是一个很重要的问题。

螺旋板式换热器的密封结构有两种形式，焊接密封和垫片端盖密封。

（1）焊接密封　焊接密封的结构形式有三种，见图3-25。第一种焊接密封结构如图3-25（a）所示，将需要密封的通道用方钢垫进钢板中，卷制后进行焊接。第二种焊接密封结构如图3-25（b）所示，将需要密封的通道用与通道宽度相同的圆钢垫进钢板中卷好后进行焊接。第三种焊接密封结构如图3-25（c）所示，将通道一边的钢板压成一斜边后与另一通道的钢板焊接。国内多数采用第二种焊接密封结构，因为圆钢条的摩擦力比方钢小，卷床消耗的功率比用方钢作密封条消耗的功率小，而且圆钢与通道两侧板是线接触，因此圆钢条与螺旋板焊接容易密封。第三种焊接密封结构，现进口结构使用较多，结构简单，加工方便。

（2）垫片端盖密封　螺旋板卷制好以后，将螺旋通道的两端经过机械加工，如图3-26所示，使其达到一定的平整度，然后用与端盖密封面外径相等的垫片将螺旋通道封住，见

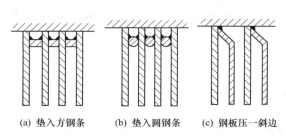 

(a) 垫入方钢条　(b) 垫入圆钢条　(c) 钢板压一斜边

图3-25　焊接密封结构形式

图3-26　螺旋通道端面加工

图 3-27。垫片材料根据介质特性和温度选择；靠端盖上螺栓与外壳上法兰连接以达到密封要求。

为了保证密封压紧垫片，当端盖为平盖形式时，由于平板盖受力最差，受压后就产生挠度，容易造成流体通道之间短路，影响传热效果，带来不良后果。因此平盖一般用于压力较低场合。为了提高螺旋板式换热器的耐压能力和密封性能，采用椭圆形端盖，这种结构如图 3-28 所示。

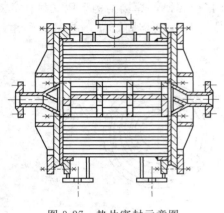

图 3-27　垫片密封示意图

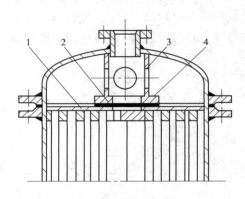

图 3-28　椭圆形端盖
1—密封板；2—压环垫片；3—钢管；4—压环

图 3-28 中密封板的作用是防止各圈螺旋通道内介质发生短路。在密封板与螺旋通道端面之间安放垫片是为了保证密封，螺旋通道两端面要求机械加工，以使垫片安放上去后能紧贴住通道的端面。密封板的外边缘由法兰压紧，由于密封板是受压元件，不需过大的紧固力，在设计时要考虑使密封板的板面比筒体法兰密封面低 0.2mm，以免法兰垫片压在密封板上的力影响螺栓强度。

对于大直径的螺旋板式换热器，为了保证密封板与螺旋端面紧密贴合，需要在椭圆形端盖内中心部分焊接一定直径的钢管，如图 3-28 所示。钢管直径 d 最好在 $(0.25 \sim 0.35)$ D_i 以内（D_i 为螺旋体内径），在钢管另一端焊有金属压环，压环与密封板之间有一压环垫片，要求此垫片比法兰密封垫片薄 0.5mm。当用螺栓拉紧椭圆端盖与筒体法兰时，焊接的钢管随之向下压紧在密封板上，这样密封板可受到一定压力，使密封更为可靠。这种结构的承压能力比平盖形端盖高。但由于密封板与螺旋通道两端之间没有再安置垫片，加上机械加工时的尺寸误差等因素的影响，可能有的地方密封性差，以致使少量的地方有介质发生短路，使传热效率受到一定的影响。

3. 螺旋板的刚度

螺旋体是一个弹性体，当其受压时往往不是压破而是压瘪，故要提高螺旋板的刚度。用增加板厚来提高螺旋体刚度不经济，现在普遍采用在两通道内安置定距柱并缩短定距柱之间的距离，如图 3-29 所示。用增加定距柱的数量的方法来提高螺旋板的刚度和承压能力，且又起到维持通道宽度的作用。

4. 进出口接管布置

对于不可拆式螺旋板式换热器一般在垂直于筒体的横截面安置一中心管，而螺旋通道的接管有两种布置形式：一种是接管垂直于筒体轴线方向，如图 3-30（a）所示。这种接管在流体进入螺旋通道时突然转 90°，由流体力学可知，当流体流动方向有突变时，阻力较大；另一种接管布置成切向，如图 3-30（b）所示，这种布置在流体由接管进入通道时是逐渐流入的，没有流动方向的突变，故阻力较小，而且还便于从设备中排除杂质，但加工比垂直接管困难。

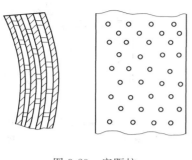

图 3-29 定距柱

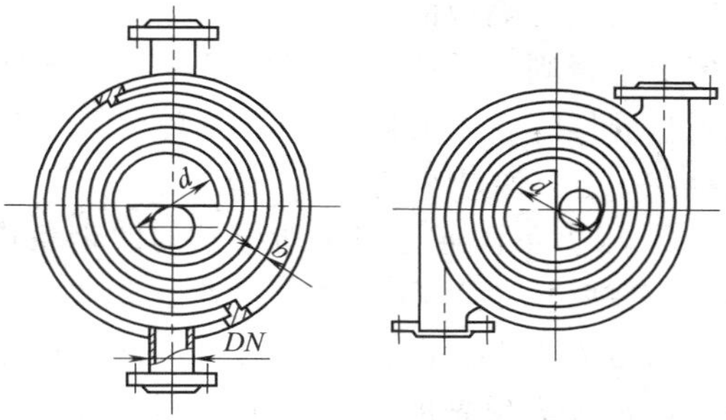

(a) 垂直接管   (b) 切向接管

图 3-30 接管布局

三、螺旋板式换热器的制造及检验

螺旋板式换热器的制造工艺程序如下：

放样—下料—拼接—探伤—压泡或焊定距柱—卷制螺旋体—焊接螺旋通道—装配—机加工—总装—试压—检验—成品油漆出厂。

主要制造工序要求如下。

1. 下料

放样划线以后，用气割下料，两侧要直，不可弯曲或凹凸，断口要与两侧垂直。

2. 拼接

用来卷制螺旋体的钢板长度一般均较长，这需要进行拼接（卷筒钢板除外）。螺旋板只允许横向对接焊，拼接时要求钢板平直，并磨平焊缝。焊缝厚度与母材厚度之差不得大于 0.5mm，否则在卷制过程中会产生偏移。对于用增厚的螺旋体作为外壳时，增厚的板材与螺旋体本身的焊接采用对接双面焊焊缝，不锈钢螺旋体采用平板对接。板厚 4～6mm 拼接时，每板边铲坡口 30°，双面刨槽。不锈钢板厚 2～3mm 拼接时，不开坡口，两板间距 1mm。螺旋体板薄时，一般采用卷筒钢板，可减少拼接焊缝及焊缝探伤工序。拼接焊缝要求 100% 无损探伤，按 NB/T 47013.2—2015《承压设备无损检测 第 2 部分：射线检测》焊缝射线探伤标准评为一级片为合格。

3. 压鼓泡或焊定距柱

不同的压力等级其定距柱（泡）的间距大小不一。根据间距划线，定距柱（泡）划线偏差为 ±0.2mm，定距柱（泡）中心与拼接焊缝边缘的间距不得小于 20mm，划线后鼓泡或焊接定距柱。鼓泡是冲压出来的，要求泡减薄量不超过板厚的 20%，不能有裂纹，泡高公差按技术标准。定距柱一端应有（1～2）mm×45°的倒角，高度偏差小于 0.3mm。同一通道螺旋板上的定距柱必须同一规格。车制好的定距柱放在划好线的板材上点焊，并采用两点对称点焊。当定距柱直径小于或等于 10mm 时，每一焊点的长度不得小于 6mm，当定距柱直径大于 10mm 时，每一焊点的长度不得小于 8mm。定距柱点焊后的位置偏差为 ±5.0mm。实际高度与定距柱高度之差不得大于 0.6mm。打掉焊渣并检查定距柱的质量，要求焊牢，在卷制螺旋体时，定距柱不得脱落，点焊定距柱时要避免烧穿钢板。

4. 卷制螺旋体

① 调整好胎膜偏心，把中心隔板装夹在胎膜上。

② 把两块螺旋板分别焊在中心隔板的两端，见图 3-31，把分别连接在中心隔板上的螺旋板一端开成30°坡口，随后和卷床上的中心隔板的两边在相反方向焊接。焊接时不准焊在胎模上，否则不易脱模。焊好后，将胎模转过 180°，把第二块板材同样焊在中心隔板上，并转到第一块板一边，两块板材叠在一起，要求整齐。

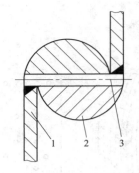

图 3-31　中心隔板与螺旋板连接
1—钢板；2—胎模；3—中心隔板

③ 根据不同通道填上所要求的圆钢条作为螺旋通道的密封条。在两块之间两头填上两根，第二块板上两头填两根。对于通道大于14mm的圆钢，要求把头预热一下，对接圆钢要直，在焊头预先进行退火处理。

④ 卷制螺旋体时，要求进料整齐。把压紧滚轮上升，以保持一定的压力，使其自然地卷上。随着主轴上螺旋体越来越大，为保持一定压力，则压紧滚轮要慢慢下降。若压紧滚轮的下降速度低于螺旋体直径增大的速度，压紧力就增加，这会造成螺旋通道狭小。若压紧滚轮下降速度大于螺旋体直径增大的速度，则螺旋体会松开，不易成形。卷制时要适当控制圆钢，使它卷制在两板端口，分别在两根结尾处点焊，卷成螺旋体后，将螺旋体同胎模一起从卷床上卸下、脱模，卷制工序完成。螺旋体通道内圆钢顶部至通道端面距离的偏差为±2mm。

5. 焊接螺旋体通道

焊接螺旋体通道时，先要整理通道内填入圆钢的高低位置，使圆钢稍低于钢板端面。不可拆式螺旋板式换热器适当保持一个距离即可。可拆式螺旋板式换热器中Ⅱ型要控制圆钢与钢板端面的距离。通道宽度 $b \leqslant 6$mm 时，螺旋体先车端面，圆钢稍低于钢板端面后即可施焊；当通道宽度 $b \geqslant 10 \sim 15$mm 时，圆钢低于钢板端面 $12 \sim 15$mm 再施焊。

焊接螺旋通道时，不得有烧穿、咬边或产生气孔等缺陷。为减少焊接变形量，先在一端面的螺旋通道一侧焊好，将螺旋体翻过来，再焊另一通道的两侧，焊好后，再返回焊刚才未焊的一侧。

6. 装配

换热器的装配工艺过程见表 3-2。

表 3-2　螺旋板式换热器装配过程

序号	Ⅱ 型	Ⅰ 型	序号	Ⅱ 型	Ⅰ 型
1	根据尺寸要求割掉螺旋体多余部分		5	装焊回转支座	
2	螺旋体外壳两头高度各割掉10mm	无	6	装焊切向接口	
3	大法兰划出两平圆线并气割之	无	7	装方圆接口	
4	装设备法兰	无			

在装配时，外圈板与螺旋板厚度差超过 3mm 时，外圈板应削薄，如图 3-32 所示。图中 $L \geqslant 3(\delta_1 - \delta_2)$。外圈板与螺旋体的对接错边量 $\Delta \leqslant 10\%\delta$，且不大于 1mm，如图 3-33 所示。

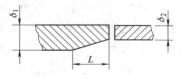

图 3-32　外圈板削薄

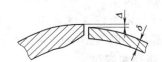

图 3-33　外圈与螺旋体对接

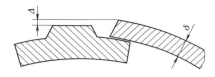

图 3-34 连接板与半圆筒体对接

连接板与半圆筒体的对接错边量 $\Delta \leqslant 10\%\delta$，且不大于 1mm，如图 3-34 所示。

7. 试压

换热器总装好后，必须进行试压。其目的一方面是检漏，另一方面是校核设备强度，试压按照 GB 150—1998 中的相关规定进行。

一般情况下均采用水压试验。对于设计压力在 0.6MPa 以下的换热器可以单通道试压。在设计压力达到 1.6MPa 的换热器通道试压压力最小也要 2.0MPa，如果一通道试压，另一通道受力过大时，则可采用一个通道从开始试压到达设计压力 1.6MPa 时，另一个通道充水，然后再升到试验压力 2.0MPa，充水通道亦同时升压到 0.4MPa，使两通道保持压差 1.6MPa。在整个试压过程中，要注意观察有无渗漏。对于可拆式螺旋板式换热器在试验压力较高时，还应注意端面的变形问题。

第三节 废热锅炉

废热锅炉是指利用工业过程中多余的热量产生蒸汽的设备，其主要设备为锅炉本体和汽包，辅助设备有给水预热器、过热器等。废热锅炉也称为"余热锅炉"、"急冷器"或"激冷器"。在工业过程中，会产生许多余热，如烟道气（约 200～300℃）、高炉炉气（约 1500℃）、需要冷却的化学反应工艺气（300～1000℃）等，通过废热锅炉可以利用这些热量产生压力蒸汽，以此作为供热、供气、供电和动力的辅助能源，如：部分中压蒸汽可以供中压工艺蒸汽用，或者供中压汽轮机直接拖动中型机器，而将其低压部分作为低压工艺蒸汽和采暖用等，从而提高热能的总利用率，降低燃料消耗指标，降低电耗，使产品成本大为降低。因此，废热锅炉在各行各业之中均获得了广泛应用。

随着工业的发展和世界性的能源短缺，各国都十分重视节约能源、回收余热，废热锅炉作为回收热能的主要设备，得到了迅速发展，逐渐向大型化、高参数（高温、高压）、结构多样性、各种余热同时开发利用等方向发展，并将强化传热技术、外加热载体技术用于废热锅炉。

一、废热锅炉的分类

废热锅炉可根据其工作条件和介质流动循环方式等的不同，分为各种类型。

1. 按工作压力分

（1）管壳式废热锅炉 管壳式废热锅炉属于压力容器范畴，需按《特种设备安全监察条例》和《固定式压力容器安全技术监察规程》进行安全监察和管理；因此，可以按照压力容器的分类方法对管壳式废热锅炉分为低压容器、中压容器和高压容器。

但必须注意，《固定式压力容器安全技术监察规程》中已将内径小于 1m 的低压废热锅炉划为二类容器；中压废热锅炉或内径大于 1m 的低压废热锅炉划为三类容器；高压废热锅炉也是三类容器。因此设计、制造、安装和使用管理等均须按照《固定式压力容器安全技术监察规程》办理。

（2）烟道式废热锅炉 烟道式废热锅炉属于锅炉范畴，按上述《条例》和《规程》进行监察和管理。在《锅炉安全技术监察规程》中对压力分级无明确规定，但对不同的附件监察管理有不同的压力分级规定。例如安全阀进行调整和校验的压力就是按锅炉工作压力 $p < 1.3MPa$、$1.3MPa \leqslant p \leqslant 3.9MPa$、$p > 3.9MPa$ 来规定的。压力表的精确度选择，则是按工作压力＜2.5MPa 的锅炉、工作压力≥2.5MPa 的锅炉、工作压力＞14MPa 的锅炉规定的。

2. 按蒸发量分

根据蒸发量的大小，以前工业锅炉的分法如下。

（1）小型锅炉　20t/h 以下。

（2）中型锅炉　20～75t/h。

（3）大型锅炉　75t/h 以上。

3. 按汽水循环方式分

（1）自然循环废热锅炉　传热管内（或管外）的水吸收热量后形成的汽水混合物沿上升管而进入汽包，在汽包中汽和水经过分离后，锅炉水则沿下降管而重新进入传热管内（或管外），形成循环。这种循环是靠汽水混合物与锅炉水的重度差而实现的。

（2）强制循环废热锅炉　汽水混合物和锅炉水的循环是靠泵来实现。

（3）直流废热锅炉　用泵将给水强制通过加热管中，一次通过即汽化达 80%～90%，故汽水混合物分离后的水很少，不需要采用大的汽包储存和循环，仅加入给水即可。

4. 按汽、水流经管内或管外分

（1）火管锅炉　高温工艺气流经管内，锅炉水流经管外而沸腾汽化，相当于工业锅炉的火管锅炉。

（2）水管锅炉　高温工艺气流经管外，锅炉水流经管内而沸腾汽化。

（3）双套管式锅炉　高温工艺气走内套管内，锅炉水走内套管之外及外套管之内的环隙而沸腾汽化。

5. 按结构特点分

在化工和石油化工生产中所用的废热锅炉结构可大致归纳为三大类。

（1）管壳式废热锅炉　这类废热锅炉与管壳式热交换器类似，主要是利用高温工艺气与水间接交换热而产生蒸汽。但在不同的生产条件下（压力、温度的高低不同），由于解决的主要矛盾不同，因而形成了各种不同的结构类型。如列管式、螺旋盘管式、U 形管式、插管式等。

（2）烟道式废热锅炉　这类锅炉与一般的工业锅炉相类似。高温气体通过耐火材料砌成的炉膛，与布置在炉膛内的排管中的水间接换热而产生蒸汽，高温气体的压力不高（一般为常压），但是温度较高。

（3）双套管式废热锅炉　这类锅炉适用于高温高压、高温低压或中温中压工艺气通过内套管内，高压或中压锅炉水通过外套管与内套管之间而蒸发产生蒸汽。

6. 按安装形式分

按安装形式，废热锅炉还可分为立式、斜置式和卧式废热锅炉等。

二、管壳式废热锅炉

管壳式废热锅炉在结构上与管壳式换热器相同。其特点是：结构紧凑，与其他形式的废热锅炉相比单位换热面积的金属耗量较少，适应的介质和操作条件比较广泛。随着工艺条件的要求不同，管壳式废热锅炉又具有列管式、盘管式、插入式、双套管式、U 形管式和直流式六种不同形式。

1. 列管式废热锅炉

列管式废热锅炉可分为普通列管式和新型管板列管式废热锅炉两种，普通列管式废热锅炉又可分为立式、卧式和斜置式三种，新型管板列管式废热锅炉分为椭圆形管板列管式、碟形管板列管式和薄管板列管式三种。

（1）普通列管式　普通列管式废热锅炉，实际上相当于普通列管式固定管板换热器，这类废热锅炉一般都采用火管型。它的特点是：阻力小、结构简单、制造方便和管内结垢时便于清理等。下面以卧式列管式废热锅炉为例讲述普通列管式废热锅炉的结构。

图 3-35 所示为化肥厂使用的"转化气废热锅炉"，它属于卧式列管式废热锅炉。由图可知普通列管式废热锅炉主要由壳体、管板、封头、换热管、拉杆等组成，图 3-35 所示转化气废热锅炉的管板与壳体采用"T"形角焊连接，两端锥形封头与筒体全部采用焊接。气体入口封头内衬 120mm 的隔热层，再加保护板（材质 Cr25Ni20），封头壳体外加水夹套。高温端管板衬 100mm 隔热层，外加厚度为 8mm 的保护板（材质 Cr25Ni20），以保护衬里不受气流冲刷。为了使气体能均匀地分配于各换热管而采用锥形封头。管束由 198 根 $\phi38\times3.5\times4216$ 换热管和一根 $\phi273\times8\times4290$ 的中心管组成。管子与管板的连接采用胀、焊（先胀，后焊）连接。管子呈正三角形排列，管间距为 62mm。管板厚度为 40mm，比一般换热器（同参数、同规格）的管板要薄。为了增加管板的强度，在两块管板间焊有 $\phi32mm$ 的拉杆 12 根。由于管板薄，工作时其自身的温差应力很小。设立中心管的目的在于负荷波动时，利用中心管末端的气动薄膜调节阀来调节出口气体的温度，以保证该气体进入变换系统的温度。在进水管入口处，于锅炉壳体内壁焊有导流板，以免冷却水直接冲击换热管，并使水分布均匀。

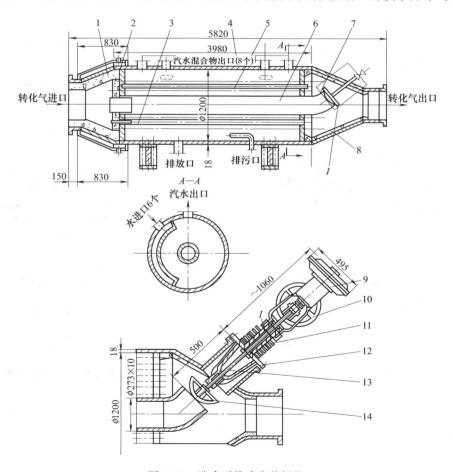

图 3-35　卧式列管式废热锅炉

1—耐热混凝土；2—管板；3—换热管；4—壳体；5—拉杆；6—中心管；7—弯管；8—锥形封头；
9—气动薄膜执行机构；10—手轮机构；11—散热片；12—阀盖中盖板；13—阀杆；14—阀头

（2）新型管板列管式　新型管板列管式废热锅炉是采用椭圆形、碟形和薄板形等新型管板的列管式废热锅炉。它的特点是管板厚度比一般的管板薄，在操作条件下管板本身的温差应力比较小，管板的挠性变形比较容易，因此也称为挠性管板式废热锅炉。

① 椭圆形管板列管式废热锅炉　其主要特点是管板为椭圆形。这类管板受力均匀，耐压强度高，与平管板相比，厚度可以减薄，管板的表面温度低，两侧温差应力小；同时，管板具有一定的弹性，可以吸收列管受热时的热伸长量；它特别适用于高温、高压下的废热锅炉。

图 3-36 所示为椭圆形管板废热锅炉的典型结构。管板为椭圆形结构，相背式布置，因管间压力（4MPa）大于管内压力（1.8MPa），操作状态管板承受外压力可以较多地吸收因高温及温差引起的热伸长量；管子在管板上呈三角形布置，管间距 65mm；由于管子与壳体间温差较大，在操作状态下，相对热伸长量也较大，单靠管板挠性补偿不够，因此在炉壳上设有波形膨胀节。它由一个大波形膨胀节和周围若干个起平衡作用的小波形膨胀节组成，成为一个伸缩量较大并有效地保护着管板与列管连接焊缝的补偿伸缩机构。因高温气体从下部进入，下管板直接与气体接触，所以在下管板入口处设有保护套管和耐热隔热保护板装置。炉体下部的三通内壁亦与高温气体接触，因而其内部衬有耐热混凝土保护，三通壁外部设冷却水夹套，进水和出水均与汽包相连。炉体上部设有上三通，裂化气经过下三通、炉体，由上三通排出。

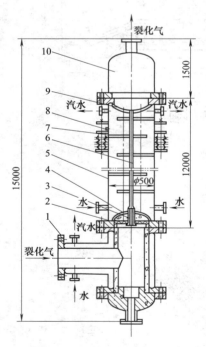

图 3-36　椭圆形管板列管式废热锅炉
1—下三通；2—保护板；3—保护套管；4—下管板；5—壳体；
6—列管；7—折流板；8—膨胀节；9—上管板；10—上三通

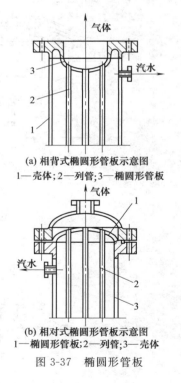

(a) 相背式椭圆形管板示意图
1—壳体；2—列管；3—椭圆形管板

(b) 相对式椭圆形管板示意图
1—椭圆形管板；2—列管；3—壳体

图 3-37　椭圆形管板

上下管板的布置形式有两种，即相背式和相对式，如图 3-37 (a)、(b) 所示。管板两侧都有介质，一般载热气体流经管内，汽水混合物流经管间。按照介质压力的不同，使管板操作状态为承受内压或外压。由于管板较薄，其与列管的连接多采用焊接结构。管板与管子连接的坡口形式各有不同，相背式结构管板开孔的坡口形式如图 3-38 所示，坡口底部厚度 f 不小于 3mm。

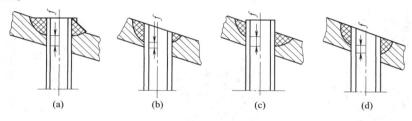

图 3-38　相背式管板与列管焊缝坡口

图 3-38 中（a）和（b）所示焊缝坡口，在管孔的周围管板厚度不相等，焊缝不匀称，内部应力较大；但坡口加工比较方便。

图 3-38 中（c）和（d）所示焊缝坡口，在管孔的周围管板厚度均匀相等，焊后焊缝本体受力均称，内部应力较小，受力情况较好；但这种坡口加工比较困难。

② 碟形管板列管式废热锅炉　如图 3-39 所示，压力为 0.01MPa、400℃的高温气体流经管程，和壳程的水进行热交换，在壳程内产生 1.7MPa 压力的蒸汽。管板与壳体和管板与换热管的连接均采用焊接，其焊接尺寸见图 3-39。上管板（高温部分）为碟形，它与壳体采用角焊，管板厚度 40mm。下管板为平板，它与壳体采用对接焊，管板厚度为 110mm。因碟形管板的受力状态介于球形和平板之间，所以它比平管板薄。该种废热锅炉是用于低压、低温的场合。

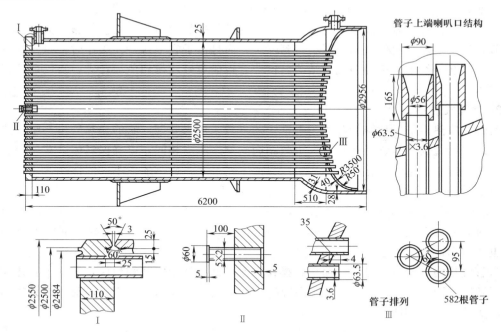

图 3-39　碟形管板列管式废热锅炉

③ 薄管板列管式废热锅炉　如图 3-40 所示为一台火管型薄管板列管式废热锅炉，高温气体入口端的管板 1 是薄管板，为使管板自身的温差应力变小，只要能把换热管和管板紧密地连接起来，就尽可能把管板做薄些，而管板的强度则由附加元件来加强。加强元件一般由网状的支持格板 6、7 和拉杆 10 组成。支持格板则与焊接在管板上的拉杆 10 及焊接在壳体

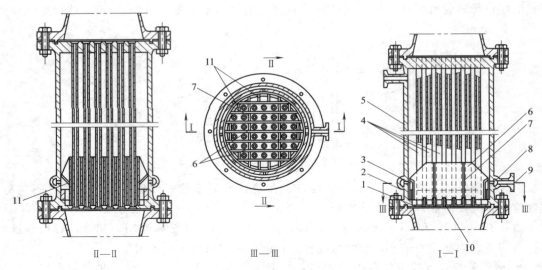

图 3-40　薄管板列管式废热锅炉

1—管板；2—支承环；3—导流室；4—换热管；5—壳体；6,7—支持格板；
8—环形通道；9—给水接管；10—拉杆；11—导向板

5 内缘上的支承环 2 相焊接。换热管 4 则穿过网状支持格板的网眼分别与两端管板焊接。锅炉给水则由下部给水接管 9 进入环形通道 8，再经径向通道和导流室 3 进入锅炉的壳程，并与管程中 900℃的高温气体进行热交换，在壳程产生 15MPa 压力的蒸汽。

　　结构特点：管板兼作法兰，管板与壳体、管板与换热管均采用焊接连接，高温端 15mm 厚的薄管板采用加强元件，不但强度得到保证，而且由于它很薄，在工作时其自身的温差应力就很小；锅炉给水采用导向流道结构，使薄管板能更好地得到冷却；进一步保证运行的可靠性。

2. 盘管式废热锅炉

　　盘管式废热锅炉又称螺旋盘管废热锅炉，一般采用火管型。它的换热管由一组换热盘管组成，每根盘管的规格、当量长度要大致相同，使之阻力相同，以确保气体分布均匀。气体在管内的流速，对重油汽化的废热锅炉，流速不能过大，也不能太小。气体在换热管内应具有合适的流速，根据生产实践和有关试验，线速度最好不超过 70m/s，最低不得小于 25m/s，一般控制在 40m/s 左右为宜。盘管与叉管（或气体总管）的连接，尽可能避免与叉管内气流方向成 90°。一般要小于 90°，因为角度愈小，接管焊缝承受的局部应力就小，热冲蚀也小，局部阻力愈小。

　　盘管废热锅炉的特点是结构简单、操作方便，而且便于安装和检修，消除了壳体与管子之间因膨胀差而产生的热应力，运行可靠。它适应的介质和参数范围较广泛。常见的结构形式有四头单层盘管和四头双层盘管两种。

　　（1）四头单层盘管废热锅炉　　如图 3-41 所示，四头单层盘管废热锅炉是一台立式火管锅炉。壳体分三段，用法兰连接，密封采用截面为椭圆形的金属垫片，壳体上、下封头采用球形封头，上封头设有四根汽水出口管，下封头有两根进水管。进水管直接通至底部高温气体进口总管的两侧，使进入的水直接冷却气体进口总管与下封头的连接焊缝，以保证管子和壳体不致在该处局部过热。

　　高温气体由底部的进气总管（或叉管）进入设备后，再分四根与四根盘管相焊接，每根盘管分四段，每段管子的长度以被冷却气体在管内的流速不低于 25m/s 而定，盘管先以螺旋上升至顶部后，再直接返回底部汇集于出口总管引出。壳体内设有 $\phi784mm \times 8mm \times 7200mm$ 的中心管，用以改善水循环，提高对受热面积的冲刷速度，有利于传热，此外中心管用三个支架固定在底部筒体上，其上部与固定在上段筒体上的中心管支架套合。

盘管支架焊在中心管上，盘管靠固定板与支架用螺栓固定。在中心管的中部外壁上焊有三个中心调节部件，构成三支点分别与壳体内壁接触，其目的在于防止盘管和中心管的振动。为了调节底部水温，使之达到饱和温度，在下段壳体上设有蒸汽进口管，此蒸汽管实际上是蒸汽喷射消声器，使蒸汽进入时，设备内不至发生过大的声响。底部封头高温气体入口处，采用整体加强凸缘结构，加强凸缘与封头及气体总管相焊接，凸缘内插入刚玉管，当高温气体进入废热锅炉时，该结构使入口处壳体和管子及连接焊缝都处于最佳冷却状态。加强凸缘和换热管的材质为 1Cr18Ni9Ti。

（2）四头双层盘管式废热锅炉 如图 3-42 所示为四头双层盘管式废热锅炉。该锅炉的结构与四头单层盘管式废热锅炉不同之处有以下几点。

① 壳体内设有分离罐 高温气体从壳体下段一侧经气体总管进入分离罐；在分离罐的顶部焊有四根传热管，这段传热管从分离罐引出，有一段直管段，四根传热管中每根分为 $\phi102 \times 10$、$\phi89 \times 7$、$\phi76 \times 6$、$\phi68 \times 6$ 四段，材质均为 12Cr1MoV，各段之间采用异径管焊接连接。分离罐的作用具有以下几个方面：

a. 使高温气体在进盘管之前能得到缓冲，以便能更好地均匀分配于每根盘管；

b. 如果汽化炉衬里和汽化炉与废热锅炉之间的接管衬里一旦受到气体冲刷，剥落碎片带入废热锅炉，则通过分离罐能将其分离，以免碎片堵塞换热管，保证设备正常运行。

② 采用双层盘管结构 在相同换热面积的情况下，双层盘管结构紧凑，单位传热面积所耗的金属重量也比单层的要少。

③ 设有给水喷射器 通过给水喷射器，将来自水夹套的软水，直接引入设在中心管下部的喷射管，将软水引射到分离罐的顶部，在分离罐与盘管的连接焊缝及其附近造成强制水循环，以免该区局部过热。

3. 插入式废热锅炉

插入式废热锅炉的最大优点是在高温区域没有厚管板，不需要补偿因温差产生的相对伸长量，它本身能自由伸缩，受热面换较均匀，结构简单、安装维修方便，目前在石油化工行业已被广泛应用。这种结构适合于大产汽量，较高的蒸汽压力以及载热介质为高温、高压、高流量的操作条件。目前，插入式废热锅炉的结构按其管束安装形式的不同可分单管插入式、管束插入式和倒置插入式三类。

（1）单管插入式（即刺刀式）废热锅炉 单管插入式废热锅炉的结构如图 3-43 所示，它由具有耐热衬里的炉壳、内外套管组成的炉芯、气体分布器、水箱及摇摆式支座组成。

① 工作原理 自汽包下降管来的水，从上部进入进水箱 11，分配给内套管 9，水从内套管底端流出转折向上进入外套管 6 内。高温工艺气体从下部进入炉体壳程，与外套管内的水并流向上进行热交换，水不断蒸发变成水汽混合物（314℃，10.6MPa）；水汽混合物自下而上从外套管的上部端口流出，进入汽水箱，经上升管入汽包进行汽水分离。蒸汽从汽包上部出口至使用机构，分离出的水和新鲜补给水混合从下降管流入水箱，形成自然循环。

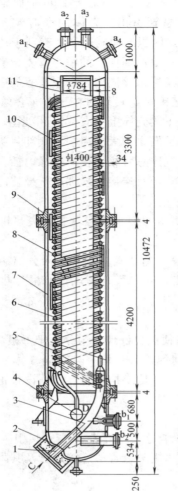

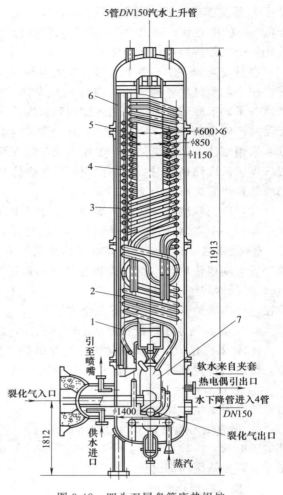

图 3-41　四头单层盘管废热锅炉

1—套管（刚玉）；2—加强凸缘；3—进气总管；
4—出气总管；5,6—传热管；7—壳体；8—传
热管；9—壳体法兰；10—传热管；11—中心管

注：1. a$_{1-4}$ 汽水混合物出口 DN150；2. b$_{1-2}$ 水进口 DN150；
3. C 气体进口 DN200；4. D 气体出口 DN200。

图 3-42　四头双层盘管废热锅炉

1～4—传热管；5—法兰；6—壳体；7—分离罐

② 结构特点　外套管上端固定于大管板 7，另一端（下部）悬空，管子受热可以自由伸长，不需要膨胀补偿结构。受热管（外套管）内介质为水汽混合物，水汽在管内有一定的循环流速，对管壁冷却效果较好，故对外套管的材质要求不高。由于高温气体从下部进入，因而大管板处在上部低温区，管板虽然很厚，但设置有隔热层，故管板上下两侧的温差应力不会太大，不需要特殊的耐热材料。内套管插入外套管内，从汽包来的水先进内套管，可以得到充分预热。全部外套管排列后形成管束，可以从炉体上部整体抽出，安装检修都比较方便。

③ 适用条件　为了达到足够的传热面积，外套管必须有足够的长度，上端固定，下部悬空，操作状态时工艺气体的流速愈大，外套管的振动就愈大，为了减小外套管的振动，必须使工艺气体流速要小。由于外套管下部无法排污，故对水质要求较高，并应在下降管进入

水箱处加设过滤装置,以防污物进入管内。

(2) 管束插入式废热锅炉 如图 3-44 所示为管束插入式废热锅炉,其工作原理与单管插入式一样。不同之处是高温气体介质的流速高,气体流速进炉为 59m/s,出炉为 28m/s,这样可以防止气体中夹带的微粒沉积,不易堵塞气道。产生蒸汽的压力为 4MPa,蒸汽产量 6t/h,外套管下段长 6m,上段长约 1m,外套管下部堵头为流线型;外套管为三角形排列,下部按不等长宝塔形布置,每层差距 60mm,外套管束的包板上部装有迷宫密封,外套管上部与大管板焊死。外壁不设夹套。高温气体从下部三通进入,从壳体上部两侧出炉,可防止气体短路。壳体下部三通起气体缓冲和分布作用。

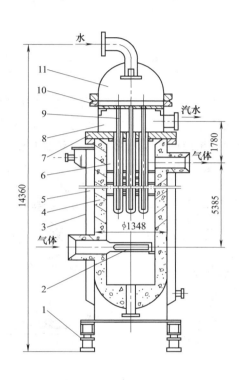

图 3-43 单管插入式废热锅炉

1—摇摆式支座;2—气体分布器;3—水夹套;4—耐热衬里;5—壳体;6—外套管;7—大管板;8—汽水箱;9—内套管;10—小管板;11—进水箱

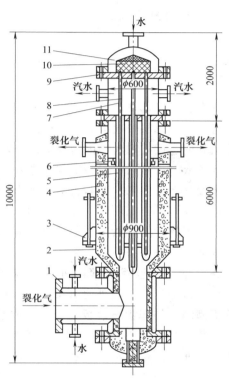

图 3-44 管束插入式废热锅炉

1—下三通;2—壳体;3—吊架;4—耐火衬里;5—外套管;6—迷宫密封;7—汽水箱;8—内套管;9—小管板;10—过滤网;11—水箱

其结构形式与单管插入式相比,都具有外套管、内套管、水箱、大管板和小管板等结构,但也有不同之处。

① 内外套管及结构 外套管之间用定位柱隔开,每根外套管下部和中部各焊三个定位柱。定位柱长 20~25mm,直径 $d_{定}=t-d_{外}$,中部定位柱放在 $L/2$ 处(L 为外套管长),其结构及固定方法如图 3-45 所示。

由于外套管间距很小,如果上段不改变管径,则外套管与上管板无法连接,同时由于外套管密集排列,从下而上进入外套管间的气体,无法从上段流出,因此在气体出口处附近应改变管径,使上段管径变小。但外套管径规格应满足 $t=1.25d_{外1}$($d_{外1}$ 为外套管上段管外径)。上段与下段外套管采取焊接,上管承插在下管内,插入距离 $h=20~25mm$。为减小水循环的阻力,上段管内径下端口加工成喇叭形,结构如图 3-46 所示。外套管流板。

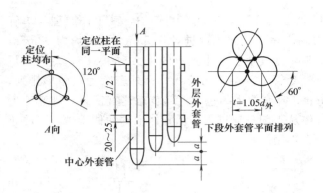

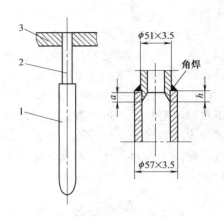

图 3-45　定位柱排布下部排列

图 3-46　上下两段外套管
1—下段外套管；2—上段外套管；3—大管板

外套管下端部采取不等长宝塔形结构排列，如图 3-45 所示，宝塔管束各层端间距相等，中心管最长，每层依次缩短。这种排列方式，可使气体进入外套管束时分布均匀，减小下端部堵头处的速度，有利于内套管整体安装。因内套管也相应的为宝塔形排列，安装时中心管先进入外套管，然后一层一层依次进入。

下段外套管用六块包板捆扎成整体，如图 3-47 所示，这样使下段外部侧面不通气体，强迫气体从下端管间进入，从而提高速度，这样传热效率高，且气体中的尘粒不易沉积在管壁上。包板下部距外套管端部约 60～100mm。上、下段外套管交界处，应与包扎板满焊。外套管与包板之间，先放置一根小钢筋，再用水玻璃浸渍的石棉绳填满，防止气体通过。包板相互焊成整体，成为管束，使外套管相互挤紧，以提高当气体通过时管子的抗振能力。

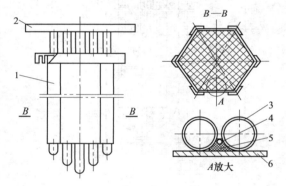

图 3-47　六角形包扎板结构
1—六角形包扎板；2—大管板；3—下段外套管；
4—圆钢；5—水玻璃石棉绳；6—包扎板

对于单管插入式的外套管法兰，一般是汽水箱法兰与壳体法兰相连，这种结构的外套管更换不便、修补管板与管子连接处的焊缝也比较困难。而管束插入式大管板只作管板用，如图 3-48 所示，大管板夹放在两法兰之间，管板的两平面都设有密封面，用同一螺杆压紧，这种结构对检修、制造、安装整个管束都比较方便。

在管束插入式中，小管板兼作法兰用；另外，内套管在小管板上的固定方式和单管插入式不同，采用焊接方式，焊后小管板与内套管成为不可拆连接，整体安装比较方便；但制造时对内套管的长度尺寸和垂直于管板的垂直度要求较严。内、外套管都呈宝塔形结构，内套管上的定位支承采取薄板，板厚1mm，全长上设二组，每组三片，在管子的同一横截面上，如图 3-49 所示。

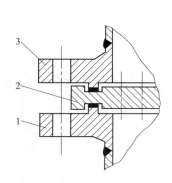

图 3-48 汽水箱法兰结构

1—壳体法兰；2—大管板；3—汽水箱法兰

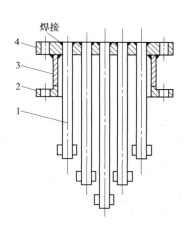

图 3-49 内套管与小管板结构

1—内套管；2—汽水箱法兰；3—汽水箱壳；4—小管板

② 迷宫式密封结构 如图 3-50 所示，在外套管束的上、下段交界处，固定上迷宫盖 7 和两圈内外环板，在炉壳壁上焊接固定下迷宫板和内外环板，上、下迷宫组合后的装配尺寸如图 3-50（b）所示。安装时，下迷宫环板组成的槽内，底面先放两层用水玻璃浸湿过的石棉绳，然后用耐火泥水玻璃组配成糊状堆满。当上迷宫环插入下迷宫槽内时，耐火泥浆溢满整个槽里，待凝固后，则上、下迷宫环黏结牢固形成密封。整个密封没有刚性接触，安装方便，由于气体上、下压差不大，密封性能可靠，这样就使外套管束与炉壳衬里之间形成的环隙不通气，成为死气层，以保证气体全部从外套管间的环隙通过，同时使炉壳的衬里表面不受气流冲刷，有效地保护了衬里表面，并降低了炉壳的温度。

适用条件：用于高温中压和气体介质带有微细尘粒的气体。

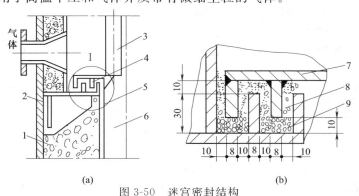

(a)　　　　(b)

图 3-50 迷宫密封结构

1—耐热衬里；2—炉壳；3—上段外套管；4—迷宫密封；5—衬里与包扎板间隙；
6—包扎板；7—迷宫盖；8—耐火泥；9—石棉绳

（3）倒置插入式废热锅炉 如图 3-51 所示为一台倒置插入式双套管废热锅炉，其工作原理是高压高温气体（压力 32MPa，温度 426℃）由下部进入分气盒 2，流经内套管、外套管、下部高压管箱，由下封头接管排出；水由下部进入壳程，吸热产生汽水混合物，汽水混合物经汽水粗分器、汽水分离器分离，蒸汽由上部出口排出。

结构特点：壳体分上、下两段用法兰连接，上段上方有蒸汽室空间，壳体下部是一平底高压封头兼作管板和高压管箱；管箱与平端盖采用双锥垫密封形成高压空间。管束可以自由膨胀，管束和壳体间不会因膨胀差而产生热应力。内套管拆卸方便，整体结构复杂。

适用条件：用于高压、温度不高的气体热量回收。

4. 双套管式废热锅炉

双套管式废热锅炉主要用于石油裂解制乙烯装置中。它使用高压水与裂解气在锅炉内间接进行热交换，使高压水产生高压蒸汽，经过汽水分离后，用来作为推动透平压缩机的动力。其特点是高温气体停留的时间短，一般不超过 0.05s；质量流速高，使出口气体的温度不低于露点；水侧压力高，产生高压蒸汽；适用原料的范围广，从轻质气体一直到重质油料。

双套管的结构是由直立的内管（也称蒸发管）与外管组成。如图 3-52 所示，高温气体通过内管，冷却介质在内、外管间的环形空间内进行蒸发汽化。双套管的端部焊到椭圆形或圆形的集流管上，装配成一个集管器。集管器可以吸收内、外套管间的热膨胀差。

双套管废热锅炉目前在我国大致有两种形式：一种是"三菱"型废热锅炉；另一种是斯密特型废热锅炉。

（1）"三菱"型废热锅炉（急冷热交换器）　如图 3-53 所示，"三菱"型废热锅炉是由位于上部的汽水分离的汽包 11，中部贯穿于整个壳体的螺旋形结构的蒸发管 8，及下部的双套管 4 和气体入口分配器 1 等组成的一个汽包和锅炉合为一体的设备，结构紧凑。

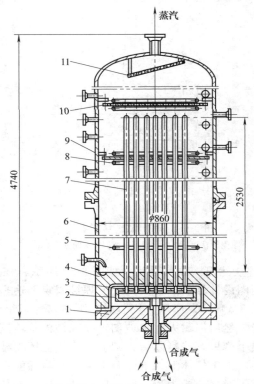

图 3-51　倒置插入式废热锅炉

1—端盖；2—分气盒；3—分气盒内套管；4—管板；
5—蒸汽管；6—壳体；7—外套管；8—液面排污器；
9—清水器；10—汽水粗分器；11—汽水分离器

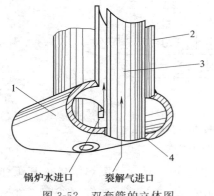

图 3-52　双套管的立体图

1—椭圆形集流管；2—外套管；3—内套管；
4—内外管连接的角焊缝

① 特点　锅炉与裂解炉炉管出口之间的连接，是采用与炉管相同材质 HK-40（Cr25Ni20）的短直管连接的结构。双套管式废热锅炉由于采用了螺旋状的蒸发管，可以吸收较大的温差应力，使清焦时裂解炉和废热锅炉之间的连接不必断开，免除了设备全部降温和升温的要求，在操作状态之下就能对裂解炉和废热锅炉同时进行清焦作业。这样，既节省了人力，又增加了产量。

在发生意外情况或产生事故时（如紧急停水、或由于操作失误而降低水位时）有较充裕的处理时间，不致使管子受到损坏。

② 工作原理　高温工艺气体经炉管直接进入特殊形状的气体入口分配器 1，然后被均匀地导入排列成阶梯状且成同心圆的环形集流管 2，进入下部的双套管 4 中的内管。气体在管内上升，经过下封头，穿过壳体，再通过上封头而进入气体的集气箱 9，然后经出口总管排出。同时，经软化处理之后的水在裂解炉的对流段里被预热之后，进入位于汽包部分的汽水分离器将夹带的 5%～10% 的蒸汽分离后被中央降水管 7 引入到本体

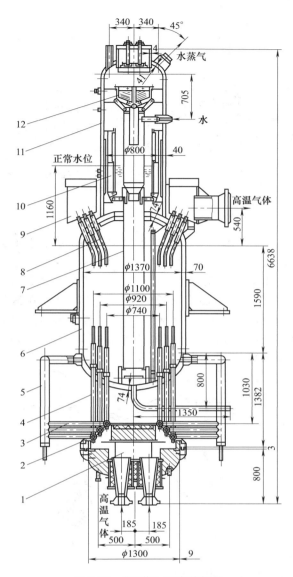

图 3-53　"三菱"型废热锅炉

1—气体入口分配器；2—环形集流管；3—联络管；4—双套管；
5—下降管；6—锅炉本体；7—中央降水管；8—螺旋蒸发管；
9—集气箱；10—汽水分离器；11—汽包；12—丝网捕集器

的下封头底部，然后经过位于水侧的四根下降管 5 流入联络管 3、环形集流管到双套管，再向上进行间壁蒸发到本体内，组成了一个自然循环回路。蒸汽从双套管间开始上升，经本体到汽包部分，通过迷宫式的汽水分离器 10 将蒸汽中夹带的水分分离掉，然后进入用不锈钢丝网做成的倒人字形捕集器 12，捕集蒸汽中的水滴后排出。

由汽水分离器分离下来的水分和被捕集器捕集的水滴，一起被导入中央的降水管和供水一起到本体下封头的底部。

③ 结构特点　双套管组主要由蒸发管（即内套管）、外套管、下降管、联络管及组成阶梯状的同心圆环集流管等组成。用环状管和套管内的水来冷却高温气体，结果是水被汽化，温差应力被吸收。套管一直向上，穿过下封头（亦称下管板），套管的主要作用是进行水的大量蒸发、保护下封头免受高温损害、形成水循环的自然回路，如图 3-53 所示。

当高温气体与套管环隙内的饱和水发生传热时，环隙内不断产生饱和蒸汽，由于下降管与套管环隙内流体重度的差异构成自然循环的推动力，使得流体不断地由双套管 4、下降管 5、联络管 3、环形集流管 2，再返入双套管作自然循环流动。双套管的一端与锅炉本体的下封头内侧进行单面焊接。双套管的另一端与环形集流管相焊接，套管内的蒸发管端也是与环形集流管的另一边相焊接，如图 3-54 所示。这样，富有弹性的环形集流管，可以吸收由套管和蒸发管带来的温差应力。

蒸发管端与环形集流管的焊接是非常重要的，因为管端处的热流量、热冲击都非常大；还有气流的摩擦力，所以一般都要求有丰富经验的焊工进行焊接。

为了方便套管在本体内与下封头进行单面焊接，双套管在本体内部采用两节的活络结构，如图 3-55 所示。因活络结构使套管一分为二，减少了双套管在本体内的伸出长度，为保证焊接质量创造了有利条件。

双套管在筒体内伸出的高度，必须大于下降管接口的高度。否则从双套管出来的蒸汽，会影响下降管内的水循环。双套管中的内管和套管在装配时是用定位块来安装的。在整个管长上定位块设两处，每一处内管的外壁点焊上一小段圆钢或半圆管。

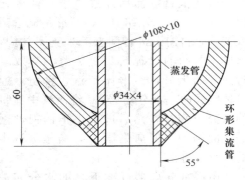

图 3-54 蒸发管与环形集流管的焊接结构

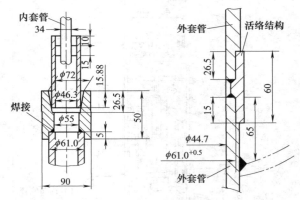

图 3-55 活络结构

本体主要由筒体、上下封头、螺旋形的蒸发管、集气箱、蒸发管固定圈等组成。上下封头均是 $\delta=70mm$ 厚的半椭圆形封头，材料为 SB46（22g）。封头经冲压制造成形后，其壁厚减薄区域的最小厚度为 64mm。蒸发管外的套管与管孔的间隙仅 1mm，所以安装要求较高。

本体内的蒸发管呈螺旋形，蒸发管的螺旋弧度，增加了管子的柔性，可以吸收在清焦（烧焦）时所引起的热应力。蒸发管在穿越上管板时，同样为了避免在烧焦时带来的热应力对上管板的影响，在蒸发管与上管板相接触的一段，采用了保护套管的几种结构形式，如图 3-56 所示。整个螺旋形蒸发管，被固定在筒体的筒节上，以防止蒸发管在装运时的变形。

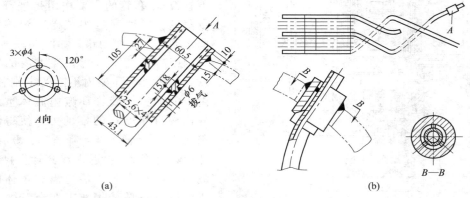

图 3-56 蒸发管与上管板连接的保护结构

本体上管板的顶部，有裂解气体出口的集气箱，箱的底部，呈锥形状，由几块板拼焊组成。它通过连接垫圈与蒸发管相连接。箱的顶板也由两块钢板组成，在装配组合时才焊接成一体。箱体上装有出口接管，与输出裂解气管道相连接。由此而带来了一定的热位移。另外集气箱在烧焦时内部充满了 600℃ 左右的高温气体，也会产生一定量的热膨胀。所以除了在顶板上采取加强筋的措施外，并在箱底管板处，设置了一个活络托架（不焊接），如图 3-57 所示，此托架被焊接在本体的上管板上，对集气箱既起到了支承作用，又可使箱体能自由膨胀。

汽包是本设备位于最高处的一个组合体，汽包筒体的下端直接焊接在锅炉本体的上管板上。焊接的要求比较严格，不能有任何缺陷，要求一次成功。汽包的中央装有一个进水分离器，在它的上端设置了一个倒人字形的水滴捕集器。这样，蒸汽中夹带的少量水分，可经分离器分离，分离后的蒸汽再经过捕集器进行第 2 次分离，以除掉蒸汽中的大量水滴，然后进入过热器过热后再被送往透平使用。捕集器中的金属丝网是不锈钢丝轧成的波纹形。在汽包筒体的侧壁，位于气液分离的位置上，装设有两套废热锅炉液位测量仪，其中一套为直读式

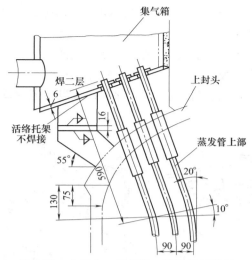

图 3-57　上封头、集气箱、蒸发管的连接

高压水位表，另一套为自控液位测量仪，并附有报警装置。

（2）斯密特型废热锅炉　如图 3-58 所示为斯密特型废热锅炉，它是一个用截面为椭圆的集流管（也称长扁管）来代替耐压耐高温厚管板的双套管型废热锅炉。集流管的上外侧焊有外套管，内管是高温裂解气；内管和外套管的环隙是从旁边的集流管分配而来的高压水，在环隙被加热汽化后，上升到顶部的椭圆集流管被引入上升管进入汽包。该种废热锅炉的优点是不需要管板，以椭圆形（亦称长扁圆形）集流管束来吸收内外管的热膨胀差。热效率高和清理污垢方便，其结构特点有如下几个方面。

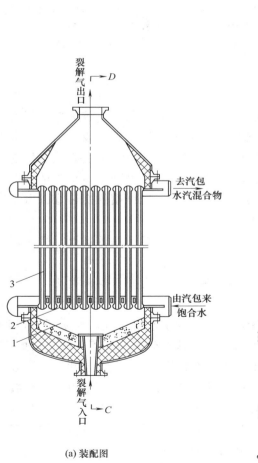

(a) 装配图

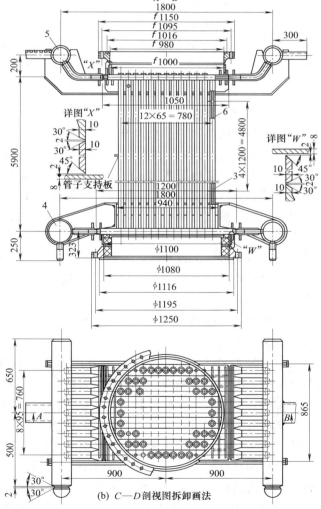

(b) C—D 剖视图拆卸画法

图 3-58　斯密特型废热锅炉

1—气体分配器；2—集流管；3—内加热管；4—下联箱；5—上联箱；6—外套管

① 双套管　双套管的焊接结构如图 3-59 所示。更换内管只要将内管与集流管的焊缝铲掉即可。如要更换外管，需先将内管取出，扩大集流管孔径，铲掉外管焊缝，在下面抽换外管，再依次焊上外管及内管。这种结构的缺点是：需另设置一个汽包且仅能用水力清焦或机械清焦。

② 进口封头　进入废热锅炉的气体温度很高，要使金属壳壁的椭圆封头不受高温气体的侵袭，需要采用隔离结构。用耐高温的保温材料和金属衬板把封头保护起来以保证设备的正常运转。进口封头的结构如图 3-60 所示。

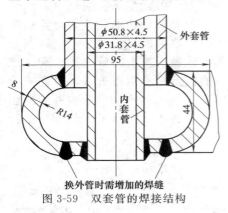

换外管时需增加的焊缝
图 3-59　双套管的焊接结构

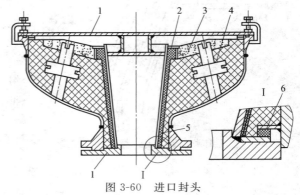

图 3-60　进口封头
1—定中心工具（非整圆十字形）；2—耐磨层与进气通道夹层；
3—上表面耐磨层；4—隔热材料层；5—进气通道外表
面与隔热层间隙；6—进口法兰环形垫板隔热垫

5. U 形管式废热锅炉

U 形管式废热锅炉的结构与 U 形管换热器类似，当管子和壳体之间有温差存在时，管子可在壳体内自由伸缩，这样从结构上消除了热应力问题。U 形管式结构比较简单，管束可抽出清洗，但管内的清洗比较困难。对于高温工艺气流经管内的 U 形管式废热锅炉，由于进口端和出口端温差较大，如果把换热管的进、出口端固定在同一管板上，将造成管板本身温差较大，热应力也较大。因此应该采取一定的措施以减小热应力，例如在高温端的管板衬隔热层；把进口端和出口端分别固定在两块管板上；把进口端和出口端的换热管引出管板，分别做成进、出口联箱形式等。

适用条件：U 形管式废热锅炉一般用在温差较大、管内流体比较干净的场合，管内多为压力较高的水汽或干净的工艺气体。

U 形管式废热锅炉按支承的方式可分为卧式和立式两种，按管内介质的种类又可分为水管式和气管式。

（1）卧式 U 形管式废热锅炉　卧式 U 形管式废热锅炉的管子水平放置，水循环不好，易出故障，因此不宜采用水管式废热锅炉，而多用高温工艺气流经管内的气管式废热锅炉。其主要特点是水汽在壳程，由于壳体直径较大，因此蒸汽压力较低；从结构上来讲，为了方便清洗和有利于管间的水循环，管间距宜稍大一些；换热管管径不宜大，以避免管子下部表面产生的蒸汽不易散逸而造成过热；水的进口应靠近高温工艺气入口侧的换热管，充分冷却壁温较高的部分管子。图 3-61 所示为卧式 U 形管合成氨中置式废热锅炉，该废热锅炉位于合成塔的两段换热器中间，故称为中置式废热锅炉。其结构特点如下。

① 高温气体的进出口设置联箱，以避免高温高压密封问题和存在较大温差的管板热应力问题。合成气由下集气管进入高压 U 形管束，由上集气管离开锅炉去合成塔。

② 该锅炉没有汽包，但在壳体上方设有汽水分离器。产生的蒸汽经汽水分离器后直接去蒸汽总管。

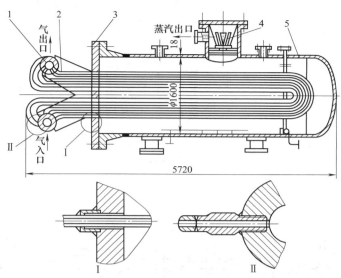

图 3-61 卧式 U 形管中置式废热锅炉

1—总管；2—管子；3—管板；4—汽水分离器；5—壳体

（2）立式 U 形管式废热锅炉 这种废热锅炉有气管式和水管式两种。

① 立式 U 形管气管式废热锅炉 如图 3-62 所示为 8 万吨/年合成氨装置设计的转化气废热锅炉。其结构特点为：

a. U 形管束分别布置在两个圆柱形壳体内，U 形管的两端分别固定在两块管板上，避免了由于管板温差大而产生的热应力；

b. 蒸发室和汽包直接连通，汽室上方有水汽分离装置；

c. 转化气出口处装有调节阀，用来调节通过传热管束的气流量，以控制出口气体温度。

② 立式 U 形管水管式废热锅炉 立式 U 形管水管式废热锅炉的结构如图 3-63 所示。水汽在管内，高温工艺气在管间。结构上比较简单，能较好地解决传热管的热补偿问题；壳体上设有气体引出副线，用以实现调节工艺气体的出口温度；高压管箱与管板焊在一起，避免了高压、高温、大直径密封的泄漏问题；管板处在气体温度比较低的部位，避免了高温工艺气体的直接冲刷，热应力相应也小，对管板的选材，制造带来了较为有利的条件。但是，U 形管立式水管式结构的最大问题是不易建立水的自然循环，因此在开停车低负荷操作时，需要启动锅炉开工工艺泵和开工文丘里，用以帮助锅炉建立和维持水的正常循环。

a. 总体结构。从外部的几何形状看，像一个瓶子，上小下大。锅炉分为高压管程和中压壳程两个部分。管板面以上空间的壳体和封头及 U 形换热管束承受压力较高，这部分被称为高压管程。管板以下空间的壳体承受压力较低（设计压力为 3.8MPa），称为中压壳程。

b. 高压管程结构。管箱壳体与管板之间的连接采用焊接结构，可避免泄漏，在检修时把管箱连同管板和 U 形管束一起抽出，便于清洗。在高压管箱壳体上开有人孔 F，供制造和维修时用。

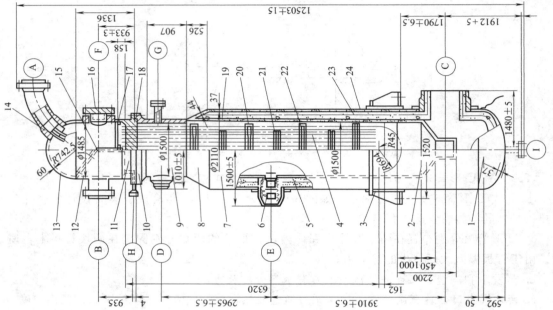

1—椭圆形封头；2—热流分布器；3—耳式支座；4—U形管；5—耐热钢衬套；6—波形膨胀节；7—壳体；8—管板；9—壳体；10—法兰；11—管箱壳体；12—管箱壳体；13—球形封头；14—导向板；15—分程隔板；16—人孔盖；17—多孔板；18—垫片；19～22—折流板；23—耐热衬里；24—隔热箱

A—水入口；B—水蒸气出口；C—工艺气入口（957℃）；D—工艺气出口（360℃）；E—工艺气旁通通出气口；F—人孔；G—壳程排气口；H—管箱排污口；I—壳程排污口

图 3-63　立式 U 形水管式废热锅炉

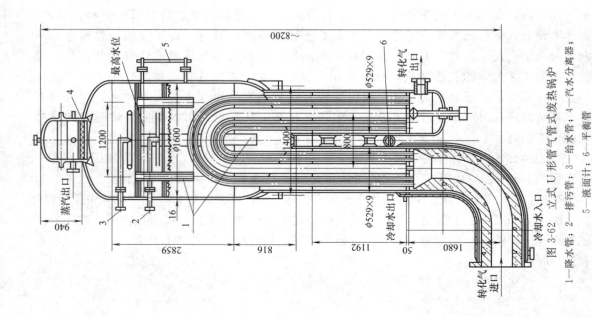

图 3-62　立式 U 形管气管式废热锅炉

1—降水管；2—排污管；3—给水管；4—汽水分离器；5—液面计；6—平衡管

管箱球形封头上的开孔 A 为下降管入口,在入口处设有导向板。在管板上方距管板 158mm 处装有多孔板。导向板和多孔板都是为了使水能更均匀地分配到换热管中。

管子与管板的连接采用先胀后焊的结构形式,并采用兼作法兰的平管板,管板上部与高压壳体相焊接,下法兰与中压壳体相焊接。

c. 中压壳程结构。中压壳体内走高温气体,高温工艺气体由壳体下部接管 C 侧向进入,经上部接管 D 出去。为降低壳体壁温,减少散热损失,在壳体内侧衬有高铝低硅耐火混凝土 GC94 和低铁绝热混凝土 VSL50,各层厚度均为 140mm,使壳体壁温小于 200℃,壳体外部无水夹套,结构简单。在衬里内侧衬有高合金钢 AISITP310(Cr25Ni20)衬板,厚度 6mm,衬板起到了支承和保护耐热衬里的作用,并便于管束的装拆。

调节副线控制工艺气体在废热锅炉的出口温度。

适用条件:用于干净的高温工艺气体,产生高压蒸汽。

6. 直流式废热锅炉

直流式废热锅炉是强制循环水管式锅炉中的一种特殊形式,没有汽包,没有循环,在给水泵压头的作用下,炉水一次通过锅炉即进行加热、蒸发、过热,全部成为所需的饱和蒸汽或过热蒸汽,水介质在炉内进行无循环强制流动。

(1)特点　没有汽包、下降管和上升管等构件,制造、安装比较简单;金属材料耗量可比同样参数的自然循环式废热锅炉节省约 20%～30%;操作时开车启动和停车速度较快,可节省燃料;炉内水属于强制流动,受热管可以任意布置,结构比较紧凑。受热面对工艺气体的负荷、温度变化很敏感,如果控制不当,则可能使受热面的管壁超温而爆裂,因而要求监视检测仪表机构要齐全和灵敏;炉内没有排污装置,没有水循环,因此要求给水的质量很高,对水分析指标控制极严;水汽系统内装置有高压头给水泵作为动力,能量消耗大,维修工作量大;由于受热管内无水循环,冷却效果差,管壁温度高,要求金属材料的耐热性能高。

(2)直流式废热锅炉的主要结构形式有螺旋上升管型、水平螺旋盘管型、垂直悬吊受热管型。

① 螺旋上升管型　如图 3-64 所示,受热管为螺旋倾斜布置在炉膛周围壁上。这种结构比较简单,受热均匀,热偏差少,相互间热膨胀差也小。螺旋管支架与高温工艺气直接接触,工作温度很高,支架除了选材上采用相应的耐热钢外,在结构上应采取保护装置,尽量使支架不直接接触高温气体。

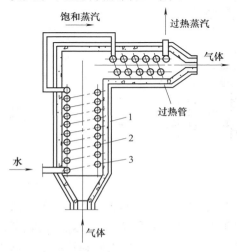

图 3-64　螺旋上升管型结构

1—炉壳;2—受热管;3—耐热衬里

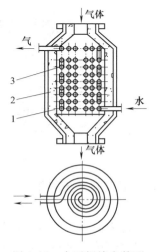

图 3-65　水平螺旋盘管型

1—耐热衬里;2—壳体;3—受热管

② **水平螺旋盘管型**　如图 3-65 所示在炉膛内的受热管采用水平螺旋盘管，每层盘管先从外周向中心盘绕，再从中心向外盘出，这样受热管进出口均在外围。螺旋盘管之间用定位隔条固定，层与层之间用垂直隔条和拉杆固定。这种结构的受热管全部为对流传热，效率高，结构紧凑，受热均匀，热偏差少，耐热膨胀性能好。只适用于干净气体。

③ **垂直悬吊受热管型**　如图 3-66 所示受热管垂直布置，可以在顶部悬吊，下部联箱和上部联箱可布置在受热管外侧。

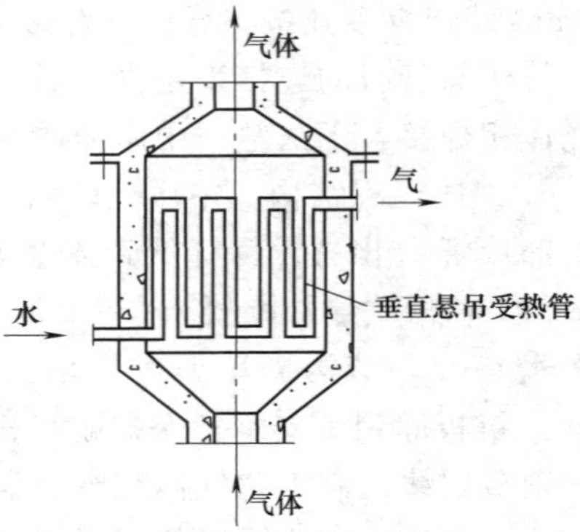

图 3-66　垂直悬吊受热管

三、烟道式废热锅炉

烟道式废热锅炉与一般燃烧锅炉比较类似，高温气体通过耐热材料砌成的烟道，与布置在烟道内的管束中的水进行换热，产生蒸汽。高温气体一般为压力比较低的工艺气或烟道气。烟道式废热锅炉主要用于硫酸、石油化工等工业生产中，根据水的循环方式不同，它可分为自然循环和强制循环两种。

1. 烟道式自然循环废热锅炉

如图 3-67 所示为烟道式自然循环废热锅炉，汽包设在炉顶。汽包为第一烟道蒸发管、第二烟道蒸发管和沸腾炉冷却管共用，产生饱和蒸汽；第一、第二烟道之间采用水冷隔墙，既使结构紧凑，又增加了传热面积；所有换热管采用带有两个翅片的翅片管代替光管，垂直布置，这样可以强化传热，减少积灰。

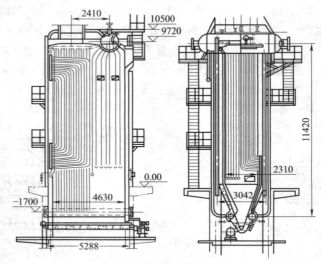

图 3-67　烟道式自然循环废热锅炉

2. 烟道式强制循环废热锅炉

图 3-68 为强制循环的硫酸废热锅炉简图，它由汽包、蒸发传热管束和一级、二级过热器组成。一级过热器和二级过热器设置在第一烟道内，蒸发传热管束设置在第三烟道内，第二烟道是空烟道，设有废热锅炉启动时加热用的燃烧装置，烟道都是由耐火砖砌筑而成。汽包置于废热锅炉顶部。

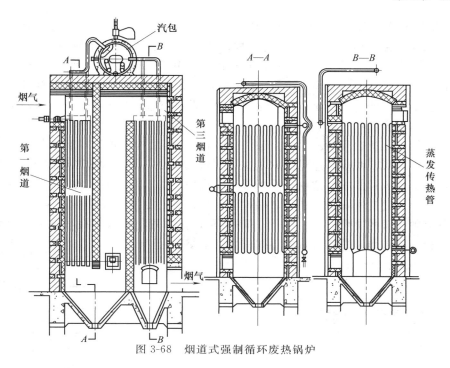

图 3-68 烟道式强制循环废热锅炉

四、废热锅炉主要零部件结构

1. 管板

管板是管壳式废热锅炉中的主要零部件,其既要承受高压,又要经受高温介质的冲蚀,工作条件很苛刻。常用的管板有平管板、折边管板、椭圆形管板、碟形管板和挠性管板。

（1）平管板　平管板在高温和高压的大型换热器中应用的比较多。在高压和高温下,平管板一般都比较厚。厚管板不仅加工困难,而且在高温下引起很大的热应力。这种管板在受热面本身壁温差或管壁与壳壁间平均温差不大的情况下,其工作仍是可靠的。图 3-69 中,

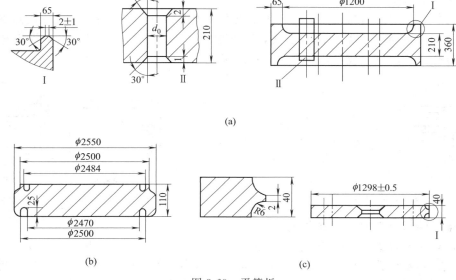

图 3-69 平管板

图（a）为高压（10.6MPa）废热锅炉高温（593℃）端的管板，图（b）为一般平管板（工作压力1.7MPa，温度400℃）结构，这两种结构形式的管板与壳体的连接均采用对接焊，焊接残余应力较小，焊缝质量易于保证，管板的强度较大，自身无挠性；图（c）为带中心管的平管板，它与壳体的焊接采用"T"形角焊，它的结构简单，本身具有挠性。当管板与壳体厚度相差不很大的情况下，可采用这种结构。此种管板适用于压力不高（2.5MPa），而介质温度较高的场合。

（2）折边管板　折边管板的结构如图3-70所示，其结构简单，厚度均匀，本身具有挠性。管板的挠性与管板厚度折边半径 R 有关。R 值的大小一般取折边厚度的2.5～4倍。

（3）椭圆形和碟形管板　这两种管板都具有挠性，在同样的工作条件下，其受力状态比平板要好，而厚度还比平板薄。在高温条件下，其自身的温差应力较小。

（4）具有加撑管的挠性管板　如图3-71所示，拉撑管与管板焊接，以承受管板的轴向力。因此管板可以很薄，这样管板的温差应力就很小。

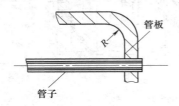

图3-70　平板折边管板

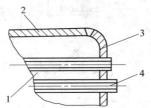

图3-71　具有加撑管的挠性管板
1—管子；2—筒体；3—管板；4—拉撑管

2. 管子与管板的连接

多数废热锅炉的损坏，都是发生在管子与管板连接处。所以对管子与管板连接质量要求很高。在制造中，管子与管板的焊接必须按操作规程进行，特别是管板和管子的异种钢焊接结构及焊接操作规范。设计中也要尽可能避免管板和管子的异种钢焊接结构。管子与管板的连接方法及要求，见图3-5～图3-8。

3. 管板与壳体的连接

废热锅炉的管板与壳体的连接有对接焊与角焊两种形式。对接焊结构如图3-72所示，其焊接应力较小，焊缝质量较高；它适用于压力大于1.6MPa的大直径的高压废热锅炉的焊接结构。图3-73所示为角焊缝结构形式，这种形式用于管板厚度较薄，而且管板与壳体厚度相近，废热锅炉的直径较小，压力不太高的场合。

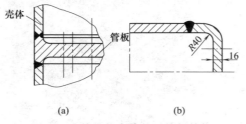

图3-72　管板与壳体的对接焊结构

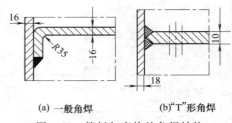

图3-73　管板与壳体的角焊结构

4. 高温管箱及接管的热防护结构

在高温管箱及接管中，由于高温、高速气体的冲击，引起设备结构产生热应力、热疲劳和高温腐蚀，容易导致构件的破坏。因此，必须根据各种场合的具体条件，采取适当的热防护措施，设法降低部分构件的温度，或者尽可能减小温度的波动，改善其操作条件，以提高设备的寿命。

（1）壳体和接管的热防护 高温管箱中对于壳体和接管的热防护，一般是采用耐热隔热材料作防护衬里。为了减少接缝数量又便于施工，多采用耐热隔热混凝土结构，与高温气体直接接触部分采用耐热材料，其余部分用绝热材料，也可采用既有一定的耐火度，又有良好绝热性能的耐热混凝土。在高温管箱的壳体和接管外侧，还可以视具体情况决定是否需要水冷夹套，以降低壳壁温度。

高温管箱壳体耐热衬里表面一般可不另加金属保护衬板，以防止高温下金属保护衬板的接头开裂、脱落，而导致与管板碰撞或堵塞部分管子，造成高温气体偏流引发事故。但在某些工艺或设备结构有特殊要求时，衬里表面还是可以另加金属保护衬板的。

图 3-74（a）所示的废热锅炉高温介质进气口接管的结构形式，是用衬刚玉保护套管进行热防护的，同时其下降管进水直接通到高温介质进气口接管处，也能起到冷却作用，国外也有带冷却喷嘴的结构形式。图 3-74（b）、（c）所示高温介质进气口接管的结构形式是采用水冷夹套来降低进气管壁温的。

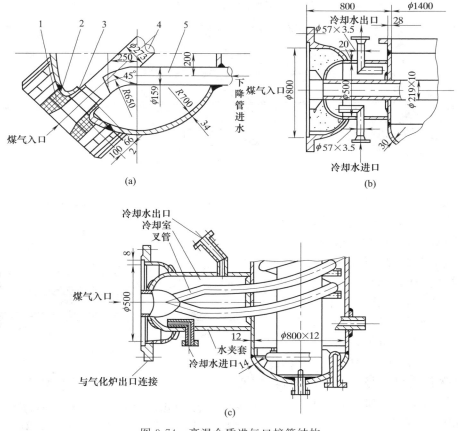

图 3-74 高温介质进气口接管结构

1—刚玉砖；2—凸缘；3—刚玉套管；4—进口总管；5—下降管接管

（2）高温侧管板的热防护 高温侧管板与管子的连接处，由于会出现应力集中，在高温、高速气流的冲蚀下，是最薄弱的环节。因此，必须采取一些必要的热防护措施，一般有以下三种方式。

① 管板热防护结构 在管子进口处的管板上涂敷非金属耐热绝热层，或在管板表面通

过堆焊或用爆炸方法包覆耐热合金层。

转化气废热锅炉上的管板热防护结构如图 3-75、图 3-76 所示，在管板上涂敷一层厚度耐热混凝土，换热管进口端插入一个高镍铬合金钢的保护套管，保护套管和换热管之间的环隙填充耐热纤维；在耐热混凝土容易损坏脱落的场合，可以在其表面再加一层 3mm 厚的高镍铬合金钢保护衬板。这种结构，制造、施工都不太复杂，防护效果也较好。

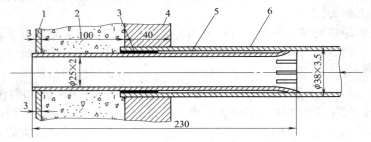

图 3-75　辽宁某化肥厂转化气废热锅炉管端热防护结构

1—衬板；2—耐热混凝土；3—压缩石棉纤维；4—管板；5—喇叭管；6—换热管

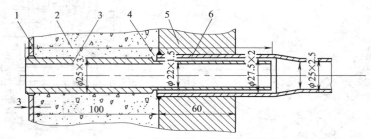

图 3-76　山东某氨厂转化气废热锅炉管端热防护结构

1—衬板；2—耐热混凝土；3—短管；4—点焊；5—管板；6—换热管

重油裂化气废热锅炉的入口裂化气温度可高达 $1200 \sim 1350℃$，保护套管可采用刚玉制品，但刚玉制品容易碎裂脱落，也有仍采用 Cr25Ni20 套管的，管板上的耐热混凝土应适当加厚，如图 3-77 所示。

② 管端热防护结构　在管子的进口端插入一段保护套管（楔管）。

图 3-78（a）为日本在制氢换热装置上采用的一种热防护结构。在每个管孔内部都插入一个带有圆弧翻边的耐热金属保护套管，每个套管的圆弧翻边焊在管板上，从而起到保护管板与管子连接接头的作用。

图 3-78（b）是英国高压合成氨换

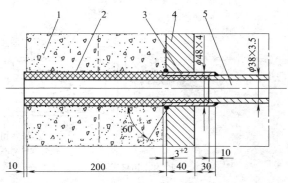

图 3-77　甘肃某化肥厂裂化气废热锅炉管端热防护结构

1—耐热混凝土；2—刚玉套管；3—短管；4—管板；5—换热管

热装置上采用的热防护结构，喇叭形的不锈钢套管轻胀入换热管内，因为受套管胀接的限制，这种结构只适用于温度低于 $300℃$ 的情况。

图 3-78（c）是高温转化气废热锅炉中常采用的管端热防护结构，在传热管内插入一个高镍铬合金钢套管，其下端靠带有开槽的喇叭口扩胀，上部则靠压入压缩耐热纤维与换热管紧固在一起。

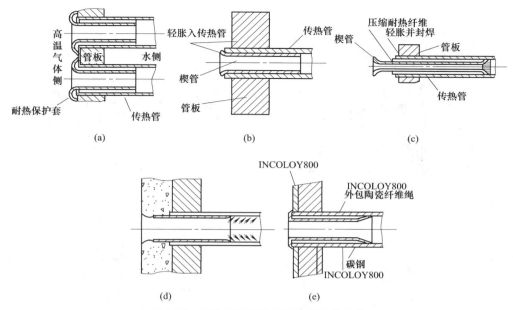

图 3-78　国外常用的几种管端热防护结构

图 3-78（d）所示结构在管板上敷有耐火材料，详细结构可参见图 3-75。

图 3-78（e）的结构与图 3-78（d）相似，只是在管板表面用堆焊或爆炸衬里的方法包覆耐热合金层，其最小厚度为 4.8mm。传热管可采用碳钢或低合金钢，在其热端焊一段 76.2mm 长的耐热合金钢管，作为安全端，以阻止热端的渗碳作用和保持结构强度、减轻或阻止机械或化学的损坏。管子与管板的连接方法是施行密封焊后，按管板的全深度进行胀接。保护套管采用耐热合金钢制成，在用耐热陶瓷纤维包裹好后插入管口，再用密封焊焊好。这种防护结构在运行中热防护效果比较理想。

③ 水套冷却结构　在管子的进口端采用冷却水套冷却效果比较好，但是结构复杂，制造、检修比较困难。图 3-79 所示为水套冷却结构。冷却液从管板 2 与隔板 5 之间的 D 室内进入，先流经管 1 与管 3 之间的环隙，然后流向管 4 与管 3 之间的环隙，最后流到传热管 4 的管间进行换热。为得到较好的冷却效果，管子 3 头部可设置导向叶片，使冷却液绕轴线产生旋转运动，强化传热。由于冷却水套有一段伸出管板，故可避免管板 2 的温度过高。在管板 2 与高温气体侧的短管 1 之间，可用耐热隔热材料进行防护，如图 3-79（c）中的件号 6 所示。其中，图（a）中高温气体入口侧，传热管 4 和短管 1 的连接曲面形状可以根据具体情况来决定；图（b）中传热管 4 入口端部向较大直径的短管 1 处扩张，并与短管 1 焊接在一起，形成锐形接口；图（c）中短管 1 与传热管 4 用预先做成的厚度较薄的圆弧形接头焊接起来，这样有利于改善管内与管外的流动状态，圆弧形接头可用耐热钢制造；图（d）中，环形物 7 将短管 1 和管子 3 之间的环隙隔开并固定，冷却剂从导管 8 进入，通过短管 1 与管子 3 之间的环隙下段，进入管子 3 与传热管 4 之间的环隙，然后流经短管 1 与管子 3 之间的环隙上段，从导管 9 流出。考虑到既要制作可能，又要对管子起到保护作用，短管 1 不应当过长，它可由不同长度构成，为了便于布置，可沿轴向阶梯错开布置。

这三种方式，既可以单独使用，也可以互相组合，同时并用，尤其是前两种方式经常是同时并用的，在管板上涂敷绝热层和管端插入保护套管，有利于使高温气体直接进入浸泡在汽水混合物中的管子，从而降低了管板及其与管子连接接头处的温度。第三种方式能得到较

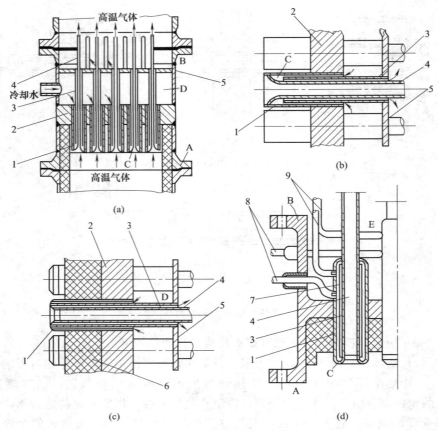

图 3-79　管端的水套冷却结构

1—短管；2—管板；3—管子；4—传热管；5—隔板；6—耐热材料；7—环形物；8,9—导管

好的效果，但结构复杂。

保护套管有陶瓷管和金属管之分。陶瓷套管允许使用的温度高，但由于在管板绝热层中套管的温度比插入冷却管内的那段套管的温度高得多，因此，在热冲击下陶瓷套管容易碎裂。一般多采用金属套管，伸入管板绝热层的那段套管可以很快达到入口气体的温度，而使其热量沿着套管的轴向传至浸泡在汽水混合物中的换热管上去，以降低管板和管板与管子连接接头处的温度，起到良好的热防护作用。

保护套管与换热管之间留有一定的环隙，这个环隙的大小，直接影响管板的温度。施工时，必须保证该环隙的尺寸，以免造成管板过热。在保护套管和换热管之间的环隙中，一般都填充绝热纤维，以减少传入管端的热量，同时对套管也起到定位作用，确保有一定的环隙。

5. 气体进口分配器

气体进口分配器的结构形式直接影响气体的分布。良好的气体分布可以保证每根管子中的流量基本相同，使各传热管的热负荷均匀，并能减少管内的清焦或清扫。如果气流的分布不均匀，则会使气体在某些管子结焦或被污物所堵塞，从而改变废热锅炉的操作状态，产生偏离设计要求的情况，所以气体进口分配器是废热锅炉的一个关键部件。

在国内的乙烯装置中，气体进口分配器目前使用的主要有两种结构形式，即"北京房山"型和"上海金山"型。图 3-80 所示为"北京房山"型的两种结构，其中，图（a）、图

（b）为直排管型，图（c）为环形集流管型，集流管沿高度方向成阶梯排列（外圈高而里圈低）。

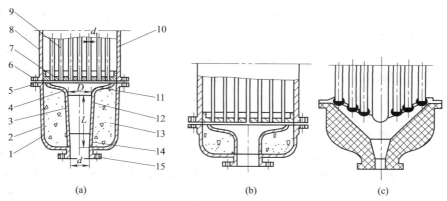

图 3-80　"北京房山"型急冷废热锅炉进口分配器

1—分布室；2—壳体；3,4,11—衬筒；5,6,15—法兰；7—管板；
8—壳体；9—管子；10—换热器；12—通道；13—绝热层；14—短节

图 3-80（a）中换热器 10 包括壳体 8、管板 7 和管子 9，通过法兰 6 与分布室连接起来。分布室 1 包括壳体 2、绝热层 13、衬筒 3 和法兰 15。在法兰 15 与衬筒 3 之间有一个与裂解炉出口管直径（d）相同的短节 14。

图 3-81 所示为"金山"型的两种结构。这两种结构都具有两个裂解气进口，分配器通道中装有分布板，其主要作用是消除双进口所造成的圆周方向的不均匀性和捕集由裂解炉管带来的焦块。图 3-81（a）型能使裂解气更加均匀地分散到各管，防止管子堵塞，但在其后面的空间部位焦炭容易蓄积，是裂解轻柴油原料所采用的结构。图 3-81（b）型既有图 3-81（a）的优点，又可以防止焦炭的蓄积，它是在空间部分填充了柔软的陶瓷纤维，使耐热钢板可以自由膨胀，而且其膨胀不会形成空隙。

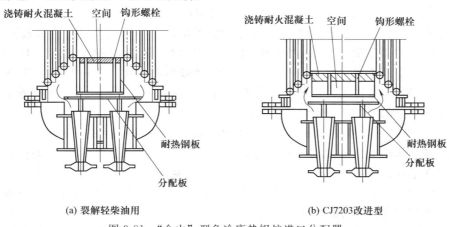

（a）裂解轻柴油用　　　　　　　　　　　（b）CJ7203改进型

图 3-81　"金山"型急冷废热锅炉进口分配器

五、制造技术及检验

废热锅炉的制造必须严格参照有关的国家标准、部颁标准及行业标准的规定执行，必须满足施工图纸的各项要求。

废热锅炉种类繁多，目前国内外还没有形成独立的标准，关于它的制造、检验和安装在国外大多参照锅炉、受压容器和换热器的制造规范进行。在我国已将管壳式废热锅炉纳入《压力容器安全监察规程》的范畴，故应主要按管壳式换热器的有关条例、细则、规程、规定进行制造、检验和安装；烟道式废热锅炉已划属锅炉范畴，故应主要按照锅炉的有关条例、细则、规程，以及锅炉行业的有关标准进行制造、检验及安装。此外，对于目前已有的技术条件中没有包括的内容，如扁平椭圆管、椭球管板等的制造均由设计者根据使用情况详细注明在设计图纸上，因此只能按施工图纸的要求进行制造、检验和安装。下面介绍几种典型零部件的制造、检验要求。

1. 厚管板的制造与检验

在高温、高压平管板列管式废热锅炉中，厚管板是按照 NB/T 47008—2010～NB/T 47010—2010 压力容器锻件技术条件、GB 151—2014《热交换器》技术条件进行制造、验收和检验的。由于管板厚，且所选材质多为耐热钢，因此通常要求对锻件进行调质处理，使其在常温和高温下的机械性能达到一定的要求，必要时还要求检查金相组织。锻件经过粗加工后都要进行 100% 超声波探伤，确定合格后再进行加工。

厚管板的加工，主要是加工管板孔。其特点是钻孔数多、加工精度高、孔的表面粗糙度要求低、孔轴线与管板平面的垂直度要求高等。一般采用导向钻头钻孔和喷射钻钻孔加工厚管板。导向钻头钻孔时，因为管板很厚，钻头冷却困难，且钻杆极易产生偏斜和摆动；若钻头折断，取出钻头十分困难，排屑极易刮伤管孔表面。

喷射钻由冷却系统、导套支架和连接器、外套管、内套管、喷射钻头等组成。其特点是很好地解决了钻头冷却、断屑、排屑等问题，具有高质量、高效率等优点。

2. 管子与管板的连接与检验

在废热锅炉制造中，管子与管板的连接大致可分为胀接、焊接、胀焊连接等。详见第一节中管板与管子连接与检验的相关内容。

3. 螺旋盘管的制造与检验

在螺旋盘管式废热锅炉的制造中，螺旋盘管的制造比较困难。对于大直径（≥57mm）或弯曲半径 $R_r \leqslant 5d_0$（d_0 为管子外径）的螺旋盘管制作时的最大难点是椭圆度不易达到要求，弯曲时受拉伸部分壁厚减薄量大；其次是弯制后回弹量不易控制，致使每圈螺旋中心圆直径参差不一，螺距不等；当其管子直径大，管壁较厚时，在一般弯管机上还不能进行弯制。因此，常用人工方法利用特殊的工卡模具进行弯制，所以工作量大，生产效率低。

（1）螺旋盘管的组焊　螺旋盘管组焊的方法大致有两种。

① 支架组焊法　如图 3-82 所示，组焊所用支架用四根角钢制成，四根角钢按螺旋中心圆作圆周布置，每根支架上按螺旋上升的螺距，沿螺旋方向布置支持块。将两段螺旋管中的一段先固定在下部，然后将另一段放上去初步将焊口对齐。由于制造误差，必须采取加热或强制的办法使焊口对齐，然后用卡板卡住进行点焊定位，确定合格后将支架松开取出，再进行焊接，等焊缝冷却以后才取出卡板。

② 芯筒组焊法　如图 3-83 所示是利用螺旋盘管式废热锅炉的循环筒作为芯筒进行组焊。芯筒上设计有螺旋盘管的定位块，组焊时将待组焊的两段螺旋盘管中的一段放在下部，使其一边与循环筒紧靠并点焊定位，然后将另一段放上，往往要采用加热和强制变形的方法才能使焊口对齐，对齐后用卡板定位，再进行点焊固牢。然后全部取下进行接头的焊接，等焊缝金属冷却后才能拆出卡板。

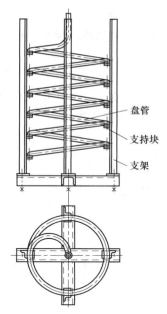

图 3-82 螺旋盘管支架组焊示意图

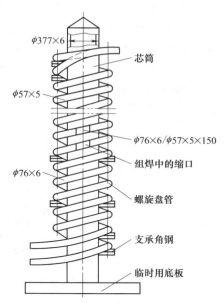

图 3-83 螺旋盘管芯筒组焊示意图

（2）组焊中的缩口 当直径不同的两组螺旋盘管进行组焊时，必须将直径大的一端进行缩口加工，使对接处两组管子内径相等。缩口的方法有两种，即利用专门的缩口模进行缩口和手工缩口。手工缩口是用火焰加热需缩口的端部，其加热长度一般为 200mm 左右，加热后在其缩口的一端塞入一圆钢，圆钢直径应与缩口后管子的内径相同，圆钢的长度约为 500mm 左右，塞入长度约为 300mm 左右。塞入圆钢后即可进行缩口加工，缩口结束后应及时取出圆钢。注意，如需多次加热，加热时应取出圆钢，管子加热后再塞入圆钢，圆钢不能加热。

（3）弯曲半径 R_r 小于或等于管子外径 5 倍的螺旋盘管的弯制 这种螺旋盘管用充液器绕制，其椭圆度可以达到要求。

（4）螺旋盘管的热处理 热弯碳素钢制螺旋盘管，一般可不进行热处理。而热弯合金钢管则必须进行热处理，热处理的目的在于使管子在弯曲过程中温度低于 930℃ 时已变坏的金属组织恢复正常，以消除弯管时所产生的内应力。18-8 型不锈钢热弯时若来不及在 1100℃ 左右结束，则弯好后必须进行淬火处理（约 850℃），使组织转变为奥氏体。

全部冷弯的管子都必须进行回火处理以消除内应力。凡是由不同材质弯制的螺旋盘管，应分别将各段按情况进行热处理，热处理后再进行组焊，其接头的热处理应按异种钢焊接接头考虑是否进行。

热处理分为正火和回火处理两种。如果弯管完毕后的温度不低于正火温度，经过回火处理，便可消除应力。

螺旋盘管在热处理时必须将它放置在类似组焊时用的支架上以防止变形。

（5）螺旋盘管的检验 每一段盘管弯制后应进行外形尺寸的检验，包括螺距、螺旋中心圆直径、椭圆度、管壁减薄量，并进行磁粉探伤或着色探伤，检查表面有无裂纹，进行通球试验，合格后再进行组焊。组焊后对焊缝进行无损检验，并再整根做通球试验，合格后再进行热处理（如果有必要的话），最后进行水压试验。

4. 双套管式废热锅炉主要零部件的制造与检验

（1）椭圆集流管的加工 椭圆集流管的加工有三种情况，即直椭圆管的加工、两头有圆柱部分的椭圆管的加工、弯头椭圆管的加工。其加工方法有热冲压法和冷冲压法。

（2）主要焊接接头的焊接　在双套管椭圆集流管废热锅炉中，各零部件的焊接，应根据材料、接头形式，通过焊接试验，制定合理的焊接工艺。

① 外套管与集流管的焊接　如图 3-84 所示，外套管 8（$\phi51\times4.5$）与椭圆集流管 6（95×44）上开孔的管间距太小，氩弧焊嘴伸不进去，采用背面衬紫铜板电焊打底，并用钢丝 10 将外套管垫起，使外套管与紫铜板 7 的表面保持一定距离，使背面成形好。

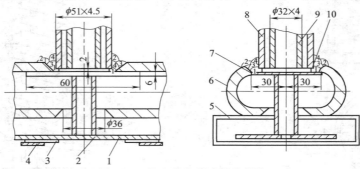

图 3-84　外套管与集流管的焊接

1—托板；2—支承管；3—楔子；4—支撑板条；5—槽钢；6—椭圆集流管；
7—紫铜板；8—外套管；9—内套管；10—钢丝

② 内套管与集流管的焊接　如图 3-85 所示，内套管与集流管焊接时，采用手工氩弧焊打底，其余各层用手工电弧焊。氩弧焊打底时，在椭圆集流管 2 和内套管 3 的里面同时充入氩气，以防焊缝背面被氧化，充氩气的方法是将通氩气的胶管从椭圆管、内套管的非焊接端插入，并用石棉绳（布）将空隙塞住；其另一端也用石棉绳（布）堵住。氩气流量以手在焊接部位试有微感觉即可，而内套管内的流量控制在可以置换内套管内的空气为准。

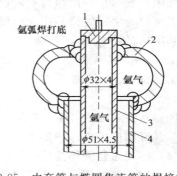

图 3-85　内套管与椭圆集流管的焊接接头
（氩弧焊打底，背面充氩气保护）

1—堵头；2—椭圆集流管；3—内管；4—套管

（3）检验

① 焊缝的无损检验　除一般的要求外，应对对接焊缝作 X 射线探伤检查，对角焊缝作着色检查。上、下集流管封头环焊缝及上、下集流管的上下短管和封头的环焊缝作 100% X 射线检查。椭圆管之间的焊接焊缝，以及椭圆管与内外套管的焊缝作 100% 着色检查。

② 压力试验　单排椭圆管组焊结束后除对单椭圆管与内外套管的角焊缝进行无损检验外，还应以 0.6MPa 的压力进行气密性检验，试验工装如图 3-86 所示。

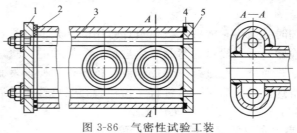

图 3-86　气密性试验工装

1—压板；2—垫圈；3—销子；4—垫圈；5—压板

5. U形管式废热锅炉主要零部件的制造与检验

（1）冷挤压弯管 冷挤压弯管过程如图3-87所示。整个弯管过程均在模具中进行，将冷挤压上模（冲头）装在压力机横梁上，利用上横梁的上下往复运动，使管子在模具中弯曲变形。

（2）热推弯管 如图3-88所示，液压热推弯管时将管坯套在长杆上，用液压机将管坯顺着长杆向前推进，在用火焰加热的条件下，使管坯套接在长杆前的牛角形芯头上，管坯直径变大的同时发生弯曲变形，从而制成弯头。

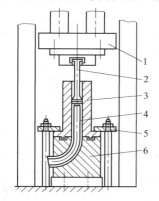

图 3-87 冷挤压弯管过程示意图
1—活动横梁；2—冲头；3—套筒；
4—管子；5—压板；6—下模

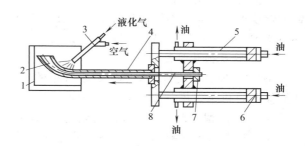

图 3-88 液压热推弯机示意图
1—耐火砖屏；2—芯头；3—喷嘴；4—管坯；5—双缸油压机；
6—活塞；7—固定螺帽；8—长杆

6. 单管插入式废热锅炉主要零部件的制造与检验

（1）换热管中管帽的焊接 换热管材料为12CrMo，管帽的焊接坡口如图3-89所示，该焊接接头直接与高温有腐蚀的气体介质接触，承受着相当大的热冲击。焊接接头的质量非常重要。焊接用手工氩弧焊，焊丝为12CrMo，直径有 $\phi1.6mm$ 和 $\phi2mm$ 两种，焊缝要求焊透，焊后需消除应力。用专门的钝化溶液进行水压试验，试验压力为20.4MPa。

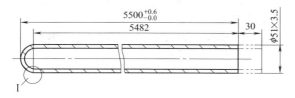

图 3-89 换热管管帽的焊接

（2）高压、高温介质的密封面留有加工余量 管箱盖中的管箱法兰密封面、大管板密封面，考虑焊接和热处理变形的影响应留有3mm的加工余量。

（3）留有水压试验余量 换热管要求逐根进行水压试验，要焊接堵板，试压后切割到要求的长度，因此，应留有余量（30mm），如图3-89所示。

（4）留有组装余量 由于管箱筒体壁较厚，在划线、切割、卷制和焊接加工中，因误差积累，不可能是准确的尺寸和形状，会产生大小头、尺寸误差等问题，因此，与管箱筒体对接的大管板、管箱法兰的坡口尺寸的加工，在直径方向必须留有足够的加工余量，按成形后的实际筒体进行加工。托环（支承圈）与管箱筒体相焊，其外径尺寸也应留有加工余量，外径尺寸应通过实测托环与筒体焊接处之筒体内径确定。

（5）保证内管和换热管按设计要求 单管插入式废热锅炉中，换热管要同时穿过折流板、隔热板、大管板；内管要一根根顺利地同时套入换热管中；要保证内管与换热管同心，其环隙间隙应均匀；保证内管与换热管的底部间距为 $38^{+0.4}_{0}$，如图 3-90 所示；因此，在制造时必须注意以下几点。

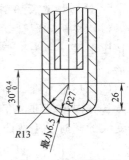

图 3-90　底部间隙图

① 管箱法兰密封面、大管板密封面、托环支承面，应在管箱筒体和管箱法兰、大管板、托环组焊后，进行热处理加工，从而保证托环支承面与大管板平面的平行度和同心度。

② 内管外壁焊定距钉，定距钉又称间隙件。因为操作时，管束很长，极易发生振动和偏心，以致影响水循环，所以内管外壁定距钉一定要焊牢，而且不能烧伤管子，从而保证内管与换热管之间的环隙均匀，以及内管和换热管同心。

③ 内管和换热管都要进行校直。

④ 大管板、折流板、隔热板、小管板的管孔，都要用小管板的钻模板进行钻孔，这样才能保证顺利穿管及内管与换热管的同心要求。

⑤ 内管应留有调整底部间隙的余量（30mm），待调整好底部间隙 $38^{+0.4}_{0}$ 后割去余量。

(6) 管束的酸洗钝化处理　内管在总装前安放在专门的吊架上，使管子一层层地排列，进行酸洗钝化处理。换热管与大管板焊后，进行内部清理，清除杂质，用三氯乙烯清洗除油。然后再作酸洗钝化处理。

酸洗液配制：1kg 磷酸钠加水 240kg。

钝化液配制：1kg 铬酸钠加水 504kg。

第四节　加　热　炉

所谓加热炉是指利用燃料燃烧释放出的热量将物质（固体或液体）加热的设备。工业上有各种各样的加热炉，如石油化工工艺炉、蒸汽锅炉、热处理炉、冶金炉、窑炉、焚烧炉等，这里主要介绍用于石油化工工业的管式加热炉。

管式加热炉一般由辐射室、对流室、余热回收系统、燃烧器以及通风系统五部分组成，如图 3-91 所示。

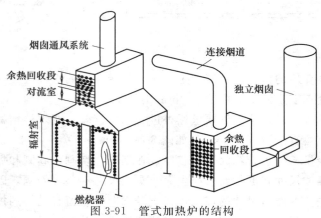

图 3-91　管式加热炉的结构

(1) 辐射室　辐射室是通过火焰或高温烟气进行辐射传热的场所，也是加热炉热交换的主要场所，其热负荷约占全炉热负荷的 70%～80%。辐射室直接受火焰冲刷，温度较高，所用材料的强度、耐热性一定要高。烃类蒸汽转化炉、乙烯裂解炉的反应和裂解过程全部由辐射室来完成。其中烟气是指包括过剩空气在内的燃烧产物。

（2）对流室　对流室是由辐射室出来的烟气进行对流传热或对流传热起着支配作用的部分，对流室一般占全炉热负荷的20%～30%。对流室的取热量比例越大，全炉热效率越高。对流室一般布置在辐射室的上面，也可与辐射室分开单独放在地面上。对流室内密布多排炉管，烟气以较大速度冲刷这些管子，进行有效的对流传热。

管式加热炉炉管中的介质流向一般是由低温部位到高温部位，即先流向对流室，后到辐射室。

（3）余热回收系统　余热回收系统用以进一步回收离开对流室烟气中的余热。回收方法有两种：一是通过预热供燃烧用的空气来回收，使回收的热量再次返回炉中，称为"空气预热方式"，空气预热方式有直接安装在对流室上面的固定管式空气预热器和单独放在地上的空气预热器等，固定管式空气预热器适合热回收量不大的场合；另一种是采用同加热炉完全无关的其他介质回收热量，称为"余热锅炉"方式，余热锅炉一般采用强制循环方式，尽量放到对流室顶部。

目前，加热炉的余热回收系统多采用空气预热回收方式，只有高温管式炉（如烃蒸汽转化炉、乙烯裂解炉）和纯辐射炉才使用余热锅炉方式。

（4）燃烧器　燃烧器的作用是完成燃料的燃烧过程，为热交换提供热量。燃烧器由燃料喷嘴、配风器、燃烧通道三部分组成。燃烧器根据燃用燃料不同分为燃油燃烧器、燃气燃烧器和油-气联合燃烧器。实际操作时，特别注意调整火嘴尽可能使炉膛受热均匀，避免火焰舔炉管以及低氧、低氮燃烧，为此，必须有可靠的燃料供应系统和良好的空气预热系统。

（5）通风系统　通风系统是把燃料燃烧所用空气导入燃烧器，同时将废烟气引出加热炉。通风方式有自然通风和强制通风，自然通风依靠烟囱本身的抽力，强制通风则使用鼓风机和引风机。随着高效大功率燃烧器的应用及节能降耗工作的需要，多使用强制通风方式。

加热炉按辐射室的外观形状分为箱式炉、立式炉、圆筒炉、大型方炉；按工艺用途分为常压炉、减压炉、焦化炉、制氢炉、沥青炉等；按炉室数目分为双室炉、三合一炉、多室炉等；按传热方法分为纯辐射炉、纯对流炉、对流-辐射炉等。常用的加热炉有圆筒炉、立式炉和箱式炉。

一、圆筒加热炉种类及典型结构

圆筒加热炉可分为三类：螺旋管式、纯辐射式和辐射-对流立式圆筒加热炉。

1. 螺旋管式圆筒加热炉

螺旋管式圆筒加热炉的结构如图3-92所示，炉管盘绕成螺旋状，从形状上属于立式炉型，但其管内特性更接近于水平管，能完全排空，管内压降小。该炉具有结构简单、造价低的优点。但是为了便于盘管、易于制造，被加热介质通常只有一个管程。

2. 纯辐射式圆筒炉

纯辐射式圆筒炉的结构如图3-93所示，它没有对流室，火嘴在炉底，炉管直立沿炉墙排成一圈。图3-93（a）型结构简单、重量轻、热效率低。图3-93（b）型在炉顶部增加了辐射锥，使炉管全长受热均匀，从而提高了上部炉管的受热强度。

当炉子热负荷非常小，而且对热效率无要求时，采用以上两种炉型。

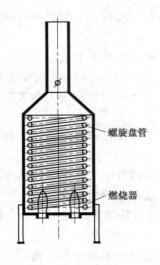

图 3-92 螺旋管式圆筒加热炉

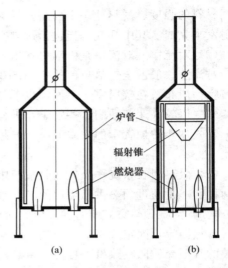

图 3-93 纯辐射式圆筒炉

3. 辐射-对流立式圆筒炉

如图 3-94 (a) 所示，辐射-对流立式圆筒炉的对流室采用水平布管，并使用钉头管或翅片管，热效率较高，制造及施工简单，造价低，应用非常广泛。但是，这种炉子放大以后，炉膛内显得太空，炉膛体积发热强度急剧下降，为此，需在大型圆筒炉的炉膛内增加炉管以克服该缺点，如图 3-94 (b) 所示。

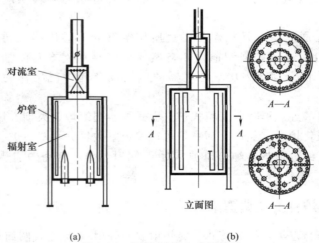

图 3-94 辐射-对流立式圆筒炉

二、立式加热炉种类及典型结构

最常用的立式加热炉有卧管立式炉、附墙火焰立式炉、环形管立式炉、立管立式炉、无焰燃烧炉和阶梯炉等。

1. 卧管立式炉

如图 3-95 所示，炉管布置在两侧，中间是一列底烧的燃烧器，烟气由辐射室、对流室经烟囱一直上行。燃烧器能量小、数量多、间距较小，从而在炉子中央形成一道火焰"膜"，以提高辐射传热效果。现在使用的立式炉多采用这一形式。

2. 附墙火焰立式炉

如图 3-96 所示，炉膛中间为一排横管，火焰附墙而上，把两侧墙的墙壁烧红，使火墙成为良好的热辐射体，以提高辐射传热的效果。该炉与卧管立式炉相比，增加了炉膛内的辐射面积，具有传热强度高、受热均匀的特点，目前已成为高压加氢、焦化等装置的主流炉型。

3. 环形管立式炉

如图 3-97 所示，采用多根弯成 U 字形的炉管把火焰"包围"起来，适用于炉管管程多，管内压降小的场合。随炉子热负荷的增大，U 形弯可以增加 2～3 个。大型催化重整的反应器进料加热炉大多选用此炉型。

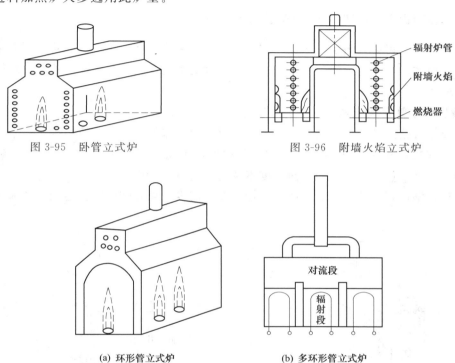

图 3-95　卧管立式炉　　　　　　　　图 3-96　附墙火焰立式炉

(a) 环形管立式炉　　　　　　　　(b) 多环形管立式炉

图 3-97　环形管立式炉

4. 立管立式炉

如图 3-98 所示，炉膛中的炉管沿墙直立排列，不需要管架。与横管立式炉相比，既可节省大量管架材料，又保留了立式炉的优点，常用作高热负荷的大型加热炉的炉型。

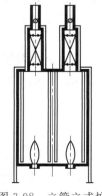

图 3-98　立管立式炉

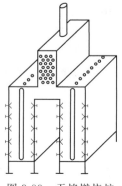

图 3-99　无焰燃烧炉

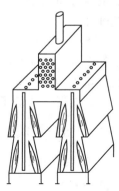

图 3-100　阶梯炉

5. 无焰燃烧炉和阶梯炉

这两种炉都是单排管双面辐射炉型。如图 3-99 所示的无焰燃烧炉侧壁装有许多小型的气体无焰燃烧器，使整个侧壁成为均匀的辐射面，具有良好的加热均匀性，并可分区调节温度，是乙烯裂解和烃类蒸气转化最合适的炉型之一。但造价昂贵，用于纯加热经济性差，只能烧气体燃料。如图 3-100 所示的阶梯炉是在每级"阶梯"底部安装一排产生扁平附墙火焰的燃烧器。燃烧器的数量较无焰燃烧炉的少，虽造价低，但加热程度和分区调节特性不如无焰燃烧炉。

三、箱式加热炉种类及典型结构

箱式炉分为方箱炉和斜顶炉两类，方箱炉又分为横管大型方箱炉、立管大型方箱炉和顶烧炉三种。箱式炉具有占地面积大、构造复杂、金属消耗量大、造价高的缺点，现已逐步被立式炉所取代。

1. 横管或立管大型箱式炉

横管或立管箱式炉的炉型结构基本一致，只是炉管布置一个为管子横排、一个为管子竖排，如图 3-101 和图 3-102 所示。其优点是只要增加中间的隔墙数目，能更有效地利用炉膛空间和炉壁，可在保持炉膛体积发热强度不变的前提下，"积木组合式"地把炉子放大。主要缺点是敷管率低，炉管需要合金吊挂，造价高，需设立独立烟囱等。适用于负荷较大的大型炉。

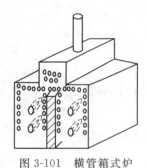

图 3-101　横管箱式炉　　　　　　　　　图 3-102　立管箱式炉

2. 顶烧炉

如图 3-103 所示，在辐射室内，燃烧器和炉管交错排列，单排管双面辐射，沿管子整个圆周的热分布均匀，燃烧器顶烧，对流室和烟囱在地面。缺点是炉子体积大，造价很高，用于单纯加热不经济。常在合成氨厂用它作为大型烃蒸汽转化炉的炉型。

3. 斜顶炉

如图 3-104 所示，斜顶炉是由方箱炉将膛烟气流动死区去掉而变成。斜顶改善了方箱炉的受热不均匀性，其对流室在中间，烟气下行经地下或地面烟道排入烟囱内，也可在烟道处加空气预热器，使炉子热效率提高。常用的是双顶炉。此型炉基本不采用。

四、加热炉的制造与检验

1. 加热炉的制造

加热炉受压元件所用材料应符合 HGJ 41—2007 的规定，且具有质量合格证明书。有耐火衬里的受压筒体用钢应符合 GB 150—2011 的有关规定。

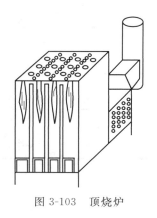

图 3-103 顶烧炉

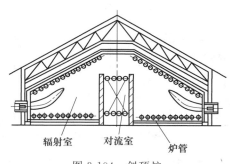

图 3-104 斜顶炉

（1）轧制炉管　一般情况，蒸汽炉管的制造必须符合 GB/T 16507. 5—2013 中的规定，非蒸汽炉管的制造应符合 BS EN 12953-5—2002 的规定。若设计对制造有更高或特殊要求时，应按图样或有关技术文件中要求制造。

① 炉管的拼接　对于竖直炉管尽量用整管制造，若必须拼接时，拼接管的最短长度不应小于 500mm，焊缝应尽量避免在炉膛高温区；每根盘管全长平均每 4m 允许有一个焊接接头，拼接管子长度一般≥2.5m，最短≥0.5m；管子的拼接焊缝应位于直段部分（盘管除外），焊缝中心线到管子弯曲起点或支架边缘的距离≥80mm。

② 管子弯曲　不锈钢管宜冷弯，碳钢和合金钢管可以热弯或冷弯。当采用热弯时，升温应缓慢、均匀，保证管子热透，并防止过烧和渗碳；管子无论采用热弯或冷弯，所有弯管部分不允许有凸起、褶皱、扭结和其他严重影响质量的缺陷；若有，允许修磨，修磨后的最小名义厚度≥90%的管子名义厚度，且不小于设计计算厚度。

弯管的最小弯曲半径应符合表 3-3 的规定。

表 3-3　弯管最小弯曲半径

管子类别	弯管制作方法	最小弯曲半径 R	图　例
中低压钢管	热弯	3.5DN	
	冷弯	4.0DN	
	热压	1.0DN	
	热推压	1.0DN	
高压钢管	热弯或冷弯	5.0DN	
	压制	1.5DN	

注：DN 表示管子公称直径；D_o 表示管子外径。

③ 炉管的热处理　有应力腐蚀的弯管，都应进行消除应力的热处理，常用钢管冷弯后的热处理条件参照表 3-4。

表 3-4　管子冷弯后热处理条件

钢　号	壁厚 /mm	热处理条件			
		热处理温度 /℃	保温时间 /(min/mm 壁厚)	升温速度 /(℃/h)	冷却方式
12CrMo	<10	不处理			
15CrMo	≥10	680～700	3	<150	炉冷至 300℃后空冷

续表

钢　号	壁厚/mm	热处理条件			
		热处理温度/℃	保温时间/(min/mm 壁厚)	升温速度/(℃/h)	冷却方式
12CrMoV	<10	不处理			
	≥10	720～760	5	<150	炉冷至300℃后空冷
1Cr18Ni9Ti	任意	不处理			
Cr25Ni20 Cr16Ni36	任意	1100～1150	2.4min/mm, 但不少于 1h	<150	水急冷

注：Cr25Ni20，Cr16Ni36，当设计温度低于816℃时，可不进行热处理。

热弯后的钢管应按规定进行热处理，热处理条件按表 3-5 的规定进行。

表 3-5　管子热弯后热处理条件

钢　号	热处理条件		
	热处理温度/℃	保温时间/(min/mm 壁厚)	冷却方式
20	不处理		
12CrMo 15CrMo	900～920 正火	2,但不少于 0.5h	5℃以上静止空气中冷却
12CrMoV	加 720～760 回火	恒温 3h	空冷
	980～1020 正火	每 1mm 壁厚 1min, 不少于 20min	
Cr2Mo Cr5Mo	850～875 完全退火	恒温 2h	以 15℃/h 的速度降到 600℃,然后在 5℃以上的静止空气中冷却
Cr2Mo Cr5Mo	725～750 高温回火	恒温 2.5h	以 40～50℃/h 的速度降到 600℃,然后在 5℃以上的静止空气中冷却,处理后的硬度为 200～225HB
1Cr18Ni9Ti	不处理		
Cr25Ni20 Cr16Ni36	1100～1050 淬火	2.4min/mm,但不少于 1h	水急冷

④ 管子、管件的组对　壁厚相同的管子、管件组对时，内壁应平齐，内壁错边量 $\Delta\delta$ 不超过壁厚的 10%，且不大于 1mm，如图 3-105 所示。

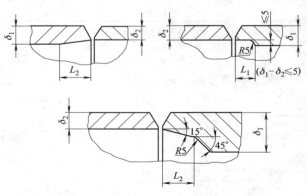

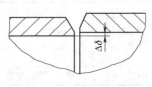

图 3-105　同壁厚管子　　　　　　　　　　　图 3-106　不同壁厚管子内壁错边量

壁厚不同的管子、管件组对时，若内壁错边量超过 1mm，应按图 3-106 规定的形式加工，图中 L_1、$L_2 \geqslant 4(\delta_1 - \delta_2)$。

外壁错边量：当薄件厚度小于或等于 10mm 时，厚度差大于 3mm；薄件厚度大于 10mm 时，厚度差大于薄壁厚度的 30%，或超过 5mm，应按图 3-107 进行加工，图中 L_1、$L_2 \geqslant 4(\delta_1 - \delta_2)$。

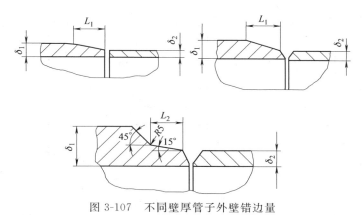

图 3-107　不同壁厚管子外壁错边量

（2）焊接　施焊单位首次焊接的钢种，首次采用的焊接材料和焊接方法以及改变已经评定合格的焊接工艺，都应在施焊前按《钢制压力容器焊接工艺评定》标准进行焊接工艺评定。

① 化学工业炉受压元件的焊接坡口加工方法一般采用机械加工方法，表面粗糙度不低于 12.5μm。

② 轧制炉管对接接头坡口形式与尺寸，当设计无规定时，可按表 3-6、图 3-108 的规定加工。

表 3-6　焊接坡口尺寸

尺寸 坡口形式	δ	H	a	α_1	α_2	b	R	图号
Y 形	4～8		1～1.5	60°～70°		2～2.5		图 3-108
Y 形	9～16		1.5～2	60°～65°		2.5～3.5		
VY 形	17～34	$\delta/3$	1.5～2	60°～70°	50°～55°	2.5～4		
U 形	17～34		1.5～2	30°～40°		2.5～4	5～4	

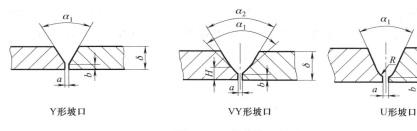

Y形坡口　　　　VY形坡口　　　　U形坡口

图 3-108　焊接坡口尺寸

③ 焊接材料按表 3-7 选用。

表 3-7　焊接材料选用表

钢号	手工焊焊条牌号	埋弧焊的焊丝和焊剂	
		焊丝牌号	焊剂牌号
20	J422、J427、J426	H08A、H08MnA	HJ300、HJ301
16Mn	J507、J507R	H08Mn、H10MnSi、H10Mn2	HJ401、HJ411
16Mo	R107		
15MnV	J557、J557MoV	H10MnSi、H10Mn2、H08MnMoV	HJ501
12CrMo	R207	H10MoCrA	HJ511
15CrMo	R307	H13CrMoA	HJ511
12Cr1MoV	R317	H08 CrMoVA	HJ511
12Cr2Mo	R407	H08Cr2Mo	HJ511
1Cr5Mo	R507	H1Cr5Mo	HJ511
0Cr13	A107、A207	H0Cr14	HJ260
1Cr18Ni9Ti	A132	H0Cr20Ni10Ti　H0Cr20Ni10Nb	HJ260 HJ172
1Cr25Ni20	A402	MIG 焊：H0Cr26Ni21 H1Cr25Ni20	
1Cr20Ni32	ENiCrFe-2 ENiCrFe-3	MIG 焊：ERNiCr-3[①]、 ERNiCrFe-5、INCONEL-82	
ZG4Cr25Ni20 （HK-40）	A432	MIG 焊：H4Cr26Ni26[②]	
ZG4Cr25Ni35 HP-Nb	A447	MIG 焊：HP-1[③]	

①　ENiCrFe-2、ENiCrFe-3 为 AWS 焊条牌号，ERNiCr-3、ERNiCrFe-5 为 AWS 焊条牌号。INCONEL-82 为国际镍公司商品的牌号。

②　H4Cr26Ni26、HP-1 为四川化机厂自动焊焊丝。

③　A447 的化学成分和力学性能：　C　0.39%，Mn　1.84%，Si　0.9%，Cr　24.3%，Ni　31%，Mo　0.46%；σ_b　780MPa，δ_s 20%。

④　异种钢焊接时，若两侧都不是奥氏体不锈钢，可根据合金含量较低一侧或介于两者之间的钢材选用。若其中一侧为奥氏体不锈钢，可选用含镍量比较高的焊条（或焊丝），具体按表 3-7 选用。

⑤　焊前预热及焊后消除应力的热处理要求按表 3-8 进行。对于奥氏体不锈钢的焊接，一般焊后不需要热处理。若有特殊要求，按图纸或技术文件的要求执行。

异种钢焊接时，预热温度应按可焊性较差一侧的钢材确定。而焊后热处理要求一般按合金成分较低侧的钢材确定。所有焊缝都必须焊透，管子和管件不允许采用衬环焊接法。对于任何焊缝，若焊根两侧不能去掉焊药和焊渣时，根部焊道应采用惰性气体保护焊。

表 3-8　焊前预热和焊后热处理

钢　号	焊前预热		焊后热处理	
	壁厚/mm	温度/℃	壁厚/mm	温度/℃
20、ZG20	≥26	100～200	>36	600～650
16Mn	≥15	150～200	>20	600～650
16Mo	>12	100	>15	630～670
15MnV	≥15	150～200	>20	520～570

续表

钢 号	焊前预热		焊后热处理	
	壁厚/mm	温度/℃	壁厚/mm	温度/℃
12CrMo	≥15	150～200	>20	650～700
15CrMo	≥10	150～200	>10	650～700 630～670
ZG20CrMo	≥6	200～300	>10	670～700
12CrMoV	≥6	200～300	>6	720～750
1Cr5Mo	≥6	250～350	任意	750～780

2. 加热炉的检验

（1）外观检查　管式加热炉受压元件制成后，全部外观质量和尺寸公差应符合图纸和 BS EN 12953-5—2002 标准的要求。

① 焊缝及其热影响区不允许有裂缝、气孔、弧坑、夹渣和不熔合的地方。除离心铸造炉管焊缝不得有咬边外，其他焊缝咬边深度不应大于 0.5mm。焊缝两侧咬边的总长不得超过该焊缝长度的 10%。

② 焊缝表面不应低于母材，焊缝余高：离心铸造管≤1.6mm；轧制炉管，当壁厚<10mm 时，宜为 1.5～2mm；壁厚>10mm 时，宜为 2.5～3mm。焊缝宽度以每边超过坡口边缘 2mm 为宜。

③ 角焊缝应具有圆滑过渡至母材的几何外形。轧制炉管和离心铸造炉管制成后需进行塞规或通球检查。塞规或通球的直径，离心铸造炉管为 0.98 倍管子内径，轧制炉管按表 3-9 的规定。

表 3-9　通球检查

管子内径/mm	D_i≤25	25<D_i≤40	40<D_i≤50	D_i>55
通球直径	≥0.75D_i	≥0.8D_i	≥0.85D_i	≥0.9D_i

注：D_i 为管子内径。

（2）无损探伤　焊接完成后应按要求进行无损检测，检测要求按下进行。

① 渗透探伤。合金钢轧制炉管的每条焊缝表面及缺陷修磨或补焊的表面，应 100% 进行渗透探伤。离心铸造炉管焊接接头坡口、根层焊道、全部焊缝表面应 100% 进行渗透探伤。离心铸造炉管与合金钢的接管、凸台等相接的角焊缝根层焊道和焊缝表面应 100% 进行渗透探伤。渗透探伤标准按 GB 150—2011 中的规定进行。

非奥氏体钢焊接的角焊缝应进行磁粉探伤。其标准按 NB/T 47013.2—2015 的规定进行。检查结果不能有任何裂纹、成排气孔，并应符合 Ⅱ 级的线性和圆形缺陷显示。

② 射线探伤。离心铸造炉管所有对接焊缝应 100% 射线探伤，并应符合 NB/T 47013.2—2015 规定中的 Ⅱ 级。

轧制炉管对接焊缝的射线探伤数量，当设计图样上无规定时，按表 3-10 的规定确定。其标准按照 NB/T 47013.2—2015 的规定进行。探伤结果：铁素体钢设计温度小于 370℃，设计压力小于 0.7MPa 的焊缝允许以 Ⅲ 级为合格，其余焊缝以 Ⅱ 级为合格。

表 3-10 射线探伤数量

材 料	设计温度/℃	设计压力/MPa	探伤数量/%
10	≤370	≥10	100
		<10	25
20	>370	≥4	100
		≤4	25
16Mo	≤450	≤1.6	25
12CrMo	≤450	>1.6	100
15CrMo	>450	任 意	100
12Cr2Mo 12Cr1MoV 1Cr5Mo 1Cr9Mo1	任 意	任 意	100
1Cr18Ni9 1Cr18Ni9Ti 1Cr25Ni20	≤450	≥4	100
	≤450	<4	25
INCOLOY800H	>450	任 意	100

③ 蛇形炉管采用小半径弯头时，它与直管段连接的焊缝因结构上确实难以达到100%射线探伤时，可以降低每条焊缝的射线探伤数量，但不得低于50%，未探到部分用渗透探伤代替。

④ 凡进行无损探伤的焊缝，其不合格部位必须返修。焊缝同一部位的返修次数不宜超过两次。

（3）焊缝的硬度测定 焊缝经热处理后应进行硬度测定。检查数量：当管子外径>57mm时，未热处理焊口总量的10%以上；当管子外径≤57mm时，未热处理焊口总量的5%以上。每个焊口不少于一处，每处三点（焊缝、热影响区和母材）。焊缝及热影响区的硬度值：碳钢不超过母材的20%，合金钢不超过母材的25%。热处理后，当硬度值超过规定时，应重新进行热处理，并仍需进行硬度测定。

（4）耐火衬里的受压筒体与元件的所有检验 均按照 GB 150—2011 中的有关规定进行。

第五节 蒸 发 器

蒸发是指将溶液加热，使其中部分溶剂汽化而提高溶液的浓度或使溶液浓缩到饱和而析出溶质的操作。蒸发的特点是溶剂有挥发性，溶质没有挥发性，蒸发过程中溶质没有相变。其目的是使溶液浓缩或回收溶剂。用于进行蒸发操作的设备称为蒸发器，蒸发器广泛应用于化工、食品行业，在环保行业也有应用。

一、蒸发器种类

由于生产要求不同，蒸发设备的结构有多种形式。下面介绍常用的间壁传热式蒸发器的分类方法。

1. 按操作压力分

蒸发器分为常压、加压和减压三类。减压状态下进行的蒸发器又称为真空蒸发器。

2. 按溶液在蒸发器中的运动状况分

蒸发器分为循环型、单程型、直接接触型三类。循环型蒸发器的沸腾溶液在加热室中多次通过加热表面；根据引起循环的原因不同，它又可分为自然循环和强制循环蒸发器两类；自然循环蒸发器又分为中央循环管式蒸发器、悬筐式蒸发器、外热式蒸发器和列文式蒸发器四种。单程型蒸发器的沸腾溶液在加热室的加热表面只通过一次，不作循环流动；它可分为升膜式蒸发器、降膜式蒸发器、搅拌薄膜式蒸发器和离心薄膜式蒸发器。直接接触型蒸发器的加热介质与溶液直接接触传热，如浸没燃烧式蒸发器。自然循环型蒸发器是靠加热管与循环管内溶液的密度差作为推动力，使溶液作循环流动。强制循环蒸发器是依靠泵提供的外力来推动溶液的流动。

二、蒸发器结构特点

蒸发器主要由加热室和蒸发室两部分组成。加热室是用蒸汽将溶液加热并使之沸腾的部分；蒸发室使气液两相完全分离。加热室中产生的蒸汽带有大量液沫，到了较大空间的蒸发室后，这些液体借自身凝聚或除沫器等的作用而与蒸汽分离。通常除沫器设在蒸发室的顶部。

1. 中央循环管式蒸发器

这是一种自然循环式蒸发器，又称标准式蒸发器。

（1）结构　其结构如图 3-109 所示，它主要由加热室、蒸发室、中央循环管和除沫器组成。加热室由垂直管束构成，管束中央有一根直径较大的管子，称为中央循环管，其截面积一般为其余管束总截面积的 $40\%\sim100\%$。通常加热管长为 $1\sim2m$，直径为 $32\sim75mm$，长径比为 $20\sim40$。

（2）工作原理　料液走管内，加热蒸汽走管间。在加热室内，当加热蒸汽在管间冷凝放热时，料液在管内吸热，由于加热管束内单位体积溶液的受热面积远大于中央循环管内溶液的受热面积，因此，管束中溶液的相对汽化率就大于中央循环管的汽化率，所以管束中的气液混合物的密度远小于中央循环管内气液混合物的密度。这样造成了混合液在管束中向上、在中央循环管内向下的自然循环流动。管束中汽化的溶剂蒸汽夹带着液体向上流动，到蒸发室空间突然扩大，压力降低，气液分离，溶剂蒸气经除沫器由上部出口流出。浓缩后的溶液由蒸发器下部出口流出。

（3）特点　结构简单、紧凑，制造方便，操作可靠，投资费用少；但其清理和检修麻烦，溶液循环速度较低，一般在 $0.5m/s$ 以下，传热系数小。

（4）适用条件　它适用于黏度适中，结垢不严重，腐蚀性不大的场合。有少量的结晶析出时也可以使用，但必须增设搅拌器。在工业上的应用较为广泛，如在烧碱生产中用于蒸发稀碱液。

2. 悬筐式蒸发器

（1）结构　悬筐式蒸发器的结构如图 3-110 所示。其加热室是一个只有立式列管管束而无中心管的独立筐式构件，悬挂或支托在蒸发器器壁上。加热室与器壁之间有环形间隙，环隙截面积约为加热管总截面的 $100\%\sim150\%$。环隙空间作为溶液的循环回路。加热室的一端可自由膨胀，避免了管子与管板之间的温差应力。

（2）工作原理　料液走管间，加热蒸汽走管内。料液在管束间隙向上流动，在外壳的内壁与悬筐的外壁之间的环隙中向上流动，从而形成自然循环，溶液循环流速为 $1\sim1.5m/s$。由于环隙间隙的截面积较大，溶液的循环较好。

（3）特点　加热室可从顶部取出进行清洗、检修或更换；便于清洗，易于检修；传热效率较高。但结构复杂，单位传热面的金属消耗量大。

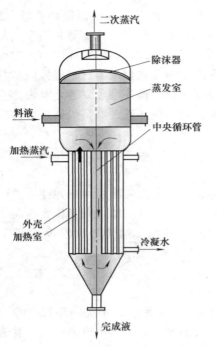

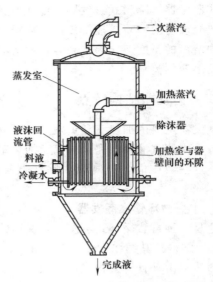

图 3-109 中央循环管式蒸发器

图 3-110 悬筐式蒸发器

（4）适用条件 适用于易结晶、易生垢溶液的蒸发。常用于烧碱工业中。

3. 外加热式蒸发器

（1）结构 外加热式蒸发器的结构如图 3-111 所示。其加热室安装在蒸发室的外面，加热室为列管式换热器，通过循环管将加热室和蒸发室连接在一起，循环管不受热，管中全为液相物料。加热管束较长，一般在 5m 以上，管长与管径之比为 50～100。

（2）特点 设备造价低，降低了蒸发器的高度，便于清洗和更换，溶液的循环速度可达 1.5m/s，循环速度较大，传热效率高，晶粒不易结垢，处理量大。但加热管束的上部易被磨损和堵塞。

（3）适用条件 适用面比较广。特别适用于稀溶液或易生泡沫的溶液，高黏度、易结垢或热敏性溶液也能使用。

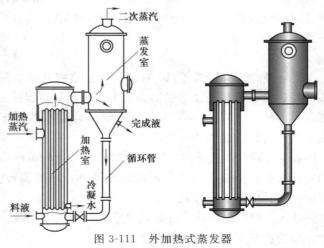

图 3-111 外加热式蒸发器

4. 强制循环蒸发器

（1）结构　其结构如图 3-112 所示，这是一种用泵强制溶液作循环流动的蒸发器。循环泵多数外置，如图 3-112（b）所示，但也有内置的，如图 3-112（a）所示。在循环泵外置的加热室中，溶液是自下而上流动的；而在循环泵内置的加热室中，溶液是自上而下流动，然后穿过加热室与器壁之间的环隙向上，经泵后面的导向隔板，引入循环泵，向下循环流动。在加热管束的下方，也有导向隔板，以使液流均匀和减少阻力。加热室一般是列管式换热器，列管既可水平也可垂直布置；当用热水代替水蒸气作为加热介质时，可以采用板式换热器。

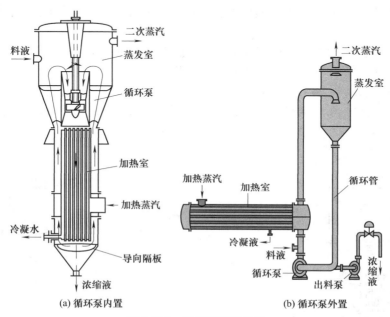

图 3-112　强制循环蒸发器

（2）特点　由于循环泵的作用，可以强化传热，减少结垢。物料的再循环速度可以精确调节，蒸发循环速度比较大，可达 1.5～5m/s，传热系数大，但动力消耗较大。

（3）适用条件　适用于处理黏度较大、易结垢、易结晶的物料。

5. 列文式蒸发器

（1）结构　其结构如图 3-113 所示。这是一种长管外加热式蒸发器。但与外加热式蒸发器不同。其特点如下。

① 在加热室之上增设 2.7～5m 高的空管作为沸腾室。其作用是在加热管上增加一段液柱压力，将沸腾层移到加热管外，不致在加热管内发生沸腾而析出固体，可以减少结垢机会和提高传热效率。

② 在沸腾层空管的上部装有立式隔板作为稳流段。隔板使沸腾所产生的气泡体积不致过大，可与液体组成均匀混合物一起上升，防止液流分散，避免发生"水击"。这样，循环管中的溶液与沸腾层中的汽液混合物之间，产生了较大的密度差和较大的推动力，可以提高循环速度和传热效率。

③ 循环管截面约为加热管总截面积的 2～3 倍，可以减少循环系统中的阻力损失，提高液体的循环速度。

（2）工作原理　由于沸腾室内液柱静压力的作用，加热管内的料液只升温不沸腾，升温后的溶液上升至沸腾室时，空间增大，压力降低，沸腾汽化。使溶液的密度降低而向上流动，循环管内的溶液密度大而向下流动，形成自然循环。这样，料液因溶剂的不断蒸发而浓缩，达到要求后由底部排除。

（3）特点　循环速度大，可达 $2 \sim 3 \text{m/s}$，可显著减轻或避免加热管表面的结晶和结垢，清洗间隔期长，传热效率高；温差损失大，设备庞大，消耗材料多。

（4）适用条件　适用于蒸发烧碱、食盐等黏性大或易结晶的溶液。

6. 升膜式蒸发器

升膜式蒸发器是指在蒸发器中形成的液膜与蒸发的二次蒸汽气流方向相同，由下而上并流上升。这种蒸发器又称为爬升膜蒸发器。其正常操作的关键是让液体物料在加热管壁上形成连续不断的液膜。

（1）结构　升膜蒸发器由加热蒸发室、二次蒸汽液沫导管和气液分离器 3 部分组成，其结构如图 3-114 所示。加热室实际上就是一个加热管很长（一般为 $5 \sim 7 \text{m}$）的立式换热器。换热器管径不宜过大，一般在 $25 \sim 80 \text{mm}$ 之间，管长与管径之比一般为 $L/d = 100 \sim 300$，这样才能使加热面供应足够成膜的气速。二次蒸汽出口管向上弯曲，使气体在离开气液分离器以前改变流动方向，减少气体中的液体含量，气液进一步分离。

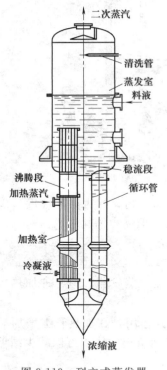

图 3-113　列文式蒸发器

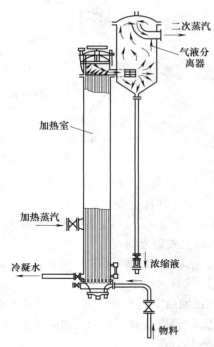

图 3-114　升膜式蒸发器

（2）工作原理　原料液由加热器下部的进料管进入，在正常工作时，液面只达到加热管高度的 $1/4 \sim 1/5$。加热器管外通入蒸汽加热，溶液进入加热管即被加热蒸发拉成液膜，浓缩液在二次蒸汽带动下一起上升，从加热器上端沿汽液分离器筒体的切线方向进入分离器，汽液在分离室分离，浓缩液从分离器底部排出，二次蒸汽从分离器上部弯管进入冷凝器。

溶液在加热管中产生爬膜的必要条件是要有足够的传热温差和传热强度，使蒸发的二次蒸汽量和蒸汽速度达到足以带动溶液成膜上升的程度。当传热温差达到一定程度时，管子的大部分长度几乎为气液混合物所充满，二次蒸汽将溶液拉成薄膜，沿管壁迅速向上运动。但是，如传热温差过大或蒸发强度过高，传热表面产生蒸汽量大于蒸汽离开加热面的量，则蒸汽就会在加热表面积聚形成大气泡，甚至覆盖加热面，使液体不能浸润管壁，这时传热系数迅速下降，同时形成"干壁"现象，导致蒸发器不能正常运行。

（3）特点 物料受热时间短，对热敏性物料质量影响很少，蒸发速度快（数秒或十几秒），传热效率高。

（4）适用条件 适用于发泡性强、黏度较小的热敏性物料。但不适用于黏度较大的（0.05Pa·s以上）和受热后易产生积垢，或浓缩后有结晶析出的物料。

7. 降膜式蒸发器

（1）结构 其结构与升膜式蒸发器大致相同，如图 3-115 所示。区别在于降膜式蒸发器上管板的上方装有液体分布板或分配头。分布板（头）的作用是均匀分配料液，保证每根管内壁都能被料液所润湿；在工业生产中，选择合适的液体分布装置对获得完全润湿的管内壁非常重要。为使料液能均匀进入每根管并形成连续均匀液膜，最好是在每根换热管的上端设置一个分配头结构，若采用分布板分配，其分布孔的距离要与管子间距相同，呈等距布置方式，且分布孔与管子中心位置要错开，避免料液落在孔中自由落下，达不到成膜的目的；同时要求每根换热管的上端口处在同一水平位置上。加热管的长径比为 $L/d = 100 \sim 250$。

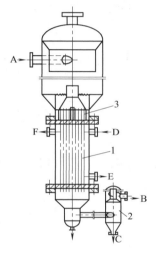

(a) 加热器与分离器并联　　**(b) 加热器与分离器串联**

图 3-115　降膜式蒸发器
1—加热器；2—气液分离器；3—料液分配头（板）；
A—原料；B—二次蒸汽；C—浓缩液；
D—加热蒸汽；E—冷凝液；F—水蒸气

（2）工作原理 蒸发器的料液由顶部进入，通过分布板或分配头均匀进入每根换热管，并沿管壁呈膜状流下并部分蒸发，液体在自身重力和二次蒸汽运动的托带力作用下沿管壁向下流动。由于蒸发室内的压力低于加热室，在加热管中的蒸汽也就受到蒸发室的抽吸而向下流动（与液膜同向），并使之加速。当传热温差不大时，汽化不是在加热管的内表面，而是在强烈扰动的膜表面出现，因此不易结垢。

该蒸发器操作的关键在于料液的分配要均匀，使液体充分润湿加热面；料液膜要均匀连续。否则，会出现局部干壁和结壳，甚至加热管会被完全堵塞。

（3）特点 传热系数较高，溶液在加热管中的停留时间短。与升膜相比，可以蒸发浓度较高的溶液，对黏度较大的物料也能适用。但其结构比较复杂。

（4）适用条件 降膜蒸发器可用于浓度和黏度大的溶液。由于液体在蒸发器中停留时间较升膜式蒸发器为短，故更适应热敏性溶液的蒸发。宜用于多效蒸发系统。

8. 升降膜式蒸发器

（1）结构 这是一种单程蒸发器，其结构如图 3-116 所示，这种蒸发器是在一个外壳中

安装两组加热管,一组作升膜式另一组作降膜式。加热室换
热管的长度比较短。

　　(2)工作原理　物料溶液由下部先进入升膜加热管,沸
腾蒸发后,气液混合物上升至顶部,然后转入另一半加热
管,再进行降膜蒸发,浓缩液从下部沿切线进入汽液分离
器,分离后,二次蒸汽从分离器上部排出进入冷凝器,浓缩
液从分离器下部出料。

　　(3)特点　升降膜蒸发器弥补了升膜与降膜式蒸发器的不足。

　　进入蒸发器的物料要求:初进入蒸发器原料液浓度较
低,物料蒸发内阻较小,容易达到升膜的要求。物料经初步
浓缩,浓度较大,继续升膜困难,但溶液在降膜式蒸发中受
重力作用还能沿管壁均匀分布形成膜状,有利于降膜的液体
均匀分布。

　　用升膜来控制降膜的进料分配,有利于操作控制。将两
个浓缩过程串联,可以提高产品的浓缩比,降低设备高度。

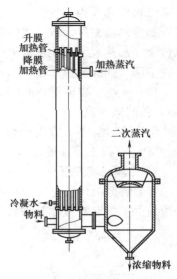

图 3-116　升降膜式蒸发器

　　(4)适用条件　适用于操作过程中溶液的黏度变化较大,溶液中水分蒸发量不大和厂房
高度有一定限制的场合。

9. 搅拌薄膜式蒸发器

　　(1)结构　一般来说,搅拌薄膜蒸发器由壳体、搅拌转子和传动装置三大部件构成。搅
拌薄膜蒸发器有立式和卧式,如图 3-117 和图 3-118 所示。

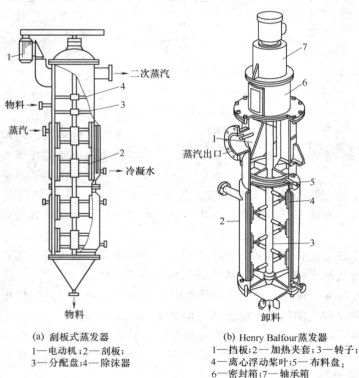

(a) 刮板式蒸发器
1—电动机;2—刮板;
3—分配盘;4—除沫器

(b) Henry Balfour蒸发器
1—挡板;2—加热夹套;3—转子;
4—离心浮动桨叶;5—布料盘;
6—密封箱;7—轴承箱

图 3-117　立式搅拌薄膜蒸发器

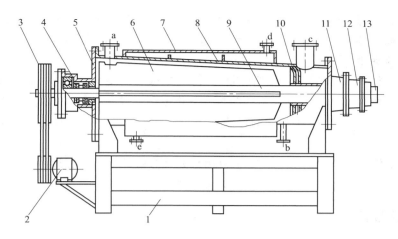

图 3-118　美国 Kontro 型卧式圆锥搅拌薄膜蒸发器

1—机架；2—电动机；3—三角皮带轮；4—机械密封；5—端盖；6—桨叶；7—外筒体；
8—内筒体；9—轴；10—雾沫分离器；11—机械密封；12—轴承座；13—轴向调节装置
a—料液入口；b—料液出口；c—蒸发蒸汽出口；d—加热蒸汽入口；e—冷凝液出口

　　壳体是一个带夹套薄壳，有圆柱、圆锥和锥柱组合等形式。内筒体即为传热面，筒内是被处理介质，夹套内是传热介质。

　　搅拌转子是搅拌薄膜蒸发器的主要构件，它由转轴和桨叶构成。桨叶有很多形式，如平板、螺旋片和圆柱形等；桨叶在转子上的位置，可以是固定的，也可以是浮动的；转子与筒壳之间的径向间隙，有固定、可调和自平衡零间隙之分，以适应不同黏度溶液的需要。固定式桨叶通常为长直条金属板，通过支承件固定在轴上。其径向外侧与筒体内壁面并不接触，一般保持 1～5mm 的间隙，设备大，其间隙也大。对于锥形筒体，其间隙可做成可调的，只要稍稍调节轴的轴向位置就可以了。桨叶的长度与传热面的高度相等。浮动式桨叶有多种，有的靠滑动配合，自由坐落在支承架上，支承架则与轴刚性相连，如图 3-117（b）所示；有的通过弹簧，弹性支承在固定架上。浮动式桨叶一般做成分段形式，传动装置通常采用皮带传动。

　　立式搅拌薄膜蒸发器如图 3-117 所示，壳体在高度上又可分成三段：上段为蒸汽头，中间为加热段，下段为卸料锥。壳体上方接口装有机械密封。下端筒内有"十"字支架，以安装导向轴承。

　　图 3-118 所示为 Kontro 型卧式搅拌薄膜蒸发器。其内筒为锥形，外筒为圆柱形。搅拌桨叶为长直板形，转轴两端有机械密封和轴承，并有轴向调节装置，以调整间隙。通常料液进口在锥筒大端，出口在小端，有利于形成连续薄膜，并对介质的停留时间起一定的控制作用。在浓缩液出口与蒸汽出口之间的轴上设有雾沫分离装置，以减少液沫夹带。

　　（2）工作原理　对于立式搅拌薄膜蒸发器，如图 3-117 所示，料液由加料管引入，经转轴中部的布料盘分布，在离心力的作用下，通过盘壁小孔被抛向器壁，受重力作用沿筒体内壁面下流。然后，料液被桨叶所扫刮，在传热壁面上涂敷成膜。膜层受热蒸发后会减薄。后进入的料液又被后继而来的桨叶扫刮，形成新膜，再蒸发，如此反复进行。料液渐被浓缩，最后由卸料锥卸出。蒸发出来的蒸汽，经蒸汽头，由出口排出。在实际操作中，应注意和防止上部产生溢流和下部产生干斑。

　　Kontro 型卧式搅拌薄膜蒸发器的结构如图 3-118 所示。内筒为微锥形，外筒为圆柱形。

搅拌桨叶为长直板形，转轴两端有机械密封和轴承，并有轴向调节装置，以调整间隙。通常料液进口在锥筒大端，出口在小端。在浓缩液出口与蒸汽出口之间的轴上设有雾沫分离装置，以减少液沫夹带。

（3）特点　介质在加热区的停留时间短；传热系数高，热流密度大，蒸发强度大；能处理高黏度介质，浓缩比高，能适应宽广的黏度变化范围，设备底部和顶部介质的黏度比可以高达 1000 以上；传热表面结垢玷污的可能性极小；产量较高而副反应较少，介质的分解或聚合较少。

（4）适用条件　搅拌薄膜式蒸发器主要用来处理热敏性的、高黏度的、有起泡和结垢倾向的溶液。如：果汁浓缩、番茄酱、粗妥尔油、聚酯、血浆等。

三、蒸发器制造

蒸发器实质上就是一种换热器，其制造按 GB 150—2011《压力容器》、GB 151—2014《热交换器》、NB/T 47015—2011《容器焊接规程》、《固定式压力容器安全监察规程》进行。旋转运动部件按图纸及相关技术要求进行制造。

1. 薄膜蒸发器的制造

① 筒壳。

a. 下料。放样划线时留内径加工及长度加工余量；复验对角线；将材料标记移植到工件上；切割下料，并清除熔渣；加工纵环焊缝坡口。

b. 筒体卷圆。在卷板机上将钢板卷圆，用样板检验，贴合度为 98%；对口留装配间隙 2mm，纵向和环向接头处形成的内外棱角差≤1.5mm；点焊对口，A、B 类焊缝对口错边量≤0.6mm；将圆筒吊上卷板机回圆，控制最大最小直径差 e≤1.5mm。

c. 焊接。按焊接工艺进行焊接，防止焊接变形；焊缝必须熔透，不得有气孔、夹渣、裂纹、咬边、弧坑等缺陷；焊缝表面应平滑，焊波均匀一致。

d. 探伤。圆筒纵焊缝须进行射线探伤，探伤标准 NB/T 47013.2—2015。

② 组装。上下段筒体组装、焊接，法兰与筒壳组装焊接，其组装方法见第二章的相关内容。法兰组装时，将其装于筒壳一端，调整好法兰平面与筒壳轴线的垂直度，垂直度允差≤0.5mm，并点焊；施焊前做角焊缝工艺评定，且编制焊接工艺；然后将凸面法兰与筒壳焊接在一起。

③ 筒体接管组装焊接。根据接管方位图划出各接管中心线；开制各管孔，加工孔口坡度；清除各孔口熔渣及热影区内的锈蚀及污物；将已制备好的法兰短管对应装入各管孔，装配时须将法兰螺栓孔对称布置于筒体轴线的两侧，且法兰平面保持平正，不得歪斜；将各接管点焊牢固；各接管与筒体焊接（焊前须进行焊接工艺评定，并编制焊接工艺）。

④ 产品出厂前须进行盛水运转试验，运转时间不得少于 4h，在运转过程中设备不得有异常噪声、碰擦、振动等现象。

⑤ 升膜蒸发器换热管的管径和管长对换热过程的影响很大，制造时必须严格按图纸上的尺寸加工。

⑥ 降膜式蒸发器液体分布器的制造。

图 3-119（a）为齿形溢流口，它是在加热管的上方管口沿周边切成锯齿形，当液面稍高

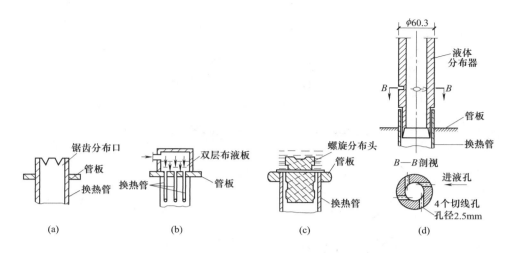

图 3-119　降膜式蒸发器液体分布器的结构

于管口时，可以沿周边均匀溢流而下；要保证各管子或管子的各向溢流比较均匀，加热管管口高度必须一致。图 3-119（b）为双层布液板，安装时要确保布液板的水平度。图 3-119（c）为螺旋分布头，它是在加热管管口插入刻有螺旋形沟槽的导流棒，液体沿沟槽向下流时，形成一个旋转的运动方向，使液体沿管内壁分布均匀；制造时沟槽加工的尺寸应准确。图 3-119（d）为切线进料旋流器，液体分布器插放在加热管的上方，液体沿切线孔进入，产生离心力，在重力和离心力的作用下液体成均匀薄膜状沿管壁流下。

2. 搅拌薄膜式蒸发器

搅拌薄膜式蒸发器转子的形式如图 3-120 所示。从间隙上分，有"0"间隙、固定间隙和可调间隙三种。"0"间隙转子的桨叶是浮动或摆动的，其结构如图 3-121 所示。"0"间隙的实际间隙是大于零的，否则，薄膜无法形成。固定式桨叶的结构如图 3-122 所示，其轴用无缝不锈钢管制成，环形支板焊在空心轴上，条形支板焊在环形板的外侧，条形刮板用螺栓固定在支承板上。整体组装后应校直，并加工外圆，以确保桨叶与筒体内壁间的间隙，并作静平衡校验。

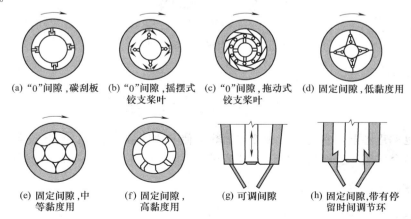

图 3-120　搅拌薄膜式蒸发器转子形式

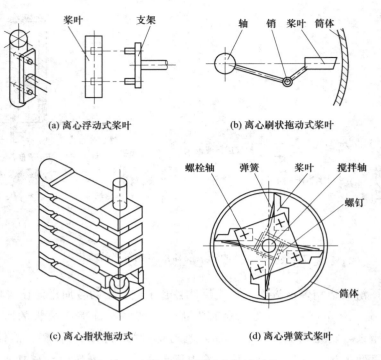

(a) 离心浮动式桨叶

(b) 离心刷状拖动式桨叶

(c) 离心指状拖动式

(d) 离心弹簧式桨叶

图 3-121 浮动式或摆动式桨叶结构

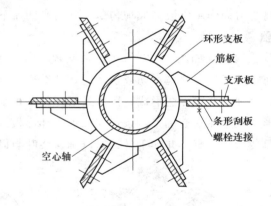

图 3-122 固定式桨叶的结构

第六节 再 沸 器

再沸器也称重沸器,它是将塔底液体加热,使其再次沸腾蒸发的加热设备。一般与精馏塔、蒸馏塔结合使用,直接装于塔的底部或塔外。

一、再沸器种类

再沸器的类型很多,按放置形式分为立式再沸器和卧式再沸;按加热面安排的需要分为夹套式、蛇管式、列管式、U 形管式;按循环推动力可分为自然循环式再沸器(如热虹吸式再沸器）和强制循环式再沸器。按加热方式分为间接加热式和直接加热式（如浸没管束式）。下面介绍常用再沸器的结构。

二、再沸器结构特点

再沸器是一种热交换设备，其结构与相应的换热器类似。

1. 立式热虹吸式再沸器

这种再沸器属于自然循环式再沸器，其结构如图 3-123 所示。塔底液走再沸器的管程，在其管内受热使部分溶剂汽化，气液混合物一起运动到塔内的气液分离空间，空间的体积大，压力降低使气液分离，从而使溶液的浓度不断提高或使不同沸点的物质得以分离。因塔底液体的温度比再沸器加热管内液体的温度高，所以，再沸器加热管内液体的密度小而向上运动，塔底液体的密度大而向下运动，从而形成自然循环。其循环推动力是塔底液和换热器传热管气液混合物的密度差。塔底部提供气液分离空间和缓冲区。

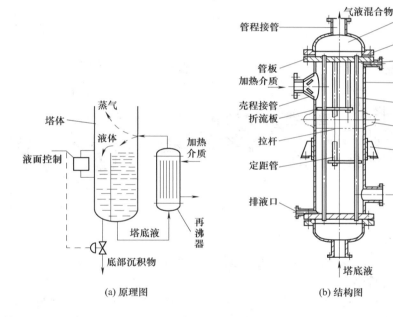

(a) 原理图　　　　　　(b) 结构图

图 3-123　立式热虹吸式再沸器

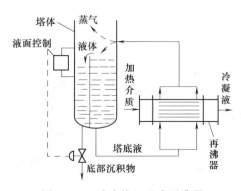

图 3-124　卧式热虹吸式再沸器

该种再沸器结构紧凑、占地面积小、传热系数高。但壳程不能机械清洗，不适宜高黏度或脏的加热介质。

2. 卧式热虹吸式再沸器

这种再沸器也属于自然循环式再沸器，其结构如图 3-124 所示。其与立式热虹吸再沸器的循环推动力一样，不同点是该再沸器是卧式放置的、塔底液走壳程。塔釜提供气液分离空间和缓冲区。

该再沸器可以降低塔的总高度，便于维护和清理，传热系数中等，但占地面积大。

3. 釜式再沸器

该再沸器的结构如图 3-125 所示，在其上部有较大的空间用于气液分离。塔底液进入再沸器的壳程，被加热介质加热，低沸点的物质不断汽化，经上部空间与液体分离，由上部进入塔内，高沸点物质经溢流堰由底部排出。

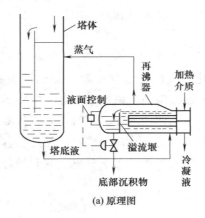

(a) 原理图

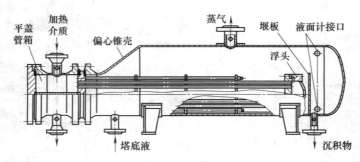

(b) 结构图

图 3-125　釜式再沸器

该再沸器可靠性高，维护、清理方便。但传热系数小，壳体容积大。

4. 强制循环式再沸器

其结构如图 3-126 所示。塔底液是依靠泵提供外力循环的，其循环速度高，物料停留时间短。其他与立式热虹吸式再沸器相同，气液分离空间和缓冲区在塔内。

该再沸器循环推动力大，操作成本高，不便于壳程清洗。适用于高黏度、热敏性物料和固体悬浮液。

5. 浸没管束式再沸器

该再沸器又称为内置式再沸器，属于直接加热式再沸器，其结构如图 3-127 所示。再沸器直接放置在塔底部，不需要外部壳体，管束被塔底液体浸没，塔底液与加热管内的加热介质进行热交换部分被汽化，沉积下来的物料由底部排出。

该再沸器的传热面积受塔直径的影响，传热面积小，传热效果不理想，但结构简单。适用于无机盐的浓缩，可防止盐类物质在换热管内结晶沉积。

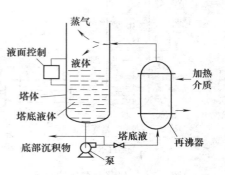

图 3-126　强制循环式再沸器

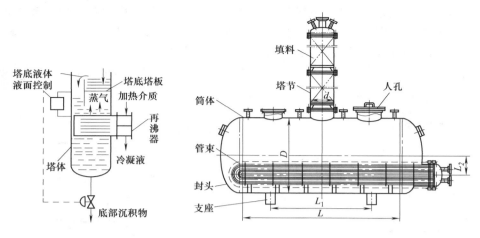

图 3-127 浸没管束式再沸器

三、再沸器的制造

再沸器实质上是一种换热器，其制造按 GB 150—2011《压力容器》、GB 151—2014《热交换器》、NB/T 47015—2011《压力容器焊接规程》、《固定式压力容器安全监察规程》进行。

1. 釜式再沸器

① 管束滑道结构如图 3-128 所示。在折流板或支持板上装有滑板式滑条，同时在壳体底部设置有支承导轨。

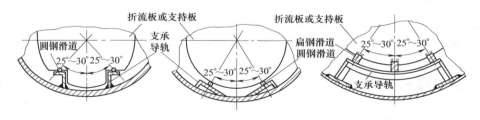

图 3-128 管束滑道结构

② 支承导轨上有妨碍滑道通过的焊缝应修磨齐平；支承导轨应与设备纵向中心线保持平行，其平行度偏差不超过 2/1000，且≤5mm；溢流板的上端面应水平，其倾斜度≤3mm。

③ 管束为 U 形管、浮头式或固定式列管。固定式管束釜式再沸如图 3-129 所示。

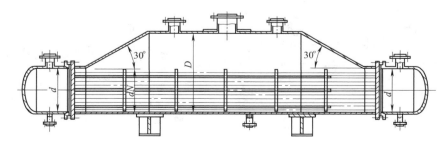

图 3-129 固定式管束釜式再沸器

一般情况下，大端直径 D 和小端直径 d 之比为 $1.5\sim 2$ 倍，锥形过渡段通常为 $30°$，锥形段的结构如图 3-130 所示，其中，图 (a) 壳体壁厚一样，锥形段带有折边，焊缝不受边界应力影响，用于壳体压力较高的场合；图 (b) 壳体壁厚不同（δ_1、δ、δ_2 不同），采用平焊法兰；图 (c) 壳体壁厚相同，采用长颈对焊法兰；图 (d) 加强了锥形段的厚度；图 (b)、(c)、(d) 用于一般场合。

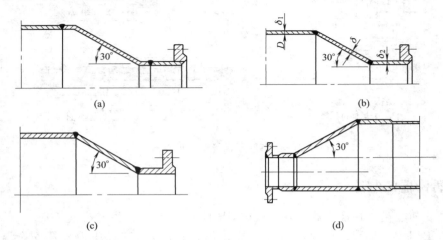

图 3-130 锥形段的结构

2. 高效再沸器

高效再沸器的结构与釜式再沸器一样，但其换热管采用 T 形翅片管，其结构如图 3-131 所示。具有抗垢性能好，低温差推动力大的特点。适用于塔底再沸器、虹吸式再沸器。

3. 蒸汽进口管及防冲板

再沸器的蒸汽进口管，可以是直管、喇叭形及变径管，分别如图 3-132、图 3-133、图 3-134 所示，以降低入口处的流速而起缓冲作用。图 3-133 (b) 中不用防冲板，而用导流挡板来起缓冲作用；导流挡板在喇叭口内的焊接角度可按设计要求，在

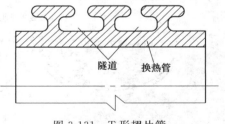

图 3-131 T 形翅片管

$60°\sim 90°$范围内选择。其他进口管结构都有防冲板，防冲板为圆形，用支承固定，绝不允许防冲板焊在换热管上，但可用 U 形螺栓将防冲板固定在换热管上。

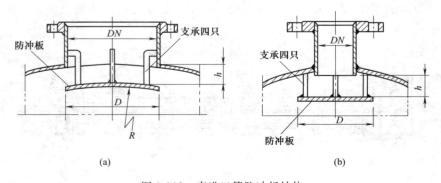

图 3-132 直进口管防冲板结构

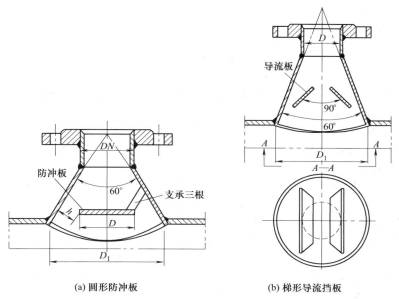

图 3-133　喇叭形进口管

(a) 圆形防冲板　　　　　　　(b) 梯形导流挡板

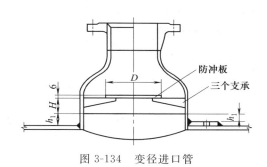

图 3-134　变径进口管

同步练习

一、填空题

1. 管壳式换热器的主要组成部分由（　　　　）、（　　　　）、（　　　　）、（　　　　）、（　　　　）、（　　　　）等组成。换热管排列方式主要有（　　　　）、（　　　　）、（　　　　）、（　　　　）等方式。

2. 管子与管板连接方式有（　　　　）、（　　　　）和（　　　　）三种。

3. 螺旋板式换热器由外壳、（　　　　）、（　　　　）及进出口等部分组成。螺旋体用（　　　　）钢板卷制而成。

4. 螺旋板式换热器的密封结构有（　　　　）密封和（　　　　）端盖密封两种形式。

5. 管壳式废热锅炉按工作压力可分为（　　　　）、（　　　　）和（　　　　）。按汽水循环方式分废热锅炉可分为（　　　　）、（　　　　）和（　　　　）。按汽、水流经管内或管外分废热锅炉可分为（　　　　）、（　　　　）和（　　　　）。按结构特点分废热锅炉可分为（　　　　）、（　　　　）和（　　　　）。

6. 新型管板列管式废热锅炉分为（　　　　）列管式、（　　　　）列管式和（　　　　）列管式三种。新型管板列管式废热锅炉分为（　　　　）管板列管式、（　　　　）管板列管式和（　　　　）管板列管式三种。

7. 管壳式废热锅炉可分为（　　　　　）式、（　　　　　）式、（　　　　　）式、（　　　　　）式、（　　　　　）式和（　　　　　）式六种不同形式。

8. 管壳式废热锅炉属于（　　　　　）范畴，需按（　　　　　）和（　　　　　）中有关压力容器部分和《压力容器安全监察规程》进行安全监察和管理；烟道式废热锅炉属于（　　　　　）范畴，按《锅炉压力容器安全监察暂行条例》和《锅炉压力容器安全监察暂行条例实施细则》中有关锅炉部分和（　　　　　）进行监察和管理。

9. 双套管式废热锅炉中的双套管是由（　　　　　）管、（　　　　　）管和（　　　　　）组成。U形管式废热锅炉按支承的方式可分为（　　　　　）式和（　　　　　）式两种，按管内介质的种类又可分为（　　　　　）式和（　　　　　）式。

10. 单程型蒸发器的特点是溶液通过加热室（　　　　　）次，（　　　　　）循环流动，且溶液沿加热管呈（　　　　　）流动，故又称为（　　　　　）蒸发器。蒸发是（　　　　　）的单元操作，蒸发操作中所指的二次蒸汽为溶液蒸发过程中（　　　　　）。

11. 自然循环蒸发器内溶液的循环是由于溶液的（　　　　　）不同，而引起的（　　　　　）所致。为了保证蒸发操作能顺利进行，必须不断向溶液供给（　　　　　），并随时排除汽化出来的（　　　　　）。蒸发过程实质上是传热过程，因此，蒸发器也是一种（　　　　　）。蒸发器的主体由（　　　　　）和（　　　　　）组成。

12. 降膜式蒸发器为了使液体在进入加热管后能有效成膜，在每根管的顶部装有（　　　　　）。标准式蒸发器内溶液的循环路线是从中央循环管（　　　　　），而从其他加热管（　　　　　），其循环的原因主要是由于溶液的（　　　　　）不同，而引起的（　　　　　）所致。蒸发操作按蒸发器内压力可分为（　　　　　）、（　　　　　）、（　　　　　）蒸发。

13. 离心薄膜蒸发器主要由（　　　　　）、（　　　　　）、（　　　　　）三部分组成。离心薄膜蒸发器中加热蒸汽作（　　　　　）、料液走（　　　　　）。它主要是利用（　　　　　）力来蒸发、分离物料的。

14. 再沸器按放置形式分为（　　　　　）再沸器和（　　　　　）再沸器。再沸器按循环推动力可分为（　　　　　）再沸器和（　　　　　）再沸器。立式热虹吸式再沸器中塔底液的循环推动力是（　　　　　）。

15. 釜式再沸器分为（　　　　　）式、（　　　　　）式和（　　　　　）式。釜式再沸器的管束需要有（　　　　　）结构，以便于管束的安装和检修。支承导轨上有妨碍滑道通过的焊缝应（　　　　　）；支承导轨应与设备纵向中心线保持（　　　　　），其平行度偏差不超过2/1000，且≤（　　　　　）mm；溢流板的上端面应（　　　　　），其倾斜度≤（　　　　　）mm。

二、简答题

1. 固定管板式换热器由哪些主要部件组成？各有何作用？
2. 简述螺旋板式换热器结构特点。
3. 简述螺旋板式换热器的制造工艺程序。
4. 简述螺旋板式换热器水压试验方法。
5. 简述新型管板列管式废热锅炉的种类及其结构特点。
6. 简述盘管式废热锅炉的种类及其结构特点。
7. 简述插入式废热锅炉的种类、结构特点及其适用条件。
8. 简述双套管式废热锅炉的种类、结构特点及其适用条件。
9. 双套管式废热锅炉中双套管起什么作用？
10. 简述"三菱"型废热锅炉中的活络结构、活络托架的连接结构、作用。
11. 简述U形管式废热锅炉的结构特点及其适用条件。
12. 简述直流式废热锅炉的结构特点及其适用条件。
13. 换热管与管板的连接结构有哪些？

14. 废热锅炉高温管箱的壳体和接管如何进行热防护？

15. 简述管端的热防护结构。

16. 简述炉衬结构。

17. 简述立式热虹吸式再沸器的工作原理。

18. 简述立式热虹吸式再沸器和卧式热虹吸式再沸器的不同。

19. 釜式再沸器溢流堰的作用是什么？

20. 简述强制循环式再沸器的特点。

21. 简述蒸汽进口防冲板的作用。

22. 什么样的溶液适合进行蒸发？什么叫蒸发？

23. 中央循环管式蒸发器主要由哪几部分组成？各部分的作用是什么？

24. 简述搅拌薄膜式蒸发器的特点及适用条件。

第四章 储存容器

知识目标：通过本章学习熟悉球罐、立式储罐、卧式储罐的结构特点，掌握储存容器支座类型和结构特点，了解三种储存容器的主要用途以及主要附件的基本结构和使用方法。掌握球罐和立式储罐的选材原则。

能力目标：能够对球瓣进行加工、组装、焊接，能够对焊缝进行检验。掌握立式和卧式储罐的制造工艺。

第一节 球 罐

随着世界各国综合国力和科学技术水平的提高，球形容器的制造水平也正在高速发展。近年来，我国在石油化工、合成氨、城市燃气的建设中，大型球形容器得到了广泛应用。例如：在石油、化工、冶金、城市煤气等工程中，球形容器被用于储存液化石油气、液化天然气、液氧、液氮、液氢、液氨、天然气、城市煤气、压缩空气等；在原子能发电站，球形容器被用作核安全壳；在造纸厂被用作蒸煮球等。总之，随着工业的发展，球形容器的使用范围必将越来越广泛。

由于球形容器多数作为有压储存容器，故又称球形储罐，简称"球罐"。

一、球罐的结构特点

1. 球罐的结构特点

球罐与其他储存容器相比有如下特点。

① 与同等体积的圆筒形容器相比，球罐的表面积最小，故钢板用量最少。

② 球罐受力均匀，且在相同的直径和工作压力下，其薄膜应力为圆筒形容器的1/2，故板厚仅为圆筒容器的1/2。

③ 由于球罐的风力系数为0.3，而圆筒形容器约为0.7，因此对于风载荷来讲，球罐比圆筒形容器安全。

④ 与同等体积的圆筒形容器相比，球罐占地面积少，且可向高度发展，有利于地表面积的利用。

综上所述，球罐具有占地面积少、壁厚薄、重量轻、用材少、造价低等优点。球罐一般由球壳、支柱拉杆、人孔接管、梯子平台等部件组成，如图4-1所示。球壳为球罐的主要部件。

球壳结构主要有单壳单层、单壳双层、双壳单层几种组合，由于单壳双层、双壳单层球罐应用不多，这里主要介绍单壳单层的球壳结构。

单壳单层的球壳结构形式主要分足球瓣式、橘瓣式和混合式三种。目前，国内自行设计、制造、组焊的球罐多为混合式。

足球瓣式球罐的球壳划分和足球壳一样，所有球壳板片大小相同，所以又称均分法，优点是每块球壳板尺寸相同，下料成形规格化，材料利用率高，互换性好，组装焊缝较短，焊

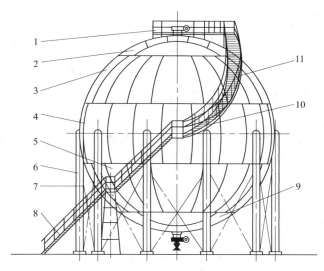

图 4-1 球形储罐

1—顶部操作平台；2—上极带；3—上温带；4—赤道带；5—下温带；6—支柱；
7—拉杆；8—下部斜梯；9—下极带；10—中间平台；11—上部盘梯

接及检验工作量小，缺点是焊缝布置复杂，施工组装困难，对球壳板的制造精度要求高，由于受钢板规格及自身结构的影响，一般只适用制造容积小于 120m³ 的球罐。

橘瓣式球罐的球壳划分就像橘瓣或西瓜瓣，是一种最通用的形式。优点是焊缝布置简单，组装容易，球壳板制造简单，缺点是材料利用率低，焊缝较长，这是国内 20 世纪 70 年代至 20 世纪 90 年代球壳结构的主要形式。

混合式球罐的球壳组成是赤道带和温带采用橘瓣式，极板采用足球瓣式。由于取其橘瓣式和足球瓣式两种结构形式的优点，材料利用率较高，焊缝长度缩短，球壳板数量减少，且特别适合大型球罐，该结构目前已广泛使用，400～10000m³ 的球罐采用的就是该混合式结构。

2. 球罐的分类

球罐种类很多，但主要根据储存的物料、支柱形式、球壳形式来进行分类。

（1）**按储存物料分类** 按储存物料球罐分为储存液相物料和气相物料两大类。储存液相物料的球罐又可根据其工作温度分为常温球罐和低温球罐。低温球罐又可分为单壳球罐、双壳球罐及多壳球罐。

（2）**按支柱形式分类** 按支柱形式可分为支柱式、裙座式、锥底支承式以及安装在混凝土基础上的半埋式。其中，支柱式又可分为赤道正切式、V 形支柱式、三柱合一式，如图 4-2 所示。

（3）**按球壳形式分类** 按球壳形式可分为足球瓣式、橘瓣式和足球瓣式与橘瓣式相结合的混合式（见图 4-3）。

（4）**按球壳层数分类** 按球壳层数可分为单层球罐、多层球罐、双金属层球罐和双重壳球罐。

目前，国内外较常用的是单层赤道正切式、可调式拉杆的球罐。这种球罐无论是从设计、制造和组焊等方面均有较为成熟的经验。

由于混合式球罐结构具有板材利用率高、分块数少、焊缝短、焊接及检测工作量小等优

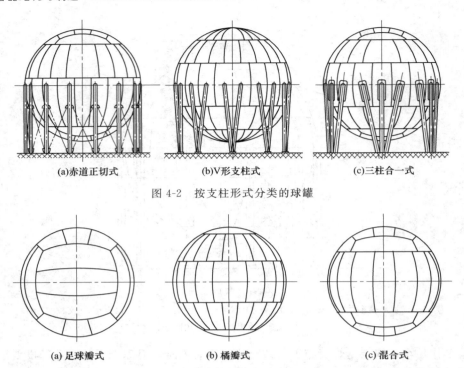

(a)赤道正切式   (b)V形支柱式   (c)三柱合一式

图 4-2   按支柱形式分类的球罐

(a) 足球瓣式   (b) 橘瓣式   (c) 混合式

图 4-3   按球壳形式分类的球罐

点，目前，国内外大多采用混合式球壳结构。

二、主要附件结构

1. 支座

球罐支座是球罐中用以支承球壳及附件和储存物料重量的结构部件。支座形式有柱式和裙式两大类。柱式支承有赤道正切柱式支承，V 形柱式支承和三柱合一柱式支承，如图 4-2 所示。裙式支承包括圆筒裙式支承、锥形支承及钢筋混凝土的半埋式支承、锥底支承等。其中，在柱式支承中目前国内外普遍采用赤道正切柱式支承形式。

赤道正切柱式支承的结构特点是球壳由多根圆柱状的支柱在球壳赤道部位等距离布置，与球壳相切或近似相切（相割）而焊接起来。这种支座的优点是受力均匀、弹性好，能承受热膨胀的变形，组焊方便，施工简单，容易调整，现场操作和检修方便，且适用于多种规格的球罐。缺点是重心高、稳定性较差。

支柱与球壳连接下部结构一般分直接连接、连接处下端加托板、U 形柱和翻边四种，如图 4-4 所示。

对大型球罐可采用直接连接结构，如图 4-4（a）所示。支柱与球壳连接部下端，由于夹角小，间隙狭窄难以施焊，因此采用加托板结构，以弥补难以施焊而被削弱的部分，如图 4-4（b）所示。为了避免支柱与球壳连接部下端夹角小而造成焊接的困难，并保证支柱与球壳焊接质量，可采用 U 形柱结构连接；一般 U 形柱由钢板弯制，它特别适合于低温球罐对支柱材料的要求，如图 4-4（c）所示。采用翻边结构，不但解除了连接部位下端施焊困难，以确保焊接质量，而且对连接部位的应力状态也有所改善，如图 4-4（d）所示。

翻边结构是近几年来开发并使用的，它的优越性已在施工过程中得到充分证明，由于制造工艺问题，故尚未被广泛采用。

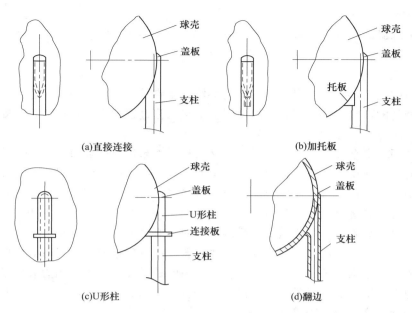

图 4-4　支柱与球壳连接结构

2. 开孔接管

为了实现物料的进出，温度压力及液位的测量，检修人员的进出和安全运行，球罐上必须开孔，一般球罐上开有物料进出口，温度计、压力表口，安全阀口，排污口，放空口，液位计口，人孔等。

3. 梯子平台

为便于日常的操作，检修以及安全阀的定期校验，球罐一般都设有顶平台及直达顶平台的梯子。

顶平台是设在球罐顶部的一个圆形平台，平台内圈中应能放置人孔、安全阀、压力表等接管和仪表，以便于操作，顶平台的直径不宜小于 3000mm，平台宽度不应小于 800mm，对大型球罐，顶部平台的直径最好达到 5000mm。

连接顶平台的梯子有两种形式：一种是联合梯子平台，即在球罐之间共用一个斜梯或楼梯式走梯，直达球罐赤道线以上，然后接一个连接平台，再各用一个斜梯与顶部平台连接，如图 4-5 所示；另一种是单独配置的梯子，首先用一个斜梯直达球罐赤道线部位，然后采用盘梯或斜梯直达顶部平台，如图 4-6 所示。

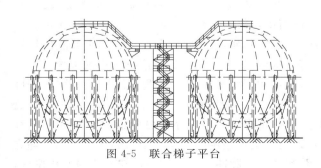

图 4-5　联合梯子平台　　　　　　　　　图 4-6　单独梯子平台

4. 喷淋装置

为了保证球罐的安全，一般设置有喷淋装置。球罐的喷淋装置有消防喷淋和降温喷淋两种。

5. 安全附件

由于球罐的使用特点和储存物料的工艺特性，需要通过一些安全装置和测量、控制仪表来监控储存物料的参数，以保证球罐的使用安全与工艺过程的正常进行。这些安全附件通常包括安全阀、压力表、温度计、液位计等。

（1）安全阀　安全阀是一个用于防止储存物料压力超过允许数值，且能随着压力的变动而自动启闭的多次使用的安全泄压装置。安全泄压装置的作用是防止球罐超压和维持正常运行。为此，要求球罐在正常工作压力下安全泄压装置严密不漏，当球罐内压力一旦超过允许数值后，又能自动地迅速泄放出气体物料（球罐内压缩气体或气态液化气体），降低球罐内物料的压力，保证球罐安全，这是安全泄压装置的主要功能。

（2）压力表　压力不仅是球罐设计的重要参数，也是球罐安全运行时需要监控的重要指标，压力的测量通过压力表实现。球罐上较多采用的是弹性压力表。压力表的最大刻度为正常运转压力的 1.5 倍以上（不要超过 3 倍）。为使压力表读数尽可能正确，压力表的表面直径应大于 150mm。压力表前应安装截止阀，以便在仪表标校时取下压力表。

（3）温度计　球罐温度的影响主要来自于环境温度和储存物料的温度。温度的测量通过温度计来实现。球罐常用的温度计有膨胀式温度计、热电偶温度计、电阻温度计等。

（4）液位计　储存液体和液化气球罐应装液位计，常用的液位计主要有以下几种形式。

① 玻璃液位计　有管式和板式之分，其构造简单，直观性好，但不宜用于某些易于污染玻璃或结晶，沉淀等堵塞接管的物料的场合，且不能自动记录液位。

② 浮子式钢带液位计　在国外 20 世纪 30 年代开始使用以来至今仍在使用，优点是比较直观，能连续自动测量，测量简单，缺点是一旦钢丝绳断裂或钢丝绳乱缠，将无法正常测量。

③ 浮子液位计　其原理是在与球罐连通的不锈钢管内设置一个浮子，该浮子上设置有可发射磁场的磁块，在不锈钢管外设置一个能随磁力块位置变化而翻转的指示器，从而达到测量液位的目的。目前，浮子液位计已广泛应用于球罐液位指示，并逐步替代玻璃板式液位计。

④ 静压式液位计　也称压差计，是利用被测液体压强的方式来获得液位的仪器。这种测量方式可动部件少，维护工作量小而且方便。

⑤ 伺服式液位计　因其用一台伺服电机，使浮子跟随液位或者储存物料而变化，故得其名。这种液位计功能强，可测液位、界位、物料密度等，它的精度高，可达 ± 0.9mm，而且故障率比较低，与计算机联网方便，操作简单，但价格较高。

⑥ 雷达液位计　利用雷达电波测量液位，是近几年出现的新技术。由于这种液位计不接触物料，又无可动部件，故障率低，而且精度也很高，是一种目前广泛利用的液位计。

⑦ 磁致式液位计　是一种刚刚进入中国市场的新型液位计，其测量原理是利用磁场脉冲波。测量时，液位计的头部（球罐上方）发出电流"询问脉冲"，此脉冲同时产生一个磁场，沿波导管内的感应仪向下运行，在液位计管外配有浮子，浮子可随液位沿测杆上下移动，浮子内藏有一组磁铁，并产生一个磁场，两个磁场相遇则产生一个新的变化磁场，随之产生新的电磁"返回脉冲"，测"询问脉冲"和"返回脉冲"的周期便可知液体的变化位置，该液位计可动部分只有浮子，故维修工作量小，安装比较简单，精度比较高，另一个特点是

可同时测温。

盛装易燃易爆或剧毒介质物料的球罐，应采用玻璃板式液位计（或浮子液位计）和自动液位指示器两种液位计，由于球罐体积大，安全危害性较大，通常球罐同时设有就地的玻璃板式液位计（或浮子液位计）和用于远传的自动液位指示器。

三、制造技术及检验

1. 原材料检验

制造厂必须按照设计文件的规定及相关国家的现行标准对球罐的材料进行检查和验收。

首先必须按图纸及板材技术要求，明确钢板的使用状态。其次要了解进厂钢板的实际状态是否与使用状态相符，如规定在热处理下使用，而进厂的钢板为热轧状态，则必须先对钢板进行相应的热处理。

球罐用钢应附有钢材生产单位的钢材质量证明书原件，入厂时制造单位应按质量证明书进行验收。必要时进行复验，其内容有：

① 化学成分；

② 拉伸试验；

③ 弯曲试验；

④ 冲击试验；

⑤ 尺寸及外观检查；

⑥ 超声波探伤检查；

⑦ 其他技术要求中规定材料检查。

当钢板检验后证明达到设计要求时，应在每张钢板上作适当标记，并且要求在以后的制造加工过程中仍保持这些标记，以备识别查考。

2. 球瓣片加工

（1）球瓣的放样　球瓣的放样时，球壳的结构形式和尺寸应按图样的要求，制造单位对每块球瓣板应建立记录卡，记录球瓣板材质、炉批号、编号、位号、带号等内容，并在球瓣板外表面标记位号及带号，同时，记录卡还应包括几何尺寸、曲率的检查结果等内容。

球壳是双曲面，不可能在平面上精确展开。球瓣板下料方法有一次下料法和二次下料法两种。一次下料法是用数控切割机对球壳用钢板进行精确切割（包括坡口）后，再进行球瓣板的压制成形。二次下料法是先对球壳用钢板进行粗下料，压制成形后再用置于特制导轨上的气割枪进行坡口切割，最后再对球壳板进行校形。目前，一般采用二次下料方法制造，切割坡口时，常采用双枪气割一次完成坡口的制备方法。随着计算机辅助设计（CAD）和辅助制造（CAM）的发展，数控切割设备的大量使用，一次平面下料将会迅速发展。

（2）球瓣的加工　加工坡口时，圆柱形壳可先开坡口，再成形，而球片就不行。每个球片的焊接坡口，必须在球片压制成形后加工。坡口加工可采用火焰切割、风铲、机械加工及打磨等方法，亦可以各种方法结合进行。

3. 球瓣成形方法

球壳板的瓣片是由钢板通过压力机的压力冲压加工而达到需要的形状，这个过程称为成形操作。球瓣的成形操作分为冷压、热压及温压。还有其他一些成形方法正在发展中，如液压成形、爆炸成型等。所谓冷压是指钢板在常温下压制成形，没有人为的加热过程；热压是指将钢板加热到上临界点（A_{c_3}）以上的某一温度，并在这个温度下成形；温压即指将钢板加热到低于下临界点（A_c）的某一温度时压制成形。

具体选择哪一种成形方法取决于材料种类、厚度、曲率半径、热处理、强度、延展性和设备能力等方面。

（1）冷压 冷压具有小模具、多压点、加工精度高，无较长的加热过程，不产生氧化皮，加工人员可不用特殊的防护服等优点，因此冷压得以广泛应用。

为了提高球瓣的精度，特别适用于热处理状态使用的、并以使用状态供货的钢板（如正火状态使用、水淬加回火状态使用），这种球瓣的加工宜采用冷压成形方法。

冷压要注意以下几点。

① 冷压钢板边缘如经火焰切割，则需注意消除热影响区硬化部分的缺口。

② 当冬季环境温度降低到 5℃ 以下时，或钢板较厚，在冷压时应将钢板预热到 100～150℃。加热可在炉内加热，或采用气体燃烧器来进行加热。

③ 冷压时，钢板外层纤维的应变量应满足要求，当碳钢大于 4%、低合金钢大于 3% 时应作中间热处理。

中间热处理温度可按表 4-1 选取。

表 4-1 中间热处理温度

材料	碳钢	碳钼钢	锰钼钢	锰钢	铬钼钢
热处理温度	590～650℃	590～650℃	617～680℃	590～680℃	630～700℃

④ 冲压过程需要考虑回弹率造成的变形，一般回弹率大约为成形曲率的 20% 左右。

⑤ 由于球瓣板易变形且操作不方便，因此对薄板及大球瓣板的加工，应采用防变形措施。

⑥ 成形后需焊支柱、人孔及其他附件的球瓣板，其冲压曲率应考虑焊后的收缩变形。

（2）热压 将钢板加热到塑性变形温度，然后用模具一次冲压成形。热压可降低材料的屈服限，减少动力消耗，避免应变硬化和增加材料的延展性。一次成形可以避免冷压的多点多次冲压过程。

热压要注意以下几点。

① 热压温度要加以控制，过高的加热温度会造成脱碳、晶粒长大和晶间氧化。热压时为了避免上述问题要尽快加热到热压温度，要做到内外温度一致，全板温度一致，保温时间应尽可能短。一般热压温度在 800～950℃ 之间，按钢种不同稍有变化。

② 需正火热处理的材料，可以用热压的加热来代替钢厂的正火热处理，此时钢板在热压时的加热温度应相当于正火温度，且要有足够的保温时间。

③ 材料如要求其他热处理，如退火或淬火加回火，则必须在热压后重作热处理。

（3）温压 温压是将钢板加热到低于临界点（A_c）下的某一温度时压制成形，其主要解决工厂水压机的能力不足，以及防止某些材料产生低应力脆性破坏。温压介于冷压与热压之间，与热压相比，温压具有加热时间短，氧化皮少等优点。与冷压相比，则无脆性破坏的危险。

温压成形的温度及保温时间要仔细选择，确保以后在加工过程中的热处理与成形温度的效果，不使材料的力学性能降至最低要求之下。一般把温压的加热温度限制在焊后热处理温度之下。

冷压、热压及温压各有优缺点，从球形容器的组装方便及尽量减少局部应力方面考虑，要求球瓣的精度越高越好。其次因球形容器向大型化发展，要求材料的强度高、韧性好，故而采用高强度调质钢的场合越来越多，冷压成形必将作为首先考虑的球形容器球瓣成形方法。

在采用厚截面热轧材料（如 Q345R）制作球瓣时，为了提高材料的韧性及塑性，即提高球罐的安全性，采用正火温度进行热压成形。

（4）其他新的成形方法 液压成形和爆炸成形均属于无模成形工艺，与传统制球瓣工艺相比最大特点是不用模具。

4. 球瓣板的曲率及几何尺寸

球瓣板成形后，应按球罐国家标准或图样的要求，检查球瓣的曲率。检查曲率时，板应按横向、纵向、对角线方向对球瓣板及周边分别测量，其偏差应在允许的范围之内，否则应校形。球壳板的几何尺寸应按球罐国家标准的规定进行测量，按长度、宽度、对角线、对角线间的垂直距离分别进行，其偏差应在允许的范围之内。

球壳板的坡口检查内容有坡口夹角、钝边厚度、钝边中心位移、坡口表面平整光洁程度，表面粗糙度 $R_a \leqslant 25\mu m$，平面度 $B \leqslant 0.04\delta_n$（名义厚度）且小于 1mm，焊渣与氧化皮应清除干净，坡口表面图样有要求时，应按图样的规定进行 100％ 的磁粉或渗透检测，不应存在裂纹、分层和夹渣等缺陷。

5. 球瓣板的超声波和磁粉检查

球瓣板周边 100mm 的范围内应进行 100％ 超声波检测。材料标准抗拉强度下限值 $\sigma_b >$ 540MPa 的钢材所制球瓣板坡口、人孔坡口、接管坡口及球壳板开孔后的气割坡口，其表面应进行 100％ 的磁粉检测或渗透检测，其他钢材制球壳板坡口、人孔颈坡口、接管坡口及球壳开孔后的气割坡口表面是否要求进行 100％ 的磁粉检测或渗透检测，应根据钢材是否容易产生表面裂纹和球罐储存物料情况进行。与支柱连接的已成形赤道板，材料标准抗拉强度下限值 $\sigma_b > 540$MPa，且储存物料载荷较大时，一般应要求进行 100％ 的超声波检测和 100％ 的磁粉检测。

6. 预组装

如图样有要求，球壳板出厂前上极、下极、赤道带、上温带、下温带应进行预组装，并分别检查上下口水平度、上下口椭圆度、对接坡口间隙、对口棱角度、对口错边量。合格后方可出厂，否则应校形。

四、组装

近年来，我国的球罐建造速度及建造技术有了很大的提高和发展，下面介绍近年来所普遍采用的几种组装方法。

1. 整体组装法

整体组装法是指把球壳瓣片用工夹具逐一组装成球，而后一并焊接的方法。它的安装工程大致可分为两个阶段：组装阶段和焊接阶段。这种方法由于生产专业性强，给生产管理和生产速度带来很大优越性。

整体组装法不但适用大、中、小型球罐的安装，且适用于椭圆形球罐的安装，以及不同形式罐片的安装。整体组装法一般有两种形式：单片组装法和拼大片组装法。

（1）单片组装法 单片组装法又称散装法，即把单张球瓣逐一组装成形的方法。这种方法由于单片组装，故不需要很大起吊的机具和安装现场，准备的工作量小，组装速度快，且球体的组装精度易于保证，组装应力小。

（2）拼大片组装法 拼大片组装法是在胎具上把已预装编号的各带板中相邻的二张或更

多的球瓣拼接成较大的一组合瓣，然后吊装各组合瓣成球。拼大片组装法由于部分球瓣在地面进行组焊，可采用各种不同的自动焊接手段进行焊接，大大提高了这部分纵缝的焊接质量，并减少了部分高空作业量和工夹具的数量。对于单张球瓣不大的球罐，此法是加快工程进度，提高质量的一种途径。

2. 分带组装法

分带组装法是在平台上按赤道带、上下温带、上下极板等各种带板分别组对并焊接环带，然后组装各环带成球的方法。由于分带组装法的各环带在平台上组焊，所以各环带纵缝的组装精确度好，组装拘束力小，且纵缝的焊接质量易于保证。

分带组装法可分为两种形式：拼环带组装法和拼半球组装法。

拼环带组装法把所有的纵缝放在平台上组焊，把高空作业变为地面作业，因而各纵焊缝的拘束力小，精度好，且还可以利用自动焊接，手工焊接的质量也易于保证。拼环带组装法一般运用于中小型球罐的安装。

拼半球组装法一般是先在平台上用拼环带的方法将球瓣分别组装成两个半球，然后在基础上将两个半球拼装成整球，拼半球组装法一般运用于中小型球罐的安装。

3. 分带和整体混合组装法

将各支柱截为两部分，把上支柱与赤道环带在平带上组装好，点固焊，必要时在纵焊缝两端焊一连码，以防止起吊时点焊爆裂，然后吊起赤道环，与已就位基础上的下部分支柱相对拼。以装好的赤道带为基准，用整体组装的方法，将其余的球瓣组装成球。

分带、整体混合组装法兼备两种组装法的优点，它一般只适用于中小球罐的安装。

4. 组焊准备

球罐组焊前，组焊单位应编制球罐施工组织设计方案，方案内容应包括组装、焊接，无损检测、整体热处理、水压试验和气密性试验等内容。该方案应征得用户同意并报质量检验部门备案。球罐应按设计图样进行组焊，如组焊中需改动设计图样时，必须征得设计单位同意并办理设计变更手续。球罐组焊前应按 GB 12337—2014 的规定，对基础各部位按基础设计蓝图、施工记录和验收报告进行检查和验收，并办理移交手续。

球罐组焊前应按下列要求对球罐零部件进行复查。

① 对球罐零部件的数量按图样和装箱单进行复查。

② 对每张球壳板的曲率、几何尺寸、表面机械损伤和坡口表面质量进行全面复查，复查结果应符合 GB 12337—2014 标准的要求。

③ 对球壳板应进行厚度抽查，抽查数量不少于球壳板总数的 20%；厚度测量每块球壳板最少应为 9 点。其厚度偏差应在钢材标准的允许负偏差之内。

④ 对材料标准抗拉强度下限值 σ_b ＞540MPa 的钢板制球壳坡口，其表面应经磁粉或渗透检测抽查，不应有裂纹、分层和夹渣等缺陷，抽查数量不少于球壳板总数的 20%。

⑤ 对球壳板应进行超声波检测抽查，抽查数量不少于球壳板总数的 20%，且每带不少于 2 块，被抽查的球壳板周边 100mm 范围内进行全面积抽查，检查方法和检查结果应符合图纸或 GB 12337—2014 标准的规定，若发现超标缺陷，应加倍抽查，若仍有超标缺陷，则应 100% 检验。

此外，焊条也应按图样的规定进行扩散氢含量的复验，并按批进行化学成分和力学性能的复验。

5. 焊接

(1) 施焊环境　当施焊环境出现下列任何一种情况，且无有效防护措施时禁止施焊。

① 雨天及雪天。

② 风速超过 6m/s。

③ 环境温度在 -5℃ 以下。

④ 相对湿度在 85% 以上。

（2）焊接要求 对焊接材料制造单位应制定焊接材料的储存、烘干及发放使用规定并严格执行；施焊现场必须使用保温效果良好的焊条保温筒；每次领用的焊条不得超过 4kg，最长使用时间不得超过 4h，否则必须返回烘干，且最多只可重复烘干两次；制造单位必须依据焊接工艺评定，制定具体焊接工艺标准，用于指导焊接施工；定位焊及临时辅件与承压件的焊接，其焊接工艺及焊工要求与球壳焊接相同；应根据减少焊接变形和残余应力的原则制定球壳合理的焊接顺序和焊工配置；施焊时应严格控制线能量，保证焊接线能量及焊接层间温度不超过焊接工艺评定或焊接工艺规程的规定；双面对接焊缝，单侧焊接后应进行背面清根。用碳弧气刨清根后，应用砂轮修整坡口形状尺寸，磨除渗碳层。材料标准抗拉强度下限值 $\sigma_b > 540MPa$ 的钢材清根后成形坡口应按 NB/T 47013.4—2015 进行 100% 渗透检测；承压焊缝应连续施焊，不得中间停焊，如因特殊原因中断，应采取措施以防产生裂纹，再次施焊前，应经磁粉检测或渗透检测确认无裂纹后，方可按原工艺要求继续施焊；图样有要求时，对球壳板与人孔、接管、支柱焊接的焊缝，以及人孔凸缘与法兰对接焊缝，焊后立即进行后热消氢处理，后热温度一般为 200~250℃，保温 0.5~1h，加热范围与温度测量等应与预热相同；焊接完成后，应在统一规定位置打上低应力焊工钢印，并应绘制焊缝编号及焊工钢印布置图，保证可跟踪性。

6. 检验

球罐的检验主要包括原材料的检验，车间制造检验，工地组装和焊接过程及焊后各项检验，竣工检验，以及投入生产后的使用安全检验。

原材料的检验主要对球片用钢板，人孔及其他接管锻件，支柱用无缝钢管的力学性能和化学成分进行核对和检查；车间制造检查主要是焊接检验以及制成零部件的几何尺寸精度的测量检查，并对所施焊的焊缝的质量进行检查；组装检验主要是测量组对并对点固焊后的球体的几何尺寸精度的检查；焊接检验主要是为保证遵守焊接工艺规程而进行的；焊接完成后的检验主要是对球体几何精度以及焊缝的无损探伤检查；竣工检验主要是水压试验，水压试验后的磁粉检测以及为保证焊缝和法兰接口处的严密性而须进行气密性试验；投入生产后的使用安全检查一方面是使用过程中对球体外观的检查判断，并检查安全阀、液位计及其他附属设备的性能是否良好，另一方面还应根据需要定期开罐检查，以判断是否发生腐蚀以及是否有延迟裂纹的发生、发展情况。上述检查和验收的标准应遵守下列标准及规定。

GB 50094—2010《球形储罐施工规范（附条文说明）》

GB 12337—2014《钢制球形储罐》

GB 150—2011《压力容器》

GB 713—2014《压力容器用钢板》

NB/T 47013—2015《承压设备无损检测》

GB/T 229—2007《金属材料 夏比摆锤冲击试验方法》

NB/T 47015—2011《压力容器焊接规程（包含勘误单 1）》

JB/T 4711—2003《压力容器涂敷与运输包装》

第二节　立式储罐

立式储罐与球形储罐不管在结构形式上还是在制造方法上都存在着差异，本节对其进行介绍。

一、立式储罐的种类和特点

立式圆筒形储罐一般按其顶部结构的不同，可分为固定顶储罐和浮顶储罐两种类型。

1. 固定顶储罐

固定顶储罐按罐顶的形式又可分为拱顶储罐、锥顶储罐等。

（1）拱顶储罐　拱顶储罐的罐顶为球面的一部分，它由构成球面的钢板和加强筋或加强梁组成，直接支承在罐壁上，如图4-7所示。拱顶储罐具有结构简单、施工方便、造价低廉的特点，并且能够承受较大的内压，是最为经济的一种储罐。在石油化工及相关领域得到最为广泛的使用，它主要用来储存挥发性不高、无毒的液体产品。

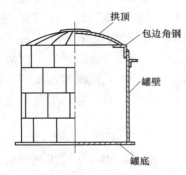

图 4-7　自支承拱顶罐简图

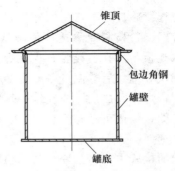

图 4-8　自支承锥顶罐简图

（2）锥顶储罐　锥顶储罐的罐顶为圆锥形。按其支承条件的不同，可分为自支承锥顶和支承锥顶两种，分别如图4-8和图4-9所示。自支承锥顶适用于直径较小的储罐，具有结构简单、施工方便等特点。储罐容量一般小于1000m³；支承式锥顶其锥顶载荷主要靠梁或檩条及柱来承担，其储罐容量可大于1000m³以上。

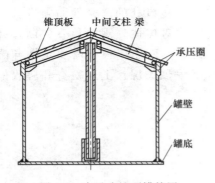

图 4-9　支承式锥顶罐简图

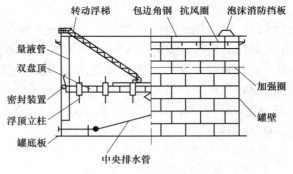

图 4-10　双盘式浮顶罐

2. 浮顶储罐

浮顶储罐可分为外浮顶储罐和内浮顶储罐（带盖浮顶储罐）。

（1）外浮顶储罐　外浮顶储罐的罐顶是直接漂浮在液面上的浮顶，随液面的高低上下浮动。浮顶与罐壁之间有密封装置，从而最大限度地降低了油品的蒸发损耗。浮顶按其结构分为双盘式浮顶和单盘式浮顶，如图 4-10 和图 4-11 所示。单盘式浮顶主要由单盘和环形浮仓（也称浮船）两部分组成。单盘式浮顶结构简单，材料消耗少，但易遭受雨水腐蚀，整体稳定性较差。双盘式浮顶主要由浮顶顶板、浮顶底板、边缘板、环向隔板及加强框架等部分组成。双盘式浮顶结构比较复杂，材料用量大，但整体稳定性好，安全性较高。

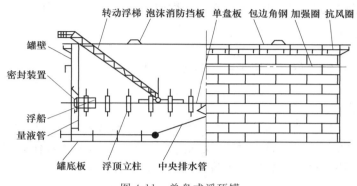

图 4-11　单盘式浮顶罐

（2）内浮顶储罐　内浮顶储罐是在固定顶内部再加上一个浮动顶盖，它主要由罐体、内浮盘、密封装置、导向装置等组成，如图 4-12 所示。内浮顶储罐的罐顶为拱顶与浮顶的组合，外部为拱顶，内部为浮顶。按其浮顶的结构与材质不同，可分为钢制内浮顶、铝制内浮顶等。内浮顶储罐的内部浮顶可以减少油品的蒸发损失，外部的拱顶又可以避免雨水、尘土等杂物进入罐内污染油品，所以用来储存易挥发的成品油，如航空煤油、汽油等。

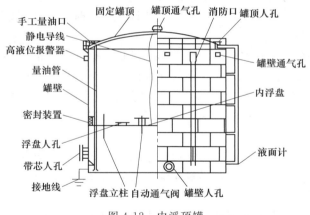

图 4-12　内浮顶罐

二、立式储罐主要附件结构

为了保证安全储存，满足计量、收发等操作要求，立式储罐必须配置适当的附件（或配件）。附件（或配件）的配置应保证正常油品收发操作，保证储存和收发作业过程中不发生火灾事故或储罐破坏事故，并能够延长储罐检修周期、方便检查维修工作。附件（或配件）应根据储罐的形式和所储存介质的特性进行选择。绝大部分附件（或配件）都有定型产品，可以直接选用，常用的附件如下。

1. 人孔

人孔是建造、检修和清理储罐时人员进入罐内的通道，同时兼有采光通风作用。所有储罐均应装设人孔。罐顶人孔可以选用常压人孔，罐壁人孔按压力选择，常用规格为 $DN600$。人孔接管材料应与所在罐体材料相同。

2. 透光孔

透光孔作为储罐放空后通风和采光之用，同时兼作人员进入罐内的通道。透光孔安装在固定顶的拱顶上，常用规格为 $DN500$ 和 $DN600$。

3. 量油孔

量油孔安装在储罐的顶部，用于手工检测与取样，常用规格为 $DN150$。固定顶和外浮顶上均可装设量油孔。

4. 罐顶通气孔

罐顶通气孔主要用于储存不易挥发介质的拱顶罐和不密闭的内浮顶罐。装设在固定顶最高点上（中心）。作用是保持储罐与外部大气直接连通，在储罐收发作业过程中使罐内保持常压。通气孔的大小按进出油罐的最大流量确定，常用规格为 $DN80\sim250$。

5. 齐平型清扫孔

齐平型清扫孔用于清除罐底非流质污物，安装在罐壁底部，下口与罐底平齐。一般储存重质油品（如原油、渣油等）的油罐需要装设清扫孔。常用规格有 200mm×400mm 和 600mm×600mm 两个规格，根据油罐大小确定。

6. 排污孔

排污孔用于清除罐底流质污物，安装在罐底边缘，在罐底上开设洞口。排污孔不适合装设在有非流质污物存在的油罐上，其他油罐有必要时都可以装设排污孔。排污孔可以与放水管结合使用，在排污孔法兰盖上开设放水管，开设排污孔时需要在基础上预留槽。

7. 呼吸阀与阻火器

储存易挥发的石油化工品和有毒的化工品的拱顶油罐和密闭的内浮顶油罐需要装设呼吸阀，其目的是降低油品的挥发损耗。呼吸阀使罐内油气与外部大气隔绝，只有当罐内正压达到呼吸阀额定正压时，罐内油气才能排出；同样只有当罐内真空度达到呼吸阀额定真空度时，罐外空气才能进入罐内，这样就减少了油罐内的物料损失。

8. 呼吸阀挡板

呼吸阀挡板安装在呼吸阀结合管的下部，结构非常简单，由连接杆和挡板组成，对降低蒸发损失的作用非常大。其原理就是尽量避免气流扰动高浓度的油气，以降低蒸发损失。

9. 固定式放水管

固定式放水管装设在需要定期放水的油罐上，安装在罐壁的底部。

10. 排水槽

排水槽装设在需要定期放水的油罐上，一般安装在罐底板中幅板外边缘处。需要在基础上预留槽，其具体结构尺寸参见油罐设计标准。

11. 搅拌设施的种类和结构特点

（1）种类　常用的搅拌设施种类有搅拌器和喷嘴两种。

侧向伸入式搅拌器主要有两种，一种是固定角度式搅拌器，另一种是可变角度式搅拌器。顶伸入式搅拌器一般采用固定角度式搅拌器。两种搅拌器的主要区别是：固定角度式搅拌器是按特定方向吐出液流，可变角度式搅拌器可以按左右一定的角度范围吐出液流。

喷嘴搅拌主要有固定喷嘴和旋转喷嘴两种。固定喷嘴搅拌方式易形成死角，应用较少，旋转喷嘴搅拌方式效果比较好，其喷嘴的旋转是靠被喷射液流的反作用力产生的。一般喷嘴旋转一周需要 2～4h。

（2）结构特点　搅拌器主要由驱动机构、螺旋桨叶和密封系统三部分组成。

驱动机构可分为锥齿轮传动和 V 带传动两种。锥齿轮传动具有传递功率大、结构紧凑、向罐壁外伸量小、对罐壁作用力小的特点，但其成本较高。V 带传动具有容易改变转速、制造简单、成本低的特点。

螺旋桨叶一般采用三叶螺旋桨，制造方法有整体铸造和模锻两种。桨叶的尺寸精度是制造中的主要问题，其对振动和搅拌效果影响较大。桨叶的表面粗糙度对搅拌效果影响也比较大。

密封系统主要采用机械密封，其特点是密封效果好、寿命长。填料密封结构简单，但泄漏量大，需要经常维修，很少采用。可变角度式搅拌器密封，常采用球体式双重填料密封。密封系统的泄漏是搅拌器使用中存在的主要问题。

旋转喷嘴搅拌系统主要由旋转喷嘴、转动装置和循环泵组成。旋转喷嘴偏心设置，产生反推力使其水平转动，为了控制喷嘴转动，设有转动装置。转动装置包括轴流涡轮和变速齿轮。喷嘴的转动速度可以调节。

12. 消防设施

装设在油罐上的消防设施主要由用于温度探测的感温电缆、泡沫系统、冷却水喷淋系统等。

感温电缆安装在浮顶油罐的环形密封处，沿圆周敷设，一般设置在二次密封或挡雨板下部，也可以设置在二次密封或挡雨板外部。当发生火灾时，局部温度超过设定值，发出报警信号。当设置在二次密封或挡雨板外部时，由于受日光照射，容易产生误报。

泡沫系统主要由泡沫输送管线、泡沫发生器、泡沫挡板等组成。泡沫系统通常安装在罐壁顶部，泡沫输送管线沿罐壁外部垂直向上，通过泡沫发生器，由罐壁顶部的接口向罐内输送泡沫。对于浮顶油罐，泡沫输送管线从罐内直接到达浮顶，通过分配器和放射状分配支管及泡沫发生器，直接将泡沫输送到密封环形空间处。

冷却水喷淋系统设置在罐壁外侧，主要由立管、环管和喷头组成，喷头沿环管均匀分布。对于设有抗风圈或加强圈的油罐，除了在罐壁顶部设置环管外，在每一圈抗风圈或加强圈处，都应设置环管。

三、立式储罐制造及检验

1. 立式储罐的制造

（1）材料及附件验收　建造储罐的材料和附件，应具有质量合格证明书。当无质量合格证明书或对质量合格证明书有疑问时，应进行复验。

建造储罐所用的钢板应逐张进行外观及厚度测定。对于厚度大于 25mm 或设计文件中要求进行超声波检测的钢板，应进行超声波检测复验。调质状态供货的钢板，应进行复验，复验内容包括化学成分、力学性能和超声波检测，化学成分按炉号复验，力学性能按批复验，超声波检测抽查钢板数量的 20%。

（2）预制　建造储罐所用钢板和型钢，使用前应进行预制。预制前应绘制排板图，考虑焊接收缩，排板时尺寸宜适当放大。采用的预制工艺不得使材料性能下降，化学成分不能发生改变。

预制包括下料切割、坡口制备及压制成形。切割，一般采用机械切割或火焰切割，机械切割适用于板厚较小的情况（厚度小于 10mm），火焰切割一般为自动或半自动火焰切割，钢板的切割面应平滑，不得有夹渣、分层、裂纹及熔渣等缺陷，火焰切割的硬化层应磨除。坡口的形式和尺寸应按国家标准 GB/T 985.1—2008 和 GB/T 985.2—2008 选用，同时应满足焊接方法和焊接设备的要求。对于高强度钢板及罐底边缘板，必要时对坡口表面应进行磁粉或渗透检测。

（3）罐壁排板预制时的要求

① 各圈罐壁的纵焊缝应相互错开，间距应大于 500mm。

② 底层罐壁的纵焊缝与罐底边缘板对接焊缝之间的距离应大于 200mm。

③ 包边角钢的对接焊缝与罐壁纵焊缝之间的距离应大于 200mm。

④ 罐壁开孔接管或补强板边缘与罐壁纵焊缝之间的距离应大于 200mm，与罐壁环焊缝之间的距离应大于 100mm。

⑤ 罐壁板的宽度不宜小于 1000mm，长度不宜小于 2000mm。

⑥ 罐壁尺寸偏差，应符合表 4-2 的要求。

表 4-2　罐壁尺寸允许偏差　　　　　　　　　　　　　　　　　　mm

测量部位	板长≥10mm	板长<10mm	测量部位	板长≥10mm	板长<10mm
宽度	±1.5	±1	直线度		
长度	±2	±1.5	宽度方向	≤1	≤1
对角线之差	≤3	≤2	长度方向	≤2	≤2

⑦ 成形后罐壁形状，用样板检查，水平方向间隙不得大于 4mm，垂直方向不得大于 1mm。

（4）罐底排板预制时的要求

① 罐底边缘板径向宽度，不宜小于 700mm。

② 中幅板的宽度不宜小于 1000mm，长度不宜小于 2000mm。

③ 底板任意相邻焊缝之间的距离不得小于 200mm。

④ 中幅板采用对接时，尺寸偏差要求与罐壁尺寸偏差要求一致。

⑤ 弓形边缘板的尺寸偏差，应符合表 4-3 的要求。

表 4-3　弓形边缘板尺寸允许偏差　　　　　　　　　　　　　　　mm

测　量　部　位	允　许　偏　差	测　量　部　位	允　许　偏　差
长度	±2	对角线之差	≤3
宽度	±2		

（5）固定顶顶板预制的要求

① 顶板任意相邻焊缝的间距，不得小于 200mm。

② 加强筋成形后，用弧形样板检查，间隙不得大于 2mm，加强筋与顶板组焊时，应采取防变形措施。

③ 顶板预制成形后，用弧形样板检查，间隙不得大于 10mm。

抗风圈、加强圈、包边角钢等弧形构件预制成形后，用弧形样板检查，间隙不得大于 2mm，水平翘曲不得超过构件长度的 0.1%，且不得大于 4mm。

（6）组装　在储罐安装前，应按土建基础设计文件对基础进行检查验收，合格后方可进行储罐组装。储罐组装过程中，应采取有效措施防止大风等自然条件造成储罐的失稳破坏。

储罐组装施工方法主要有正装法和倒装法。正装法是按照罐底、罐壁、罐顶的顺序进行组装焊接，特点是用料较多，高空作业量大，适用于外浮顶罐和柱支承锥顶罐。倒装法是按照罐底、罐顶、罐壁的顺序进行组装焊接，特点是减少脚手架用量，避免了大量的高空作业，适用于拱顶油罐。罐底组装比较简单，主要控制对接焊缝坡口间隙，以控制焊接变形。罐壁的组装非常重要，尤其是底层罐壁（倒装法施工的顶层罐壁）的组装精度，对罐体几何形状偏差影响极大，主要控制的项目有上口水平度、垂直度、半径偏差、对口错边量、角变形、局部凹凸度等。其他各圈壁板要求基本与底层相同。固定顶的组装主要控制包边角钢的半径偏差、支承柱的高度偏差及搭接宽度偏差等。浮顶的组装主要控制浮顶与底层罐壁的同轴度、外边缘板的圆度及密封间隙的偏差等。

（7）焊接　储罐主体焊缝的接头形式和焊接方法如下。

① 罐底　带垫板的对接焊缝采用电弧焊、电弧焊＋埋弧焊、气体保护焊＋埋弧焊；搭接焊缝采用电弧焊、气体保护焊。

② 罐壁　环焊缝采用电弧焊、埋弧焊；纵焊缝采用气焊、电弧焊、气体保护焊。

③ 罐顶　带垫板的对接焊缝采用电弧焊；搭接焊缝采用电弧焊、气体保护焊。

④ 罐壁与罐底连接　角焊缝采用电弧焊、电弧焊＋埋弧焊。

对于大型储罐，罐体主要焊缝基本都采用自动焊，并且有专用的自动焊机，如焊接罐壁纵缝的气焊、电弧焊，焊接罐壁环缝的埋弧横焊机，焊接罐壁与罐底连接角焊缝的埋弧角焊机，焊接罐底对接焊缝的平焊埋弧焊机及焊接搭接焊缝的半自动气体保护焊机等。

为了控制焊接变形，储罐的主要焊缝，采用收缩变形最小的焊接工艺与焊接顺序，必要时需要采取防变形措施或反变形工艺。

倒装拱顶罐的焊接顺序为：罐底中幅板焊缝→边缘板的对接焊缝外缘 300mm→顶层罐壁纵焊缝→包边角钢→罐顶板搭接缝→包边角钢与罐顶板焊缝→下层罐壁纵焊缝→罐壁环焊缝（直至底层罐壁）→罐壁与罐底之间大角焊缝→边缘板的对接焊缝剩余的部分→罐底中幅板与边缘板之间收缩缝。

外浮顶储罐的焊接顺序为：罐底中幅板焊缝→边缘板的对接焊缝外缘 300mm→底层罐壁纵焊缝→第二层罐壁纵焊缝→一二罐壁之间环焊缝→第三层罐壁纵焊缝→罐壁与罐底之间大焊缝→二三罐壁之间环焊缝→第四层罐壁纵焊缝（直至顶层罐壁）→包边角钢→边缘板的对接焊缝剩余的部分→罐底中幅板与边缘板之间收缩缝。

罐底中幅板、浮顶底板、浮顶顶板、浮顶单盘板焊接时，先焊短缝，后焊长缝，初层焊道采用分段退焊或跳焊法；大角焊缝焊接时，由数对焊工沿同一方向进行分段焊接；初层焊道采用分段退焊或跳焊法；罐壁环焊缝焊接时，焊工对称均匀分布，沿同一方向施焊；拱顶瓜皮板之间的搭接焊缝焊接时，由中心向外分段退焊。双面搭接角焊缝焊接时，先焊间断焊，后焊连续焊。

2. 立式储罐的检验

（1）焊缝外观检查　油罐的所有焊缝，均需要进行外观检查，检查前应将表面的熔渣、飞溅等清理干净，且不允许涂刷油漆。焊缝的表面质量，应符合下列规定。

① 焊缝表面及热影响区，不得有裂纹、气孔、夹渣和弧坑等缺陷。

② 对接焊缝的咬边深度不得大于 0.5mm，咬边的连续长度不得大于 100mm，焊缝两侧咬边的总长度，不得大于焊缝长度的 10%。高强度材料或厚度大于 25mm 的低合金钢罐壁纵焊缝的咬边，应打磨圆滑；大角焊缝内侧的咬边应打磨圆滑。

③ 罐壁纵焊缝不得有低于母材的凹陷。罐壁环焊缝不得有大于 0.5mm 的凹陷，连续凹陷长度不得大于 100mm，凹陷的总长度，不得大于焊缝长度的 10%。

④ 需要进行无损检测的焊缝,其表面质量应满足无损检测的要求。

⑤ 浮顶或内浮顶储罐壁内侧的加强高度应小于 1mm。

⑥ 焊缝宽度比坡口宽度大 2~4mm。

(2) 焊缝无损检测　为了确保焊接质量,焊缝需要进行无损检测。需要无损检测的焊缝应进行打磨,以达到无损检测要求的表面质量。储罐的特点就是焊缝长,如按压力容器的比例进行无损检测,工作量非常大,因此采用少量抽查的方式监督油罐焊缝的焊接质量。储罐对接焊缝的焊接接头系数取法与压力容器也有不同,压力容器焊缝进行局部无损检测时,焊接接头系数最大取 0.85,而储罐无论检测比例多少,焊接接头系数均取 0.9。无损检测合格级别方面,与压力容器也有不同,一般要求射线检测 Ⅱ 级、超声波检测 Ⅰ 级合格。

(3) 罐体几何形状和尺寸检查　储罐是典型的薄壁容器,由钢板拼接而成,控制变形是施工中要解决的主要问题之一,这也是制造油罐与压力容器的主要区别。特别是装有浮顶的油罐,保证几何形状对安全操作极为重要。油罐组装焊接完毕后,几何形状和尺寸应符合下列要求。

① 罐壁高度的允许偏差,不应大于罐壁高度的 0.5%。

② 罐壁垂直度的允许偏差,不应大于罐壁高度的 0.4%,且不得大于 50mm。

③ 底层罐壁内半径的允许偏差,应符合表 4-4 的规定。

表 4-4　底层罐壁内半径的允许误差

油罐直径/m	半径允许偏差/mm	油罐直径/m	半径允许偏差/mm
$D \leq 12.5$	±13	$45 < D \leq 76$	±25
$12.5 < D \leq 45$	±19	$D > 76$	±32

④ 罐壁局部凹凸变形,当罐壁厚度不超过 25mm 时,凹凸变形不大于 13mm;当罐壁厚度大于 25mm 时,凹凸变形不大于 10mm。

⑤ 浮顶外边缘板与底层罐壁之间的密封间隙允许偏差为 ±15mm。

⑥ 罐底局部凹凸变形,不应大于变形长度的 2%,且不应大于 50mm。

⑦ 浮顶单盘板的局部凹凸变形,不应大于变形长度的 2%,且不应大于 70mm。单盘板的局部凹凸变形不得影响浮顶排水。

⑧ 浮顶顶板或浮舱顶板的局部凹凸变形,用直线样板测量,间隙不应大于 10mm。

⑨ 固定顶的局部凹凸变形,用弧形样板检查,间隙不应大于 15mm。

3. 充水试验

储罐建造完毕后,需要进行充水试验,充水试验的目的是验证储罐的整体强度、稳定性以及基础的承载能力,主要内容有:罐体的严密性,包括罐底、罐壁、固定顶、浮顶等;罐体的强度和稳定性,包括罐壁、固定顶、浮顶等;浮顶和内浮顶的升降试验;浮顶排水系统的严密性;基础沉降试验及观测。

在油罐的充水试验中,各项试验内容、方法及要求如下。

① 罐底的严密性试验,以充水试验全过程中罐底无渗漏为合格。罐底有无渗漏采用基础上的信号孔进行检查。

② 罐壁的强度及严密性试验,以充水到设计最高液位并至少保压 48h 后,罐壁无渗漏、无异常变形为合格。

③ 固定顶的强度及严密性试验,在罐内水位达到设计最高液位下 1m 时,用继续充水的方法进行。试验压力为 1.1 倍的设计正压力。当罐内气相空间压力达到试验压力后,应以

罐顶无异常变形、无渗漏为合格。对于非密闭的内浮顶油罐，可以免做此项试验。

固定顶的稳定性试验，在罐内水位达到设计最高液位时，用放水的方法进行，试验负压不低于 1.1 倍的设计负压与罐顶附加载荷之和，且不得低于 1200Pa。试验时应缓慢降压，达到试验负压时，罐顶无异常变形为合格。

固定顶试验后，应立刻打开通气口，使罐内压力恢复常压。气温剧烈变化等容易引起罐内压力异常变化的天气，不宜进行固定顶的强度、严密性及稳定性试验，以防止罐顶破坏。

④ 浮顶、内浮顶的升降试验在油罐充、放水过程中进行，以浮顶升降平稳，导向机构、密封装置、自动通气阀支柱等有相对运动部件间无卡涩、干扰现象，转动扶梯灵活，浮顶与液面接触部位无渗漏为合格。

⑤ 浮顶排水系统的严密性，应以浮顶在升降过程中，排水系统无渗漏为合格。

⑥ 在油罐的充水试验中，应对基础进行沉降观测。

第三节　卧式储罐

卧式储罐与卧式容器类似，但由于其储存介质的特殊性，因此对地下卧式储罐的结构有其特殊要求，本节对其进行介绍。

一、结构特点

卧式储罐是指在正常工作状态时容器筒体水平放置的容器，主要由筒体、封头和支座组成。筒体通常是圆形的，封头有椭圆形、球形、碟形和平封头等形式。卧式储罐分为地面卧式储罐和地下卧式储罐。

1. 地面卧式储罐

这类储罐的基本结构见图 4-13，主要由圆筒、封头和支座三部分组成。封头通常采用 JB/T 4746—2002《钢制压力容器用封头》中的标准椭圆形封头。支座采用 JB/T 4712. 1—2007《容器支座 第一部分：鞍式支座》，如图 4-13 (a) 所示，也可根据需要采用圈座和支承式支座，如图 4-13 (b)、(c) 所示。

2. 地下卧式储罐

地下卧式储罐的结构如图 4-14 所示，采用地下卧式储罐是为了减少占地面积和安全防火距离。液化气体储罐有时采用埋地安装还有一个主要原因是为了避开环境温度对它的影响，从而维持地下卧式液化气体储罐的基本稳定。

卧式储罐的埋地措施分两种：其一为卧式储罐安装在地下预先构筑的空间里（地下室）；其二为将卧式储罐安放在地下设置的支座上，储罐外壳涂有沥青防锈层，必要时再设置附加牺牲阳极保护设施，最后采取地土埋设方法，并达到预期的埋土高度。

与地面卧式储罐一样，除了圆筒、封头和支座三个主要部分外，另有工艺接管、仪表管和安全泄放装置接口等。这些接管或接口，为了适应埋地状况下的安装、检修和维护，一般采用集中安放措施，通常设置在一个或几个人孔盖板上。

牺牲阳极保护法，实际上是从外部导入阴极电流到需要保护的地下储罐上，使设备全部表面都成为阴极，它在腐蚀电池中接受电子产生还原反应，只有阳极才发生腐蚀。导入外电流有两种方法：一是从外部接上直流电源，体系中连接一块导流电极作为阳极；另一是连接一块电位较负的金属（如锌、镁、铝等）。

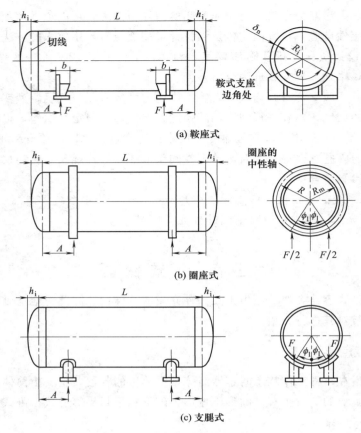

(a) 鞍座式

(b) 圈座式

(c) 支腿式

图 4-13 卧式储罐及其支座形式

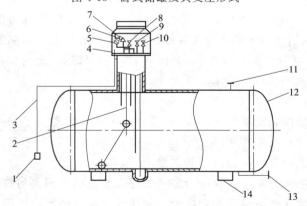

图 4-14 地下储罐结构示意图

1—牺牲阳极；2—浮子液面计；3—金属导线；4—电线保护测试点；5—压力表；
6—护罩；7—安全阀；8—罐装气相阀门；9—罐装液相阀门；10—排污和倒空管阀门；
11—罐间气相连接管；12—罐体；13—罐间液相连接管；14—支座

二、主要附件结构

1. 鞍式支座

鞍座有焊制和弯制两种。焊制鞍座是由垫板、腹板、筋板和底板构成。弯制鞍座的腹板与底板是由同一块钢板弯制而成。鞍式支座的结构、数目要求及安装在第一章已经详述，在此不再重复。

2. 圈座

卧式储罐在下列情况下可采用圈座：

① 因自身重量而可能造成严重挠曲的薄壁容器；

② 多于两个支承的长容器，除常温常压下操作的容器外，至少应有一个圈座是滑动支承结构。

当储罐采用两个圈座支承时，圆筒所承受的支座反力、轴向弯矩及其相应的轴向应力的计算及校核均与鞍式支座相同。

圈式支座一般适用于大直径的薄壁容器和真空操作的薄壁容器。

三、制造及检验

1. 制造、检验及验收

卧式压力容器的制造、检验及验收应符合 GB 150—2011 的规定；卧式常压容器应符合 NB/T 47003.1—2009《钢制焊接常压容器》的规定，且应遵守 NB/T 47042—2014《卧式容器》及图样中的规定要求。

2. 焊接接头

卧式容器壳体的焊接接头设计应符合 GB 150—2011 及有关行业标准的规定。符合下列条件的容器应采用全焊透的焊接接头。

①储存及处理极度、高度危害介质。

②储存易燃易爆的液化气、液氨、H_2S 等介质。

③低温压力容器。

④符合 GB 150—2011 规定的容器。

对全焊透焊接接头宜采用氩弧焊打底，并进行 100% 射线（按 NB/T 47013.2—2015 中的 II 级）或超声波 NB/T 47013.3—2015 中的 I 级检测。

对要求局部（≥20%）检测的焊接接头，其射线检测按 NB/T 47013.2—2015 III 级合格；超声波检测按 NB/T 47013.3—2015 II 级合格。

对容器壁厚≥38mm，且 σ_b≥540MPa 的材料应按 GB150—2011《压力容器》，采用射线检测另补加局部（≥20%）超声波检测，或采用超探补加局部射线检测。

3. 整体消除应力热处理

有下列情况者应对卧式容器进行整体消除应力热处理。

按 GB 150—2011 所列各情况。其中，对应力腐蚀的工况，主要有：湿 H_2S，H_2S 严重腐蚀（工作压力>1.6MPa，H_2S-HCN 共存及 pH≤9）；氢腐蚀；液态氨（含水≤0.2% 且有可能被 O_2 或 CO_2 污染，及使用温度高于－5℃）。

热处理前应将需焊在容器上的连接件（梯子、平台连接垫板、保温支承件等）焊于容器上，热处理后不允许再施焊。

4. 压力试验和气密性试验

卧式容器的压力试验和气密性试验按 GB 150—2011 进行。

有下列情况时，容器应进行气密性试验。

① 易燃易爆介质。

② 介质为极度或高度危害时。

③ 对真空度有严格要求时。

④ 如有泄漏将危及容器的安全性（如衬里等）和正常操作时。

进行气密性试验时应将补强板、垫板上的信号孔打开。压力试验和气密性试验按照在第一章介绍的方法进行。

同步练习

一、填空题

1. 球形储罐按支柱形式可分为（　　　　）、（　　　　）、（　　　　）以及安装在混凝土基础上的半埋式等。

2. 球壳结构主要有（　　　　）、单壳双层、双壳单层等，单壳单层的球壳结构形式主要分（　　　　）、（　　　　）和混合式三种。

3. 球形储罐支柱与球壳连接下部结构一般分（　　　　）、连接处下端加托板、（　　　　）和翻边四种。

4. 球罐的喷淋装置有（　　　　）和降温喷淋两种。

5. 球形储罐的安全附件通常包括（　　　　）、（　　　　）、温度计、液位计等。

6. 球瓣的成形操作分为（　　　　）、（　　　　）及温压。

7. 球罐整体组装法是指在（　　　　）用工夹具逐一组装成球，而后一并焊接的方法。

8. 球罐的检验主要包括（　　　　）的检验，（　　　　）检验，工地组装和焊接过程及焊后各项检验，竣工检验，以及投入生产后的使用安全检验。

9. 立式圆筒形储罐一般按其顶部结构的不同，可分为（　　　　）和浮顶储罐两种类型。

10. 卧式储罐是指在正常工作状态时容器筒体水平放置的容器，主要由（　　　　）、封头和支座组成。

11. 卧式储罐的支座主要有（　　　　）、（　　　　）和腿式支座三种。

12. 鞍座有焊制和弯制两种。焊制鞍座是由（　　　　）、（　　　　）、（　　　　）和底板构成。

二、简答题

1. 简述球形储罐的特点。

2. 简述球形储罐赤道正切柱式支座的结构特点。

3. 简述球瓣冷压、热压及温压三种成形方法的优缺点。

4. 简述球形储罐焊接要求。

5. 简述立式储罐主要附件。

6. 球形储罐和立式储罐的制造工艺有何异同点？

第五章 高压容器与反应器

知识目标： 通过本章学习了解各种高压容器筒体的结构特点，熟悉各种高压容器密封结构；了解反应器的种类，熟悉各种搅拌器结构特点和使用要求。

能力目标： 熟悉高压容器的各种制造工艺和检验方法，掌握高压容器自紧密封结构的工作原理，熟悉机械搅拌反应器的结构特点，能够焊接高压容器的相关焊缝。

第一节 高压容器

随着近代工业的迅速发展，高压容器和超高压容器获得越来越广泛的应用。如合成氨工业中的高压设备压力为 15～60MPa；合成甲醇工业中的高压设备压力为 15～30MPa；合成尿素工业中的高压设备压力为 20MPa；石油加氢工业中的高压设备压力为 8～70MPa；乙烯气体在超过 100MPa 的超高压条件下进行聚合反应。

在高压条件下不仅能促进化学反应，大大减小反应设备的容积，而且还可以改善一些物质的表面状态、分子排列以及物理性能。高压及超高压容器现已成为化学工业、石油化工、人造水晶、合成金刚石等的重要设备。

为了安全管理的需要，我国的《压力容器安全技术监察规程》中将设计压力在 10～100MPa 之间的压力容器称为高压容器；而将压力在 100MPa 以上的压力容器称为超高压容器。它们一般都属于第三类压力容器。

一、高压容器筒体结构

1. 高压容器特点

（1）结构细长 容器直径越大，壁厚也越大。这就需要大的锻件、厚的钢板，相应地要有大型冶、锻设备，大型轧机和大型加工机械。同时，还给焊接的缺陷控制、残余应力消除、热处理设备及生产成本等带来许多不利因素。另外，因介质对端盖的作用力与直径的平方成正比，直径越大密封就越困难。因此，高压容器在结构上设计得比较细长，长径比达 12～15，最高达 28，这样制造较有把握，密封也可靠。

（2）采用平盖或球形封头 以前由于制造水平和密封结构形式的限制，一般较小直径的可拆封头不采用凸形结构而采用平盖。但平盖受力条件差、材料消耗多、笨重，且大型锻件质量难以保证，故平盖仅在 1m 以下直径的高压容器中采用。目前，大型高压容器趋向采用不可拆的半球形封头，结构更为合理经济。

（3）密封结构特殊多样 高压容器的密封结构是最为特殊的结构。一般采用金属密封圈，而且密封元件形式多样。高压容器应尽可能利用介质的高压作用来帮助将密封圈压紧，因此，出现了多种形式的"自紧式"密封结构。另外，为尽量减少可拆结构给密封带来的困难，一般仅一端可拆，另一端不可拆。

（4）高压筒体限制开孔 为使筒体不致因开孔而导致筒体强度被削弱，在以往的规定中要求在筒体上不开孔，只允许将孔开在法兰盖或封头上，或只允许开小孔（如测温孔）。目前，由于生产上的迫切需要，而且由于设计与制造水平的提高，允许在有合理补强的条件下开较大直径的孔，开孔直径达筒体直径的1/3。

高压和超高压容器主要是圆筒容器，其应力分布特点是：在三个主应力中，周向应力最大，周向应力中又以内壁应力最大，而且沿壁厚分布很不均匀，随着直径比的增大，不均匀程度更为严重。

高压筒体一般具有较大的壁厚，因而出现了许多筒体结构形式。以筒体的组成结构分类有单层式和组合式两类。由于制造形式的不同，单层式筒体中有整体锻造式、锻焊式、铸-锻-焊式、单层卷焊式、电渣重熔式等。组合式筒体还可分为多层式和缠绕式两种。多层式筒体包括多层包扎式、多层螺旋包扎式、多层热套式。缠绕式容器，包括以各种形状的钢带连续缠绕的筒体，如型槽钢带式、扁平钢带式、绕丝式筒体等。典型高压容器的制造方法第二章已经介绍，这里不再重复。

2. 高压容器结构

高压容器与中低压容器一样，一般由筒体、封头、法兰、密封装置、接管、支座等部分组成。对于封头、法兰、接管、支座等部分已经在第一章中介绍，筒体制造在第二章中也已经介绍，因此这里仅介绍密封结构。

二、高压容器密封结构

高压容器的密封结构是整个设备中的一个关键部分，密封结构的严密性和完善性常常是影响容器是否能够正常运行的重要因素之一。近年来，随着高压容器和超高压容器越来越广泛的应用，对密封结构也提出了更多的新要求，对密封的可靠性要求也越来越高。多数高压容器和超高压容器的操作条件都是很复杂的，且大多伴有压力脉动、温度脉动等，这些都给密封结构的设计带来很大的困难。所以，密封结构必须考虑操作压力的大小及其波动范围和频率、操作温度变化情况、介质的特性及其对材质的要求、容器的几何尺寸及操作空间等。高压密封形式大致可分为以下三类。

① 强制密封：它主要有平垫密封、卡扎里密封、单锥环密封、透镜式密封几类。

② 半自紧密封：双锥环密封属于半自紧式密封。

③ 自紧密封：它主要有伍德式密封、N. E. C. 式密封、O形环、B形环、C形环、八角垫、椭圆垫、楔形环、Bridgman密封、组合式密封等。

强制密封依靠螺栓的拉紧来保证顶盖、密封元件和筒体端部之间有一定的接触压力，以达到密封效果。由于压力增大后螺栓变形、顶盖上升等因素，导致密封垫圈的接触压力降低，这就要求强制密封必须有很大的螺栓预紧力才能保证密封效果。若压力很高时，强制密封很难达到密封效果，故强制密封较少应用于高压容器和超高压容器中。

半自紧密封虽然具有一定的自紧性，但由于其结构特点，随着压力的升高，密封元件与顶盖、筒体端部之间的接触力仍会有一定程度的降低，这就造成实际上仍要有很大的预紧力才能达到密封效果，由此限制了它的使用范围。

自紧密封与上述两种情况不同，当压力升高后，由于其结构特点，密封元件与顶盖、筒体端部之间的接触力加大，密封效果更好；压力越高，密封效果越好。螺栓仅需保证初始密封所需的预紧力，因此，为简化容器顶部结构，减小几何尺寸提供了可能性。自紧密封的发展是容器向大直径、高压力发展的必然趋势。

1. 平垫密封

金属平垫密封结构形式如图 5-1 所示。它属于强制性密封，在连接表面间放有用软材料或金属制成的垫片，在螺栓预紧力作用下，接触面的不平处，亦即介质可能漏出的间隙或孔道，被挤压后塑性变形的垫片材料所填充，因而达到了密封的目的。

为了改善密封的性能，可在密封面上开 1～2 条三角形截面沟槽，槽深、槽宽尺寸各为 1mm，两沟中心相距为 5mm。这种密封结构形式一般只适用于温度不高的中小型高压容器上。它的结构简单，在直径小、压力不高时密封可靠，垫片及密封面加工容易，使用经验较多，也比较成熟。但在直径大、压力高、温度高（200℃以上）或温度压力波动较大时，要求有较大的螺栓预紧力，密封性能比较差。由于螺栓载荷与介质静压力、垫片面积成正比，因此，在压力高、设备内径大时，螺栓尺寸也较大，从而法兰、顶盖尺寸增大，使结构笨重，装卸不便。

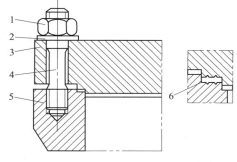

图 5-1　平垫密封结构

1—螺母；2—垫圈；3—顶盖；4—主螺栓；
5—筒体端部；6—平垫片

2. 卡扎里密封

卡扎里密封有 3 种形式，即外螺纹卡扎里密封，如图 5-2 所示；内螺纹卡扎里密封，如图 5-3 所示；改良卡扎里密封，如图 5-4 所示。

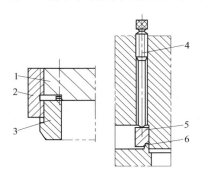

图 5-2　外螺纹卡扎里密封

1—顶盖；2—螺纹套筒；3—筒体端部；
4—预紧螺栓；5—压环；6—密封垫

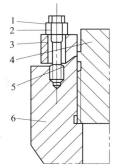

图 5-3　内螺纹卡扎里密封

1—螺栓；2—螺母；3—压环；
4—顶盖；5—密封垫；
6—筒体端部

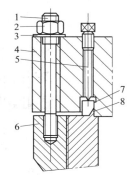

图 5-4　改良卡扎里密封

1—主螺栓；2—主螺母；3—垫圈；
4—顶盖；5—预紧螺栓；6—筒体
端部法兰；7—压环；8—密封垫

这三种形式的卡扎里密封均属强制密封。它们的共同特点是用压环和预紧螺栓将三角形垫片压紧来保证密封，与平垫不同的是介质作用在顶盖上的轴向力，在外、内卡扎里密封中是由螺纹套筒或端部法兰螺纹承受，在改良卡扎里密封中仍由主螺栓承受。而保证密封垫密封比压的载荷都是由预紧螺栓承担。在操作过程中，若发现预紧螺栓有松动现象，可以继续上紧，因而密封可靠。

外卡扎里螺纹套筒是一个带有上、下两段锯齿形螺纹的长套筒，套筒的下段是连续螺纹，上段开有 6 个间隔为 30°凹凸槽的间断螺纹。装配时将顶盖（也车有 6 个间隔为 30°凹凸槽的间断螺纹）插入套筒，转过 30°就可使盖与筒体相连接。为了避免压环的自由移动有专门的拉紧螺栓将压环拉住。

比较这三种形式，内螺纹卡扎里密封顶盖占高压空间多，锻件尺寸大，螺纹受介质影响大，工作条件差，上紧时不如外螺纹卡扎里密封省力，但在较小直径的设备上采用较适合压缩机辅机设备。改良卡扎里密封仍有主螺栓，反而使得头盖上螺栓多，显得结构拥挤，所以采用较少。结构较好的为外螺纹卡扎里密封，故采用较广泛。

外卡扎里密封的优缺点如下：

① 紧固元件采用长套筒可以省去大直径主螺栓；

② 采用了开有凹凸槽的间断螺纹套筒，因而装卸方便；

③ 在同样压力下，套筒轴向变形远小于螺栓的轴向变形，因此对安装有利，安装时预应力较小；

④ 锯齿形螺纹加工困难，精度要求高；

⑤ 卡扎里密封适用于大直径和较高压力的范围。

一般用于 $D_i \geqslant 1000\text{mm}$，$T \leqslant 350℃$，$p \geqslant 30\text{MPa}$ 范围内。垫片材料与平垫密封相同。

3. 双锥密封

双锥密封是一种半自紧式密封，其结构形式如图 5-5 所示。在密封锥面上放有 1mm 左右厚的金属软垫片，垫片靠主螺栓的预紧力压紧，使软垫片产生塑性变形，以达到初始密封。常用金属软垫为铝。为了增加密封的可靠性，双锥环密封面上开有 2～3 条半径为 1～1.5mm，深为 1mm 的半圆形沟槽。双锥环置于筒体与顶盖之间，借助托环将双锥环托住，以便于装拆，托环用螺钉固定在端盖的底部。操作时，介质压力使顶盖向上抬起而导致双锥环向外回弹，这和强制密封的平垫片回弹原理是相似的。

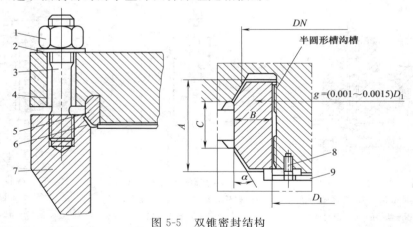

图 5-5　双锥密封结构

1—主螺母；2—垫圈；3—主螺栓；4—顶盖；5—双锥环；6—软金属垫片；

7—筒体端部；8—螺钉；9—托环

顶盖的圆柱面对双锥环起支承作用，它与环的内表面之间留有间隙，预紧时，双锥环被压缩贴向顶盖，与圆柱面成为一体，以限制双锥环的变形。圆柱面上铣有纵向沟槽，以便压力介质进入，使双锥环径向扩张，从而起到径向自紧作用。所以，双锥密封兼有强制及自紧两种密封机理，属于半自紧式密封。

双锥密封的优点如下：

① 结构简单，制造容易，加工精度要求不太高，因而生产周期较短；

② 这种密封结构可以用于较高的压力、较高的温度和较大直径范围内，由于双锥环径向的自紧作用，故在压力和温度波动不大情况下，密封性能仍然良好；

③ 主螺栓预紧力比平垫密封小。

双锥密封适用于 $p=6.4\sim35MPa$，$T=0\sim400℃$，$D_i=400\sim2000mm$ 的容器。

4. 伍德式密封

伍德式密封如图 5-6 所示，由封头（为特有的伍德式封头）、筒体端部、牵制螺栓、牵制环、四合环、拉紧螺栓、楔形压垫等元件组成。预装时，端部平盖封头落在筒体端部法兰的凸肩上，随后上紧牵制螺栓而把平盖封头向上吊起，以便使它和楔形压垫形成接触，在此接触面（实为一狭窄的环带）上达到预紧密封；相应地，上紧拉紧螺栓时使四合环向外扩张，四合环的扩张也将楔形压垫压紧在平盖封头的球面上，以达到预紧密封。介质压力升起后，使顶盖略为向上浮动，导致封头球面部分和楔形压垫之间的压紧力增加，以保证操作状态的密封。封头和楔形压垫之间的密封比压随介质压力的提高而增加，因此伍德式密封属于轴向自紧式密封结构。

随着介质压力的升高，顶盖略为向上抬起，在预紧状态下所构成的牵制螺栓拉力则相应地减小直至消失，楔形压垫和封头球面之间的预紧密封比压转化为由介质压力直接引起的工作密封比压。

楔形压垫和封头球面之间近于线接触，为保证密封性能，在预紧状态下要求达到足够的线密封比压，对碳钢或低合金钢，我国现行容器标准推荐的线密封比压为 $200\sim300N/mm$。

由于楔形压垫是开有周向环槽的弹性体，所以，当介质压力或温度略有波动而使封头产生微量的向上或向下移动时，楔形压垫可以产生相应的伸缩，所以，伍德式密封结构即使在介质压力、温度波动时仍能保持良好的密封性能。

5. N.E.C. 式密封

N.E.C. 式密封是轴向自紧式密封的一种，又称为氮气密封，其结构如图 5-7 所示。密封垫通常是退火紫铜、铝、软钢、不锈钢等软金属制成的楔形垫，置于容器顶盖和筒体端部之间。预紧时，上紧主螺栓通过压环将楔形垫压紧在顶盖和筒体端部的密封面上。类似的另一种轴向自紧式密封采用平垫片，称为布里奇曼式密封。工作时，介质压力的升起使顶盖向上浮动，楔形压垫和顶盖、筒体端部密封面之间的预紧密封比压转为工作密封比压。介质压力越高，楔形压垫上实际产生的工作密封比压越大，密封越可靠。

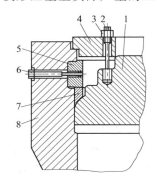

图 5-6 伍德式密封结构

1—顶盖；2—牵制螺栓；3—螺母；4—牵制环；5—四合环；6—拉紧螺栓；7—楔形压垫；8—筒体端部

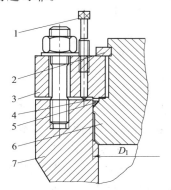

图 5-7 N.E.C. 式密封结构

1—顶丝；2—卡环；3—压紧顶盖；4—压环；5—楔形环；6—凸肩顶盖；7—筒体端部

由于采用软金属垫片且为自紧式密封，故主螺栓在预紧和操作状态的载荷都比较小。由于顶盖可以上下略为浮动，所以，在介质压力、温度波动的条件下仍能保持良好的密封性。N.E.C. 式密封采用软金属垫，所以，在运行过程中易被挤压在顶盖和筒体端部之间的间隙中,使打开顶盖困难;且顶盖尺寸较大,拆卸不便,占用高压空间多,故一般适用于直径不超过 1000mm 的中小型高压容器。

6. 其他密封结构和密封垫片

除上述几种密封外,还有密封结构和密封垫片类型可以相互组合使用的。密封结构有卡箍连接结构和抗剪连接结构。密封垫片有 C 形环密封、O 形环密封、三角垫密封、八角垫和椭圆垫密封、透镜式密封、密封焊密封。

三、高压容器制造及检验

1. 单层和多层高压容器的比较

目前高压容器的制造和结构形式中,有单层结构和多层结构形式,参见表 5-1。单层结构压力容器中以单层卷焊式为主;多层结构压力容器中有热套式、扁平钢带倾角错绕式、层板包扎式等。

表 5-1　高压容器结构形式

单 层 容 器	多 层 容 器	单 层 容 器	多 层 容 器
单层卷焊式 整体锻造式 半片筒节冲压拼焊式 锻焊式	热套式 扁平钢带错绕式 层板包扎式 绕板式	锻造焊式 电渣垂熔式 引伸式	绕丝式

单层容器和多层容器在制造工艺上各有特点,比较如下。

① 单层容器相对多层容器,其制造工艺过程简单、生产效率较高。多层容器工艺过程较复杂,工序较多,生产周期长。

② 单层容器使用钢板相对较厚,而厚钢板(尤其是超厚钢板)的轧制比较困难,抗脆裂性能比薄板差,质量不易保证,价格昂贵。多层容器所用钢板相对较薄,质量均匀易保证,抗脆裂性好。

③ 多层容器的安全性比单层容器高,多层容器的每层钢板相对抗脆裂性好,而且不会产生瞬时的脆性破坏,即使个别层板存在缺陷,也不至延展至其他层板。另外,多层容器的每个筒节的层板上都钻有透气孔,可以排出层间气体,若内筒发生腐蚀破坏,介质由透气孔泄出也易于发现。

④ 多层容器由于层间间隙的存在,所以导热性比单层容器小得多,高温工作时热应力大。

⑤ 由于多层容器层板间隙的存在,环焊缝处必然存在缺口的应力集中。

⑥ 多层容器没有深的纵焊缝,但它的深环焊缝难于进行热处理。

⑦ 单层厚壁容器在内压作用下,筒体沿壁厚方向的应力分布很不均匀,筒体内壁面应力大、外壁面应力小,随着筒体外直径和内直径之比的增大,这种不均匀性更为突出。为提高厚壁筒的承载能力,在内壁面产生预压缩应力,达到均化应力沿壁厚分布的目的,出现了各种形式的多层筒体结构。热套式筒体是典型的多层筒体结构。

2. 高压容器制造

高压容器制造方法很多,在第二章中已经详细介绍,所以在此不再赘述。高压容器的制造、检验及验收应符合 GB 150—2011 的规定,具体有以下几个方面。

(1) 坡口表面要求

① 坡口表面不得有裂纹、分层、夹渣等缺陷。

② 材料的标准抗拉强度 $\sigma_b > 540MPa$ 的钢材及 Cr-Mo 低合金钢材经火焰切割的坡口，应进行磁粉或渗透检测，并保证合格。当无法进行磁粉或渗透检测时，应由切割工艺保证坡口质量。

③ 施焊前，应清除坡口及其母材两侧表面 20mm 范围内（以离坡口边缘的距离计）的氧化物、油污、熔渣及其他有害杂质，以免影响焊缝质量。

（2）封头的技术要求

① 封头各种不相交拼接焊缝中心线间的距离至少应为钢材厚度 δ_n 的 3 倍，且不小于 100mm。封头由瓣片和顶圆板拼接制成时，焊缝方向只允许是径向和环向布置，如图 5-8 所示。先拼板后成形的封头拼接焊缝，在成形前应将焊缝打磨与母材齐平。

② 用弦长等于封头内直径 3/4 的内样板检查椭圆形、碟形、球形封头内表面的形状偏差，如图 5-9 所示，其最大间隙不得大于封头内径 D_i 的 1.25％。检查时应将样板垂直于待测表面。对先成瓣后拼接的封头，允许样板避开焊缝进行测量。

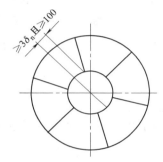

图 5-8　瓣片和顶圆板拼接要求

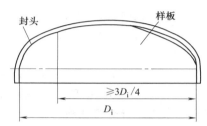

图 5-9　内样板检查封头内表面的形状偏差

③ 碟形及折边锥形封头，其过渡区转角半径不得小于图样的规定值。

④ 封头直边部分的纵向皱褶深度应不大于 1.5mm。

⑤ 球形封头分瓣冲压的瓣片尺寸允许偏差应符合 GB 12337—2014《钢制球形储罐》的有关规定。

（3）圆筒与壳体

① A、B 类焊接接头，对口错边量 b，如图 5-10 所示，其值应符合表 5-2 规定。锻焊容器 B 类焊接接头对口错边量 b 应不大于对口处钢材厚度 δ_n 的 1/8，且不大于 5mm。

表 5-2　焊缝对接接头对口错边量

对口处的名义厚度 δ_n/mm	按焊接接头类别划分对口错边量 b/mm	
	A	B
≤12	≤$1/4\delta_n$	≤$1/4\delta_n$
>12～20	≤3	≤$1/4\delta_n$
>20～40	≤3	≤5
>40～50	≤3	≤$1/8\delta_n$
>50	≤$1/16\delta_n$，且≤10	≤$1/8\delta_n$，且≤20

注：对球形封头与圆筒连接的环向焊接接头以及嵌入式接管与圆筒或封头对接连接的 A 类接头，按 B 类焊接接头的对口错边量要求。复合钢板的对口错边量，不大于钢板复合层厚度的 5％，且不大于 2mm。

② 焊接接头环向形成的棱角 E，如图 5-11 所示，用弦长等于 $1/6D_i$，且不小于 300mm 的内样板或外样板检查，其 E 值不得大于 $(\delta_n/10+2)mm$，且不大于 5mm。

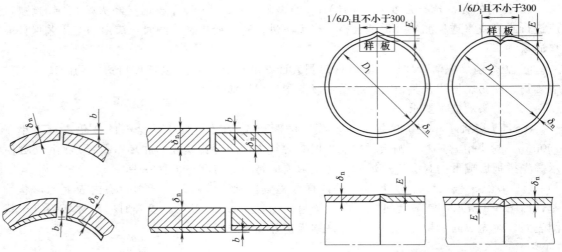

图 5-10　A、B 类焊接接头对口错变量　　　　图 5-11　焊接接头环向形成的棱角 E

在焊接接头轴向形成的棱角 E，用长度不小于 300mm 的直尺检查，其 E 值不得大于 $(\delta_n/10+2)$mm，且不大于 5mm。

③ B 类焊接接头以及圆筒与球形封头相连的 A 类焊接接头，当两侧钢板厚度不等时，若薄板厚度不大于 10mm，两板厚度差超过 3mm；若薄板厚度大于 10mm，两板厚度差大于薄板的 30%，或超过 5mm 时，均应按图样（见图 5-12）的要求单面或双面削薄厚板边缘，或按同样要求采用堆焊方法将薄板边缘焊成斜面。

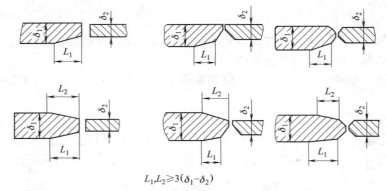

$$L_1,L_2\geqslant3(\delta_1-\delta_2)$$

图 5-12　单面或双面削薄厚板边缘

当两板厚度差小于上列数值时，则对口错边量 b 按第①条要求，且对口错边量 b 以较薄板为基准确定。在测量对口错边量 b 时，不应计入两板厚度的差值。

④ 除图样另有规定外，壳体直线度允差应不大于壳体长度的 1%，当直立容器的壳体长度超过 30m 时，其壳体直线度允差应符合 JB 4710—2005 的规定。

注：壳体直线度检查是通过中心线的水平和垂直面，即沿圆周 0°、90°、180°、270°四个部位用细钢丝（$\phi0.5$mm）测量。测量的位置离 A 类接头焊缝中心线（不含球形封头与圆筒连接以及嵌入式接管与壳体对接连接的接头）的距离不小于 10mm。当壳体厚度不同时，计算直线度时应减去厚度差。

⑤ 筒节长度应不小于 300mm，组装时，相邻筒节 A 类接头焊缝中心线间外圆弧长以及封头 A 类接头焊缝中心线与相邻筒节 A 类焊缝中心线间外圆弧长应大于钢材厚度 δ_n 的 3 倍，且不小于 100mm。

⑥ 法兰面应垂直于接管或圆筒的主轴中心线。接管法兰应保证法兰面的水平或垂直度要求（有特殊要求的应按图样规定），其偏差均不得超过法兰外径的1%（法兰外径小于100mm时，按100mm计算），且不小于3mm。螺栓通孔应与壳体主轴线或铅垂线跨中布置（见图5-13）。有特殊要求时，应在图样上注明。

⑦ 直立容器的底座圈、底板上的地脚螺栓通孔应跨中均布，螺栓通孔中心圆直径允差、相邻两孔弦长允差和任意两孔弦长允差均不大于2mm。

⑧ 容器内件和壳体焊接的焊缝应尽量避开筒节间相焊及圆筒与封头相焊的焊缝。

⑨ 容器上凡被补强圈、支座、垫板等覆盖的焊缝，均应打磨至与母材齐平。

⑩ 承受内压的容器组装完成后，按如下要求检查壳体的圆度。

a. 壳体同一断面上最大内径与最小内径之差 e，应不大于该断面内径 D_i 的1%（对锻焊容器为1‰），且不大于25mm，如图5-14所示。

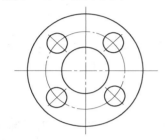
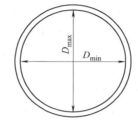
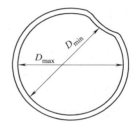

图5-13　法兰的螺栓通孔布置　　　　图5-14　壳体同一断面上最大内径与最小内径之差

b. 当被检断面位于开孔中心一倍的开孔内径范围内时，则该断面最大内径与最小内径之差 e，应不大于该断面内径 D_i 的1%（对锻焊容器为1‰）与开孔内径的2%之和，且不大于25mm。

（4）法兰和平盖

① 容器法兰按 NB/T 47020—2012《压力容器法兰分类与技术条件》进行加工；管路法兰按相应标准要求进行加工。

② 平盖和筒体端部的加工符合以下规定。

a. 螺柱孔或通孔的中心圆直径以及相邻两孔弦长的允差为±0.6mm；

b. 螺孔中心线与端面的垂直度允差不得大于 $0.25\%D_o$；

c. 螺纹基本尺寸与公差分别按 GB/T 196—2003、GB/T 197—2003 的规定；

d. 螺孔的螺纹精度一般为中等精度，按相应国家标准制造。

（5）螺栓、螺柱和螺母

① 公称直径不大于 M48 的螺栓、螺柱和螺母，按相应国家标准制造。

② 容器法兰螺柱按 NB/T 47027—2012 的规定。

③ 公称直径大于 M48 的螺柱和螺母除应符合上述的规定外，还应满足如下要求：

a. 有热处理要求的螺柱，其式样与试验按 GB 150—2011 的有关规定；

b. 螺母毛坯热处理只做硬度试验；

c. 螺柱应进行磁粉检测，不得存在裂纹。

（6）机械加工表面和非机械加工表面要求

机械加工表面和非机械加工表面的线性尺寸的极限偏差，分别按 GB/T 1804—2000 中的 m 级和 c 级规定。

3. 多层组合式厚壁容器

（1）多层式包扎压力容器　除应满足 GB 150—2011 中对单层容器的相关要求外，还要符合以下规定。

① 内筒成形公差。

a. 同一断面上最大直径与最小直径之差应不大于设计内直径 D_i 的 0.5%，即 $e=(D_{max}-D_{min})\leqslant 0.5\%D_i$，且不大于 6mm。

b. A 类焊缝的对口错边量 b 不大于 1.5mm。

c. A 类焊缝处形成的棱角 E，用弦长等于 1/6 设计内直径 D_i 且不小于 300mm 的内样板或外样板检查，其 E 值不得大于 2mm。

② 层板包扎。

a. 包扎前应消除层板的铁锈、油污和影响层板贴合的杂物。

b. 各层层板的 C 类焊缝应均匀错开。

c. 每包扎一层层板前，应将前一层 C 类焊缝修磨平滑。

d. 每层层板的 C 类焊缝修磨后应经外观检查，不得存在裂纹、咬边和密集气孔。材料标准抗拉强度 σ_b>540MPa 的层板，其 C 类焊缝在修磨后，应进行磁粉探伤或渗透探伤，不得存在裂纹、咬边和密集气孔。

e. 每层层板包扎后需经松动面积检查。

对设计内直径 $D_i\leqslant1000$mm 的容器，每一有松动的部位，沿环向长度不得超过 $30\%D_i$，沿轴向长度不得超过 600mm；对于设计内直径 D_i>1000mm 的容器，每一有松动的部位，沿环向长度不得超过 300mm，沿轴向长度不得超过 600mm。

③ 每个圆筒上必须按图样要求钻检漏孔。

④ B 类焊缝以及圆筒与球形封头相连的 A 类焊缝，焊接后不作消除焊接残余应力的热处理。

⑤ B 类焊缝以及圆筒与球形封头相连的 A 类焊缝的对口错边量 b 不大于 3mm。

（2）热套压力容器

除应满足 GB 150—2011 中对单层容器的相关要求外，还要符合以下规定。

① 内层圆筒

a. 内层圆筒成形后沿着其轴向分上、中、下三个断面测量其内径，同一断面最大内径与最小内径之差应不大于该单层圆筒设计内径的 0.5%，即 $e=D_{max}-D_{min}\leqslant0.5\%D_i$。

b. 内层圆筒的直线度用不小于圆筒长度的直尺检查。将直尺沿轴向靠在筒壁上，直尺与筒壁之间的间隙不大于 1.5mm。

c. A 类焊缝表面均需进行机加工或修磨加工，不允许保留焊缝余高、错边、咬边，并使 A 类焊缝区的圆度和筒身一致。用弦长等于该单层圆筒设计内直径的 1/3，且不小于 300mm 的内样板或外样板进行检查形成棱角 E 应符合表 5-3 的规定。

表 5-3　筒体经内样板或外样板检查形成的棱角 E

棱角 E/mm	$\geqslant1.5$	$1.5>E\geqslant1.25$	$1.25>E\geqslant1.0$	$1.0>E\geqslant0.75$
棱角 E 的弧长 套合面圆周长 /%	0	3	4	5

棱角 E/mm	$0.75>E\geqslant0.5$		$0.5>E\geqslant0.2$	$\leqslant0.2$
棱角 E 的弧长 套合面圆周长 /%	6		7	不计

② 套合操作

a. 不经机械加工的套合面，在套合操作前需进行喷砂或喷丸处理，清除铁锈、油污及影响层间贴合的杂物，以免影响套合质量。

b. 套合操作时加热温度的选择，应以不影响钢材的力学性能为准。套合操作应靠筒身自重自由套入，不允许强力压入。

c. 套合中应将各单层圆筒的 A 筒类焊缝错开，错开角度不小于 30°。

③ 套合圆筒　套合圆筒时必须按图样要求钻检漏孔。套合圆筒两端坡口加工后，用塞尺检查套合面的间隙，间隙径向尺寸在 0.2mm 以上的任何一块间隙面积，不得大于套合面积的 0.4%，如果出现径向尺寸大于 1.5mm 的间隙时应进行焊补。圆筒套合后，应作消除套合应力热处理，这一工序允许和消除焊接应力热处理合并进行。

4. 高压容器的检验

容器的焊接接头，经形状、尺寸及外观检查合格后，须进行相应的无损检测，检测的内容和要求主要有以下几个方面。

（1）A 类和 B 类焊接接头 100% 射线或超声检测的条件　凡符合下列条件之一的容器及受压元件，须采用图样规定的方法，对其 A 类和 B 类焊接接头，进行 100% 射线或超声波检测。

① 钢材厚度 $\delta_n > 30mm$ 的碳素钢、Q345R；

② 钢材厚度 $\delta_n > 25mm$ 的 15MnVR、15MnV、20MnMo 和奥氏体不锈钢；

③ 标准抗拉强度下限值 $\sigma_b > 540MPa$ 的钢材；

④ 钢材厚度 $\delta_n > 16mm$ 的 12CrMo、15CrMoR、15CrMo；其他任意厚度的 Cr-Mo 低合金钢；

⑤ 进行气压试验的容器；

⑥ 图样证明盛装毒性为极度危害或高度危害介质的容器；

⑦ 图样规定须 100% 检测的容器；

⑧ 多层包扎压力容器内筒的 A 类焊接接头；

⑨ 热套压力容器各单层圆筒的 A 类焊接接头；

⑩ 对于上述进行 100% 射线或超声检测的焊接接头，是否需采用超声或射线检测进行复查，以及复查的长度，由设计者在图样上予以规定。

（2）A 类和 B 类焊接接头局部射线或超声波检测的条件　局部射线或超声波检验的检测长度不得小于各条焊接接头长度的 20%，且不小于 250mm。焊缝交叉部位应全部检测，其长度可以记入局部检测长度之内。

① 先拼板后成形凸形封头上的所有拼接接头；

② 凡被补强圈、支座、垫板、内件等所覆盖的焊接接头；

③ 以开孔中心为圆心，1.5 倍开孔直径为半径的圆中所包含的焊接接头；

④ 嵌入式接管与圆筒或封头对接连接的焊接接头；

⑤ 公称直径不小于 250mm 的接管与长颈法兰、接管与接管对接连接的焊接接头。

对直立容器不超过 800mm 的圆筒与封头的最后一道环向封闭焊缝，当采用不带垫板的单面焊对接接头，无法进行射线或超声波检测时，允许不进行检测，但须采用气体保护焊打底。

（3）磁粉或渗透检测　凡符合下列条件之一的焊接接头，须对其表面进行磁粉或渗透检测。

① 标准抗拉强度下限值 $\sigma_b > 540MPa$ 的钢材；钢材厚度 $\delta_n > 16mm$ 的 12CrMo、15CrMoR、15CrMo；其他任意厚度的 Cr-Mo 低合金钢容器上的 C 类和 D 类焊接接头。

② 材料标准抗拉强度下限值 $\sigma_b > 540MPa$ 的多层包扎压力容器的层板 C 类焊接接头。

③ 堆焊表面。

④ 复合钢板的复合层焊接接头。

⑤ 标准抗拉强度下限值 $\sigma_b > 540MPa$ 的钢材及 Cr-Mo 低合金钢经火焰切割的坡口表面，以及该容器的缺陷修磨或补焊处的表面，卡具和拉肋等拆除的焊痕表面。

⑥ 容器公称直径小于 250mm 的接管与长颈法兰、接管与接管对接连接的焊接接头。

（4）无损检测标准　按照 NB/T 47013—2015 对接接头进行射线、超声、磁粉和渗透检测，其合格指标如下。

射线检测：若容器及受压元件符合 GB 150—2011 的规定，不低于 Ⅱ 级为合格。

超声检测：若容器及受压元件符合 GB 150—2011 的规定，不低于 Ⅰ 级为合格。

磁粉和渗透检测，Ⅰ 级为合格。

（5）重复检测　经射线或超声波检测的焊接接头，如有不允许的缺陷，应在缺陷清除干净后进行补焊，并对该部分采用原检测方法重新检查，直至合格。

进行局部探伤的焊接接头，发现有不允许的缺陷时，应在该缺陷两端的延伸部位增加检查长度，增加的长度为该焊接接头长度的 10%，且不小于 250mm。若仍有不允许的缺陷时，则对该焊接接头进行 100% 检测。

磁粉与渗透检测发现的不允许缺陷，应进行修磨及必要的补焊，并对该部位采用原检测方法重新检测，直至合格。

第二节　反　应　器

化工产品是两种或两种以上的物质在一定工艺条件下，在一定密闭空间经过化学反应而得到的，所需要的设备即是反应器。由于工艺条件不同，反应器的结构形式也不同，在此对典型反应设备进行介绍。

一、反应器的种类

反应设备可分为化学反应器和生物反应器。前者是指在其中实现一个或几个化学反应，并使反应物通过化学反应转变为反应产物的设备；后者是指为细胞或酶提供适宜的反应环境以达到细胞生长代谢和进行反应的设备。

（1）化学反应器种类　化学产品种类繁多，物料的相态各异，反应条件差别很大，工业上使用的反应器也千差万别，因此存在各种分类方法：按物料相态分为均相（单相）反应器和非均相（多相）反应器；按操作方式分为间歇式、连续式和半连续式反应器；按物料流动状态分为活塞流型和全混流型反应器；按传热情况分为无热交换的绝热反应器、等温反应器和非等温非绝热反应器；按设备结构特征形式分为搅拌釜（槽）式、管式、固定床和流化床反应器等。几种常用的分类方法见表 5-4。

（2）生物反应器种类　随着生物技术和生产过程的发展，生物反应器的种类不断增多，规模不断扩大，其分类方法也多种多样。按照所使用的生物催化剂的不同，生物反应器分为酶催化反应器和细胞生物反应器，它们的生物催化剂分别为酶和细胞。按反应器的操作方式

表 5-4　化学反应器的分类

物 料 相 态	操 作 方 式	流 动 状 态	传 热 情 况	结 构 特 征
均相　气相 　　　液相 非均相　气-液相 　　　液-液相 　　　气-固相 　　　液-固相 　　　气-液-固相	间歇操作 连续操作 半连续操作	活塞流型 全混流型	绝热式 等温式 非等温非绝热式	搅拌釜式 管式 固定床 流化床 移动床 塔式 滴流式

分为间歇操作、连续操作和半连续操作反应器。按输入搅拌器的能量方式分为机械方式输入的机械搅拌式反应器和气体喷射输入的气升式反应器。按反应物系在反应器内的流动与混合状态分为活塞流反应器和全混流反应器。按反应器结构特征分为机械搅拌式、气升式、流化床和固定床反应器等。其分类见表 5-5。

表 5-5　生物反应器的分类

生物催化剂	操 作 方 式	输 入 能 量	流 动 状 态	结 构 特 征
酶催化反应器 细胞催化反应器 （发酵罐）	间隙操作 连续操作 半连续操作	搅拌叶式 气体喷射式（气升式）	活塞流 全混流	机械搅拌式 气升式 流化床 固定床

从反应器的分类可以看出，无论是化学反应器还是生物反应器，常用的结构形式是相同的，主要有机械搅拌式、管式、固定床、流化床等反应器，现将这几种常见的反应器介绍如下。

1. 机械搅拌式反应器

这种反应器可用于均相反应，也可用于多相（如液-液、气-液、液-固）反应，可以间歇操作，也可以连续操作。连续操作时，几个釜串联起来，通用性很大，停留时间可以得到有效控制。机械搅拌反应器灵活性大，根据生产需要，可以生产不同规格、不同品种的产品，生产的时间可长可短。可在常压、加压、真空下生产操作，可控范围大。反应结束后出料容易，反应器的清洗方便，机械设计十分成熟。

2. 管式反应器

管式反应器结构简单，制造方便。混合好的气相或液相反应物从管道一端进入，连续流动，连续反应，最后从管道另一端排出。根据不同的反应，管径和管长可根据需要设计。管外壁可以进行换热，因此传热面积大。反应物在管内的流动快，停留时间短，经一定的控制手段，可使管式反应器有一定的温度梯度和浓度梯度。

管式反应器既可用于连续生产，也可用于间歇操作，反应物不返混，可在高温、高压下操作。图 5-15 为石脑油分解转化管式反应器，其外径 $\phi102mm$，内径 43mm，长 1109mm，管的下部催化剂支承架内装有催化剂，气体由进气总管进入管式转化器，在催化剂存在条件下，石脑油转化为 H_2 和 CO，供合成氨用，反应温度为 750～850℃，压力为 2.1～3.5MPa。

3. 固定床反应器

气体流经固定不动的催化剂床层进行催化反应的装置称为固定床反应器。它主要用于气固相催化反应，具有结构简单、操作稳定、便于控制、易实现大型化和连续化生产等优点，是现代化工应用很广泛的反应器。例如，氨合成塔、甲醇合成塔、硫酸及硝酸生产的一氧化碳变换塔、三氧化硫转化器等。

固定床反应器有三种基本形式：轴向绝热式、径向绝热式和列管式。轴向绝热式固定床反应器如图 5-16（a）所示，催化剂均匀地放置在一多孔筛板上，预热到一定温度的反应物料自上而下沿轴向通过床层进行反应，在反应过程中反应物系与外界无热量交换。径向绝热式固定床反应器如图 5-16（b）所示，催化剂装载于两个同心圆筒的环隙中，流体沿径向通过催化剂床层进行反应。径向反应器的特点是在相同筒体直径下增大流道截面积。列管式固定床反应器如图 5-16（c）所示，这种反应器由很多并联管子构成，管内（或管外）装催化剂，反应物料通过催化剂进行反应，载热体流经管外（或管内），在化学反应的同时进行换热。图 5-17 所示的氨合成塔是典型的固定床反应器，N_2、H_2 合成气由主进气口进入反应塔，塔内压力约 30MPa，温度 550℃，在催化剂作用下合成为氨。氨的合成反应为放热反应，高温的合成气及未合成的 N_2、H_2 混合气经塔下部换热器降温后从底部排出。

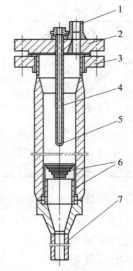

图 5-15　管式转化反应器
1—进气管；2—上法兰；3—下法兰；4—温度计；5—管子；6—催化剂支承架；7—下部接管

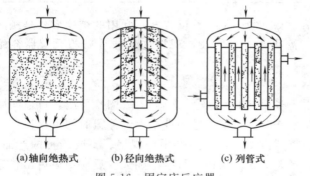

(a)轴向绝热式　　(b)径向绝热式　　(c) 列管式

图 5-16　固定床反应器

固定床反应器的缺点是床层的温度分布不均匀，由于固相粒子不动，床层导热性较差，因此对放热量大的反应，应增大换热面积，及时移走反应热，但这会减少有效空间。如果固体催化剂连续加入，反应物通过固体颗粒连续反应后连续排出，这种反应器称为移动床反应器。在反应器中固体颗粒之间基本上没有相对运动，而是整个颗粒层的移动，因此可看成是移动的固定床反应器。和固定床反应器相比，移动床反应器有如下特点：固体和流体的停留时间可以在较大范围内改变，固体和流体的运动接近活塞流，返混较少。控制固体粒子运动的机械装置较复杂，床层的传热性能与固定床接近。

4. 流化床反应器

流体（气体或液体）以较高的流速通过床层，带动床内的固体颗粒运动，使之悬浮在流动的主体流中进行反应，具有类似流体流动的一些特性的装置称为流化床反应器。流化床反应器是工业上应用较广泛的反应装置，适用于催化或非催化的气-固、液-固和气-液-固反应。在反应器中固体颗粒被流体吹起呈悬浮状态，可做上下左右剧烈运动和翻滚，好像是液体沸腾一样，故流化床反应器又称沸腾床反应器。流化床反应器的结构形式很多，一般由壳体、气体分布装置、换热装置、气-固分离装置、内置构件以及催化剂加入和卸出装置等组成。典型的流化床反应器如图 5-18 所示，反应气体从进气管进入反应器，经气体分布板进入床层。反应器内设置有换热器，气体离开床层时总要带走部分细小的催化剂颗粒，为此将反应器上部直径增大，使气体速度降低，从而使部分较大的颗粒沉降下来，落回床层中，较细的颗粒经过反应器上部的旋风分离器分离出来后返回床层，反应后的气体由顶部排出。

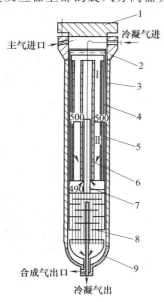

图 5-17　氨合成塔

1—平顶盖；2—筒体端部；3—筒体；4—上催化剂框；
5—下催化剂框；6—中心网管；7—升气管；8—换
热器；9—半球形封头

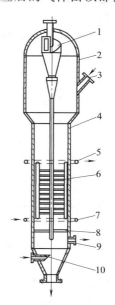

图 5-18　流化床反应器

1—旋风分离器；2—筒体扩大段；3—催
化剂入口；4—筒体；5—冷却介质出口；
6—换热器；7—冷却介质进口；8—气体
分布板；9—催化剂出口；10—反应气入口

　　流化床反应器的最大优点是传热面积大、传热系数高和传热效果好。流态化较好的流化床，床内各点温度相差一般不超过 5℃，可以防止局部过热。流化床的进料、出料、废渣排放都可以用气流输送，易于实现自动化生产。流化床反应器的缺点是：反应器内物料返混大，粒子磨损严重；通常要有回收和集尘装置；内置构件比较复杂；操作要求高等。

　　除上面介绍的四种反应器外，还有回转筒式反应器、喷嘴式反应器和鼓泡塔式反应器等，在此不再一一介绍。

二、反应器的结构特点

　　反应器结构类型很多，下面着重介绍机械搅拌反应器的结构特点。

1. 基本结构

　　机械搅拌反应器（也称为搅拌釜式反应器）适用于各种物性和各种操作条件的反应过程，广泛应用于合成塑料、合成纤维、合成橡胶、医药、农药、化肥、染料、涂料、食品、冶金、废水处理等行业。如实验室的搅拌反应器可小至数十毫升，而污水处理、湿法冶金、磷肥等工业大型反应器的容积可达数千立方米。除用作化学反应器和生物反应器外，搅拌反应器还大量用于混合、分散、溶解、结晶、萃取、吸收或解吸、传热等操作。

　　搅拌反应器由搅拌容器和搅拌机两大部分组成。搅拌容器包括筒体、换热元件及内置构件等组成；搅拌器、搅拌轴及其密封装置、传动装置等统称为搅拌机。图 5-19 是一台通气式搅拌反应器，由电动机驱动，经减速机带动搅拌轴及安装在轴上的搅拌器，以一定转速旋转，使流体获得适当的流动场，并在流动场内进行化学反应。为满足工艺的换热要求，容器上装有夹套。夹套内螺旋导流板的作用是改善传热性能。容器内设置有气体分布器、挡板等内置构件。在搅拌轴下部安装有径向流搅拌器、上层为轴向流搅拌器。

2. 搅拌容器

搅拌容器的作用是为物料反应提供合适的反应空间。搅拌容器的筒体基本上是圆筒，封头常采用椭圆形封头、锥形封头和平盖，以椭圆形封头应用最广。根据工艺需要，容器上装有各种接管，以满足进料、出料、排气等要求。为了便于对物料进行加热或冷却，因此常设置外夹套或内盘管；上封头上焊有凸缘法兰，便于搅拌容器与机架连接。操作过程中为了对反应过程进行控制，必须测量反应物的温度、压力、成分及其他参数，因此容器上还须设置温度、压力等传感器接口管。支座选用时应考虑容器的大小和安装位置，小型的反应器一般用悬挂式支座，大型的用裙式支座或支承式支座。在确定搅拌容器的容积时，应考虑物料在容器内充装的比例即装料系数，其值通常可取 0.6～0.85。如果物料在反应过程中产生泡沫或呈沸腾状态，取 0.6～0.7；如果物料在反应中比较平稳，可取 0.8～0.85。

3. 夹套结构

有传热要求的搅拌反应器，为维持反应的最佳温度，需要设置换热元件，常用的换热元件有夹套和内盘管。当夹套的换热面积能满足传热要求时，应优先采用夹套，这样可减少容器内置构件，便于清洗，不占用有效容积。所谓夹套就是在容器的外侧，用焊接或法兰连接的方式装设各种形状的钢结构，使其与容器外壁形成密闭的空间。在此空间内通入加热或冷却介质，即可加热或冷却容器内的物料。夹套的主要结构形式有：整体夹套、型钢夹套、半圆管夹套和蜂窝夹套等。

（1）整体夹套 常用的整体夹套形式有圆筒形和 U 形两种。图 5-20（a）所示的圆筒形夹套，仅在圆筒体部分有夹套，传热面积较小，适用于换热量要求不大的场合。U 形夹套是圆筒部分和下封头都包有夹套，传热面积大，是最常用的结构，如图 5-20（b）所示。

根据夹套与筒体的连接方式不同，夹套可分为可拆卸式和不可拆卸式。可拆卸式用于夹套内载热介质易结垢、需经常清洗的场合。工程中使用较多的是不可拆卸式夹套。夹套肩与筒体的连接处，做成锥形的称为封口锥，做成环形的称为封口环，如图 5-21 所示。当下封头底部有接管时，夹套底与容器封头的连接方式也有封口锥和封口环两种，其结构见图 5-22。

载热介质流过夹套时，其流动横截面积为夹套与筒体间的环形面积，流道面积大、流速低、传热性能差。为提高传热效率，常采取以下措施：

① 在筒体上焊接螺旋导流板，以减小流道截面积，增加冷却水流速，如图 5-19 所示；

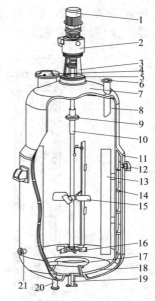

图 5-19 通气式搅拌反应器典型结构

1—电动机；2—减速机；3—机架；4—人孔；5—密封装置；6—进料口；7—上封头；8—筒体；9—联轴器；10—搅拌轴；11—夹套；12—载热介质出口；13—挡板；14—螺旋导流板；15—轴向流搅拌器；16—径向流搅拌器；17—气体分布器；18—下封头；19—出料口；20—载热介质出口；21—气体进口

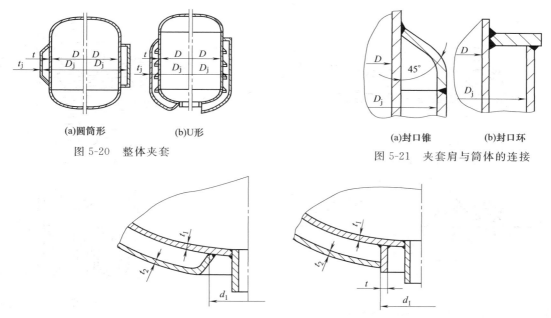

(a)圆筒形	(b)U形

图 5-20　整体夹套

(a)封口锥	(b)封口环

图 5-21　夹套肩与筒体的连接

图 5-22　夹套底与封头连接结构

② 进口处安装扰流喷嘴，使冷却水呈湍流状态，提高传热系数；

③ 夹套的不同高度处安装切向进口，提高冷却水的流速，增加传热系数。

（2）型钢夹套　一般用角钢与筒体焊接组成，如图 5-23 所示。角钢主要有两种布置方式：沿筒体外壁轴向布置和沿容器筒体外壁螺旋布置。

（3）半圆管夹套　半圆管夹套连接结构如图 5-24 所示。半圆管在筒体外的布置，既可螺旋形缠绕在筒体上，也可沿筒体轴向平行焊在筒体上或沿筒体圆周方向平行焊接在筒体上，见图 5-25。半圆管或

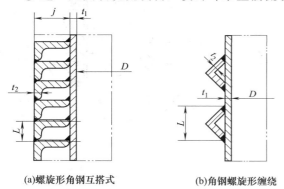

(a)螺旋形角钢互搭式	(b)角钢螺旋形缠绕

图 5-23　型钢夹套结构

弓形管由带材压制而成，加工方便。当载热介质流量小时宜采用弓形管。半圆管夹套的缺点是焊缝多，焊接工作量大，筒体较薄时易造成焊接变形。

（4）蜂窝夹套　是以整体夹套为基础，采取折边或短管等加强措施，提高筒体的刚度和夹套的承压能力，减少流道面积，从而减薄筒体厚度，强化传热效果。常用的蜂窝夹套有折边式和拉撑式两种形式。夹套向内折边与筒体贴合好再进行焊接的结构称为折边式蜂窝夹套，如图 5-26 所示。拉撑式蜂窝夹套是用冲压的小锥体或钢管做拉撑体，图 5-27 为短管支承式蜂窝夹套，蜂窝孔在筒体上呈正方形或三角形布置。

当反应器的热量仅靠外夹套传热，换热面积不够时常采用内盘管。它浸没在物料中，热量损失小，传热效果好，但检修较困难。内盘管可分为螺旋形盘管和竖式蛇管，其结构分别如图 5-28 和图 5-29 所示。对称布置的几组竖式蛇管除传热外，还起到挡板作用。

4. 搅拌器

搅拌器又称搅拌桨或搅拌叶轮，是搅拌反应器的关键部件。其功能是提供过程所需要的

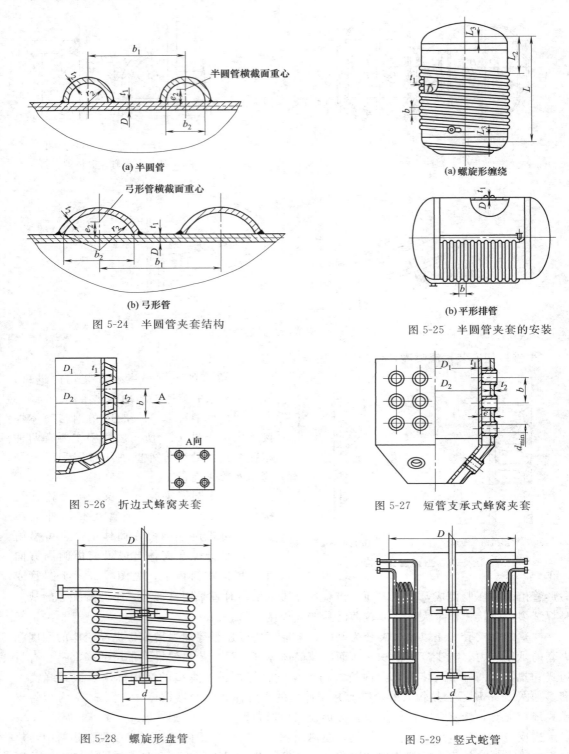

(a) 半圆管

(b) 弓形管

图 5-24 半圆管夹套结构

(a) 螺旋形缠绕

(b) 平形排管

图 5-25 半圆管夹套的安装

图 5-26 折边式蜂窝夹套

图 5-27 短管支承式蜂窝夹套

图 5-28 螺旋形盘管

图 5-29 竖式蛇管

能量和适宜的流动状态。搅拌器旋转时把机械能传递给流体，在搅拌器附近形成高湍动的充分混合区，并产生一股高速射流推动液体在搅拌容器内循环流动。这种循环流动的途径称为流型。

（1）流型 搅拌器的流型与搅拌效果、搅拌功率的关系十分密切。搅拌器的改进和新型搅拌器的开发往往从流型着手。搅拌容器内的流型取决于搅拌器的形式、搅拌容器和内置构件几何特征以及流体性质、搅拌器转速等因素。对于搅拌机顶插式中心安装的立式圆筒，有三种基本流型。

① 径向流 流体的流动方向垂直于搅拌轴，沿径向流动，碰到容器壁面分成两股流体分别向上向下流动，再回到叶端，不穿过叶片，形成上下两个循环流动，如图 5-30（a）所示。

② 轴向流 流体的流动方向平行于搅拌轴，流体由桨叶推动，使流体向下流动，遇到容器底面再翻上，形成上下循环流，见图 5-30（b）。

③ 切向流 无挡板的容器内，流体绕轴作旋转运动，流速高时液体表面会形成漩涡，这种流型称为切向流，如图 5-30（c）所示。此时流体从桨叶周围周向卷吸至桨叶区的流量很小，混合效果很差。

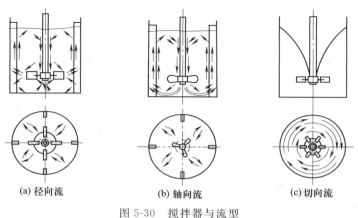

(a) 径向流   (b) 轴向流   (c) 切向流

图 5-30 搅拌器与流型

上述三种流型通常同时存在，其中轴向流与径向流对混合起主要作用，而切向流应加以抑制，采用挡板可削弱切向流，增强轴向流和径向流。

搅拌器除在中心安装外，还有偏心式、底插式、侧插式、斜插式、卧式等安装方式，如图 5-31 所示。显然，不同方式安装的搅拌器产生的流型也各不相同。

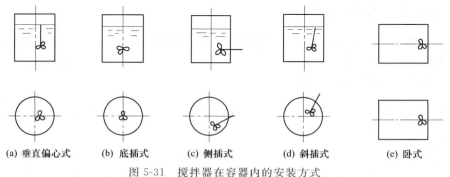

(a) 垂直偏心式   (b) 底插式   (c) 侧插式   (d) 斜插式   (e) 卧式

图 5-31 搅拌器在容器内的安装方式

（2）挡板与导流筒

① 挡板 搅拌器沿容器中心线安装，搅拌物料的黏度不大，搅拌转速较高时，液体将随着桨叶旋转方向一起运动，容器中间部分的液体在离心力作用下涌向内壁面并上升，中心部分液面下降，形成漩涡，通常称为打漩区，如图 5-30（c）所示。随着转速的增加，漩涡

中心下凹到与桨叶接触，此时外面的空气进入桨叶被吸到液体中，液体混入气体后密度减小，从而降低混合效果。为消除这种现象，通常可在容器中加入挡板，挡板的安装见图5-32。

②导流筒　导流筒是上下开口圆筒，安装于容器内，在搅拌混合中起导流作用。对于涡轮式或桨式搅拌器，导流筒刚好置于桨叶的上方。对于推进式搅拌器，导流筒套在桨叶外面，或略高于桨叶，如图5-33所示。通常导流筒的上端都低于静液面，且筒身上开孔或槽，当液面降落后流体仍可从孔或槽进入导流筒。导流筒将搅拌容器截面分成面积相等的两部分，即导流筒的直径约为容器直径的70%。当搅拌器置于导流筒之下，且容器直径又较大时，导流筒的下端直径应缩小，使下部开口小于搅拌器的直径。

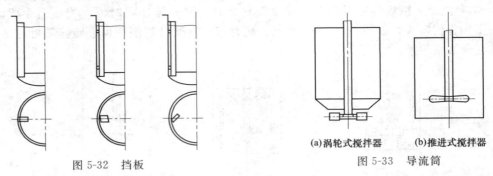

图5-32　挡板　　　　　　　　　　　　　　　图5-33　导流筒

（3）搅拌器分类及典型搅拌器特性　按流体流动形态，搅拌器可分为轴向流搅拌器、径向流搅拌器和混合流搅拌器。按搅拌器结构可分为平叶、折叶、螺旋面叶。桨式、涡轮式、框式和锚式的桨叶都有平叶和折叶两种结构；推进式、螺杆式和螺带式的桨叶为螺旋面叶。按搅拌的用途可分为低黏流体用搅拌器和高黏流体用搅拌器。用于低黏流体搅拌器有推进式、长薄叶螺旋桨、桨式、开启涡轮式、圆盘涡轮式、布鲁马金式、板框桨式、三叶后弯式、MIG和改进MIG等。用于高黏流体的搅拌器有锚式、框式、锯齿圆盘式、螺旋桨式、螺带式（单螺带、双螺带）、螺旋-螺带式等。应用时可查阅相关手册和标准。

桨式、推进式、涡轮式和锚式搅拌器在搅拌反应设备中应用最为广泛，据统计约占搅拌器总数的75%~80%。

三、反应器的制造与检验

反应器的制造、检验及验收应符合GB 150—2011的相关规定；反应器常压容器应符合NB/T 47003.1—2009《钢制焊接常压容器》的规定，且应遵守NB 47013—2015《承压设备无损检测》及图样中的规定及要求。

------------------------------------- 同步练习 -------------------------------------

一、填空题

1. 我国的《压力容器安全技术监察规程》中将设计压力在（　　）MPa之间的压力容器称为高压容器；而将压力在（　　）MPa以上的压力容器称为超高压容器。它们一般都属于第（　　）类压力容器。

2. 组合式筒体包括（　　）、（　　）、多层热套式等。

3. 强制高压密封包括（　　）、（　　）、单锥环密封、透镜式密封。

4. 伍德式密封由封头、筒体端部（　　）螺栓、牵制环、（　　）环、（　　）螺栓、楔形压垫等元件组成。

5. 反应设备可分为（　　）反应器和生物反应器。

6. 按反应器结构特征分为（　　）、气升式、（　　）和固定床反应器等。

7. 搅拌反应器由（　　）和（　　）两大部分组成。搅拌容器包括（　　）、（　　）及内构件。搅拌器、搅拌轴及其（　　）、传动装置等统称为搅拌机。

8. 搅拌反应器夹套的主要结构形式有（　　）夹套、（　　）夹套、半圆管夹套和蜂窝夹套等。

9. 搅拌器的流型与搅拌效果、搅拌功率的关系十分密切，搅拌器的流型有（　　）、轴向流和切向流。

二、简答题

1. 简述高压容器特点。

2. 简述单层卷焊式高压容器的优点。

3. 简述多层包扎式高压容器的特点。

4. 简述伍德式密封的特点。

5. 简述流化床反应器的特点。

6. 简述搅拌器的类型及其特点。

第六章 特种材料设备

知识目标： 通过本章学习了解钛及其合金的性能特点，钛制化工设备运用场合及注意事项，熟悉钛及钛合金设备的加工方法及特点。了解铝及铝合金的性能特点，熟悉铝制化工设备制造特点。

能力目标： 通过本章学习具备制定钛制化工设备加工工艺的能力，能对钛衬里进行加工。能切割、焊接铝制设备，具备操作相关切割和焊接的能力。

第一节 钛制设备

一、概述

钛用作结构材料始于 20 世纪 50 年代，钛是轻金属，熔点为 1725℃，密度为 $4.5g/cm^3$。只有铁的 1/2 略强。钛和钛合金有许多优良的性能，钛的强度高，具有较高的屈服强度和抗疲劳强度，钛合金在 450～480℃ 下仍能保持室温时的性能，同时在低温和超低温下也能保持其力学性能。随着温度的下降，其强度升高，但延展性将会逐渐下降，因而首先被用于航空工业。钛耐蚀性能好，可耐多种氧化性介质的腐蚀。此外钛的加工性能好，但焊接工艺只能在保护性气体中进行。因此，作为一类新型的结构材料。钛及其合金在航空、航天、化工等领域日益得到广泛应用。

虽然在结构金属中钛的储量占第 4 位，产量占第 10 位，但由于其应用的重要性，仍有人将钛列为铁、铝之后的"第三金属"。钛的应用主要有两大部分：利用钛的密度小、比强度（尤其高温下的比强度）高的特点，在航空航天领域中得到了广泛应用；另一方面钛具有优异的耐腐蚀性能，因此大量用于化工过程设备中。

钛制化工设备的应用有两种情况：一种情况是，在某些强腐蚀条件下，不锈钢、铝、铜等金属都不能耐蚀的情况下，只有用钛才能耐蚀（锆等更贵的金属除外），这时只能采用钛制化工设备，因此，不必与其他材料制的化工设备做经济上的比较；另一种情况是，在某种腐蚀条件下，可以用不锈钢或其他常用金属材料，但腐蚀速率较高，使用寿命较短，而钛的耐蚀性好，使用可靠性高，寿命长。从金属单位重量的价格来比较，钛材一般是普通钢材的 50～70 倍，是不锈钢的 5～8 倍。另外，还要考虑设备设计、制造和应用中引起的费用，因此，在应用钛制化工设备明显优于应用其他材料的情况下，才采用钛设备。

二、钛制设备使用概况

国内钛制化工设备应用广泛，而钛制换热器用量最多，已超过化工设备用钛量的一半。包括钛换热器在内的钛容器用钛约占化工设备用钛量的 3/4。钛制化工设备通常可分为静设备和动设备两类。静设备中主要是容器，除塔、槽、釜、罐外，还包括换热器，如管壳式换热器、板式换热器（平板、伞板、卷板等）、管式换热器（蛇管、盘管、套管等）。静设备还有电化学装置（电解槽、电极板、电镀槽等）以及阀门、管件等。动设备包括泵、风机、分离机（离心机、压滤机等）、压缩机、冷冻机、空分设备等。国内的钛制化工设备主要用于下列部门。

1. 氯碱工业

用于金属阳极电解槽、离子膜电解槽与阳极液泵、湿氯冷却器、精制盐水预热器、脱氯塔、氯气冷却洗涤塔；用于次氯酸钠生产系统中的冷却盘管与次氯酸钠成品泵。

2. 纯碱工业

用于平板换热器、伞板换热器、平板冷凝器、结晶外冷器、氯化铵母液加热器以及相应的泵、阀门、碳化塔冷却管、蒸馏塔顶氨冷凝器、CO_2 透平压缩机转子叶轮；用于联碱生产中的结晶外冷器、氨盐水伞板冷却器与平板冷却器，CO_2 透平压缩机油冷却器（平板）、碱液泵、母液预热器。

3. 农药生产

用于氯化釜内冷却蛇管，蒸馏罐及其阀门、管件；用于"乐果"中间体反应罐、冷凝管、流量计与阀门；用于敌鼠钠盐生产中的醋酸、醋酐回收装置；用于马拉硫磷生产中的湍流吸收塔、恒沸塔、浓酸汽液分离器、酸水蒸发冷凝器等。

4. 尿素生产

用于尿素合成塔衬里、氨汽提塔、分解塔加热器、甲铵泵的进、排液阀与弹簧、高压混合器等。

5. 钛白粉生产

用于薄膜浓缩器、煅烧窑进料管、离心器分布盘等。

6. 精细化工

用于防老剂冷却器，白炭黑生产中的搅拌器、塔盘、浮阀、喷嘴等，吐氏酸生产中的氨化锅等。

7. 合成纤维和人造纤维

用于维尼纶生产中的醋酸精馏塔、冷凝器和阀门、管件；用于己内酰胺生产中的二盐反应器、水解器、肟化反应器、二盐水解中间加热器、羟胺冷却器、羟胺换热器、羟胺二磺酸盐加热器、尾气罗茨鼓风机、光亚硝化反应器；用于涤纶生产中的高温洗涤器及冷凝器、高温加热器、屏蔽泵、醋酸脱水塔及阀门、管件；用于人造纤维生产中的塑化槽、电渗析器阳极板等。

8. 基本有机合成

用于乙烯氧化制乙醛装置中的反应器、氧化塔、催化剂再生器、除沫器、第一和第二冷凝器、脱高沸物塔、泵等；用于丙烯氧化制丙酮装置中的文氏混合器、氧化下加热器、羰化下加热器、氧化分离器、贫氧空气冷凝器、液位控制器、羰化反应器、闪蒸塔、催化剂再生器、催化剂过滤器、催化剂循环泵、阀门、管件；用于乙醛氧化制醋酸装置中的氧化塔、脱沸塔、醋酸回收塔、醋酸冷凝冷却器、高沸物再沸器、泵、阀等；用于轻油氧化制醋酸装置中的冷凝器、加热器、分离塔、氧化塔、阀门等；用于甲醇低压羰基化制醋酸装置中的闪蒸器、精馏塔等；用于丙烯酸生产装置中的塔盘，再沸器等；用于对苯二甲酸生产装置中的氧化反应器及相应设备；用于氯乙醇法生产环氧乙烷装置中的次氯酸化塔、碱洗塔；用于环氧氯丙烷生产装置中的二氯丙醇反应器，二氯丙醇循环槽、二氯丙醇缓冲槽、环化塔塔板与浮阀，冷蒸塔栅板、二氯丙醇循环泵和进料泵等；用于以乙烯为原料生产聚氯乙烯装置中的热骤冷塔、废水汽提塔、废水储罐等；用于合成脂肪酸生产装置中的 $C_5 \sim C_9$ 脂肪酸精馏塔再沸器，$C_1 \sim C_4$ 脂肪酸冷凝器等；用于苯甲酸和苯酐生产装置中的恒沸塔、苯甲酸精馏塔及其冷凝器等；用于顺酐生产装置中的恒沸塔、冷凝器、蒸发器、汽水分离器、滚筒、成形机等。

9. 硝酸生产

用于硝酸蒸发器、氧化氮尾气预热器、硝酸蒸汽预热器、气体洗涤器、快速冷却器、冷凝器、涡轮鼓风机、泵、阀门、管道等；用于硝铵生产装置中的鼓泡器；用于碳铵生产装置中的氨水泵；用于硫铵生产装置中的硫铵蒸发器等。

10. 无机盐生产

在氯化镁、氯化钾、氯化钡、氯化铜、液体氯化钙和氯化锰等生产装置中的反应器、结晶器、换热器、蒸发器、洗涤器、吸收器、泵、阀门、管件等上应用；用于溴化亚铁生产中的蒸发器，溴化铁生产中的吸收器、喷淋器、风机、泵等；用于碘化钠生产中的蒸发器、溶解槽、吸滤器等，硫酸铝生产中的蒸发器、氯酸钾生产中的醋酸回收塔等。

其他在染料工业、冶金工业、纺织工业、制药工业，以及核电站、电解与电镀、真空制盐及氯化镁生产等方面也得到了广泛应用。

三、钛制设备的要求

1. 钛制设备使用范围

钛虽是一种耐腐蚀的金属，但也并不是适用于一切化工腐蚀介质。综合国外资料及目前国内已发生的爆炸事故看来，钛的使用应注意以下几个问题：

① 浓度>98%或含>6%游离二氧化氮的发烟硝酸，避免引起自燃爆炸；

② 氯气中含水量（0.1%～0.3%）的干氯气（如国内的钢瓶氯气，因钛与干氯气发生激烈的反应，生成四氯化钛，放出大量热，有着火的危险），当处于高速转动时，干氯气的水含量应提高到1.5%；

③ 液氧和某些氧分压高的水溶液，因为钛在液氧中有冲击敏感性，如果钛存在新鲜表面，在0.35MPa压力、室温时就会自燃；

④ 对含有氢的腐蚀介质，除了考虑介质的腐蚀外，应充分重视氢对钛的危害，钛制设备要求避免受铁的污染，很重要的一点是为了避免钛的氢化作用。

根据钛的化学及力学性能，工业纯钛制设备操作温度宜低于250℃，间断使用受力不大；在氧化性环境中使用的工业纯钛设备，可以提高使用温度，但应在420℃以下。一般来说，在没有经过广泛试验情况下，工业纯钛不宜作为温度高于330℃以上的化工设备使用，钛衬里设备的最高使用温度不宜超过200℃，大于200℃时应选用钛-钢复合板制设备。目前耐热钛合金的长期工作温度还没有超过500℃，一般控制在450℃左右。钛的低温性能较好，使用范围较广。纯度高的工业纯钛或间隙元素极低的α+β钛合金一般能满足化工低温生产要求。

钛制设备的直径及使用压力范围较广，当直径大、压力高时可选用钛衬里或钛复合钢板结构。

2. 钛制设备的技术要求

钛对表面缺陷敏感性大，忌讳表面有缺陷，而钛的摩擦系数大、化学活性高，在加工制造过程中表面又极容易受擦伤或污染。如钛在焊接、加热等过程中，保护用的惰性气体纯度不够，加热炉内环境不合要求；使用不合适的工具、工作场地、与其他金属接触等，这些情况对钛的耐腐蚀性能和力学性能都有较大的影响。钛能耐高温、高浓度的一氯醋酸溶液的腐蚀，但钛表面若被铁或铜粉所污染，就会产生腐蚀现象；钛表面铁污染给氢扩散到钛内部提供了有利通道，致使发生氢脆；若加热炉内环境气氛不合要求，钛吸收气体后也易变脆。对钛-钢复合板来说，除表面污染外，钛和钢易发生内扩散，构成易脆的金属层，从而降低结合强度，因此，热作温度不能太高。

钛的焊接变形大，校形困难；钛在冷加工时，易产生裂纹；弯曲变形时，弹性回弹量大，不易得到正确形状；其冷作硬化倾向的强化程度随变形速度增加而加剧；变形速度对加工零件的极限程度和质量都有很大影响。更不利的是，钛制设备不容易返修好，有时会产生愈返修效果愈差的情况。针对钛的这些特性，在钛制设备的技术条件中，除为保证化工工艺过程要求外，还必须对原材料、制造、装配、检测方法等提出要求。此外，应按钛设备类别提出某些特殊的制造要求，并严格按制造工艺规程进行加工制造。为了消除表面铁离子污染，设备制造后宜要求阳极化处理。

3. 钛制设备的操作维护要求

钛设备投产后，要达到安全运行，正确操作、维护、使用也是很重要的。尤其是钛衬里设备，往往要承受一定的温度与压力。钛的膨胀系数比钢的膨胀系数小，为避免产生过大的局部热应力，致使钛衬层被拉裂，操作时要严格控制升压、升温和降温速度，尤其是降温速度。对受压的钛衬里设备无论在何种情况下，不得使内部温度下降到比塔壁温度低 50℃ 以下；升降温应按升降温曲线进行。在化工生产工艺介质中，某些杂质会破坏钛的氧化膜，因此操作中应控制这些杂质含量，如尿素生产中的硫化氢的含量等。钛设备不得直接接触明火，以防钛设备燃烧。

四、钛制设备的制造方法

由于钛的高度化学活性和特殊的物理、力学性能，所以钛制设备在制造过程中与其他常用金属相比，有其特殊要求，加工过程中必须加以注意。

1. 铸造

当零件形状复杂以及用其他加工方法不易获得时，可采用铸造或粉末冶金的方法成形。成形的毛坯与零件的形状、尺寸十分接近，减少了金属加工量，这对价格高的钛材的利用具有重大意义。常用于泵、阀、风机、离心机、管件等的零部件以及高耐蚀钛合金（ZTB32等）的场合。

工业纯钛及常用钛合金具有良好的铸造性能，比如流动性好（与中碳钢相似），易于形成集中缩孔，对热裂倾向不敏感，晶粒组织较细等，因此可获得缺陷较少的致密铸件。

2. 压力加工

（1）弯管 弯管可以用加工不锈钢管的弯管机对钛管进行弯曲加工。管材的弯曲角度一般可大于 90°，但必须满足表 6-1 对最小弯曲半径的要求（表中 δ 为管子壁厚）。

表 6-1 管子外径与最小弯曲半径的关系

管子外径 D	$D \leqslant 10\delta$	$D \leqslant 25\delta$	$D \leqslant 50\delta$	$D \leqslant 66\delta$
最小弯曲半径 r	$r = 1.2D$	$r = 2D$	$r = 2.75D$	$r = 3.2D$

当管子直径较小时，可采用冷态弯曲，然后进行消除内应力的退火处理。当弯曲半径等于以上规定的最小值，或管子直径大于 50mm、弯曲角较大时，可采用热弯，以防止管外边缘应力过大而产生裂纹。加热时，根据实际情况可选用电炉、煤气炉、乙炔或酒精喷灯等。为防止吸氢及过分氧化，加热炉必须保持微氧气氛状态，加热保温时间不宜过长。加热温度应根据工件大小及其他要求而定，一般取 177～350℃（钛合金可加热到 427℃）。如果弯曲

较大的工件时，为降低变形阻力，对工业纯钛的加热温度定为 $500\sim650℃$；钛合金的加热温度定为 $550\sim750℃$。

当管壁较薄、弯曲半径较小且弯曲度较大时，管内必须灌砂充实后进行弯曲，以防止管子被压扁或产生褶皱。

（2）卷板 用钛材制作圆筒、半圆筒、锥体等零部件时，一般都在卷板机上对钛板进行冷态弯曲，弯曲前将板边预先成形。为了使弯曲板材表面产生的变形量 $\Delta\leqslant2\%\sim2.5\%$，按板厚与筒体直径之间的允许比例：$R=0.5\delta/\Delta$，则筒体的直径不应小于 $(50\sim40)\delta$，这里 δ 为板厚。当筒体的直径小于上述数值时，要求弯曲后进行热处理以消除残余内应力。若钛板较厚，卷板曲率半径 (r/δ) 较小，并且板材上有焊缝时，要尽可能加热成形，以免产生裂纹和较大的回弹量。

（3）冲压成形 我国目前采用的冲压成形方法有三种，即冷成形、热成形和预成形后热校形。

① 冷成形 在常温下进行冲压成形，工艺简单，避免气体污染。但由于钛具有屈强比高（$0.7\sim0.9$）、伸长率及断面收缩率较低、塑性变形范围窄、冷加工硬化显著等特性，因此钛材只能承受变形量不大的冷冲压。同时，由于钛的弹性模量小，冷加工回弹量大，目前尚未取得较准确的补偿计算公式，所以形状复杂、尺寸要求精确的工件，不宜采用冷加工成形。冷冲压成形只应用于薄壁、变形量小、弯曲半径大、尺寸精确度要求不高的工件。

由于钛对缺陷敏感性高，所以冲压前的板坯必须经过检查，表面若有小裂纹、小孔、划伤等缺陷，一定要进行处理，以免成形过程中产生裂纹。冷成形后，为消除残余应力可进行最终退火处理。

② 热成形 形状复杂，变形量大的工件，可采用热态冲压成形。一般低热加温成形时，加热温度为 $200\sim350℃$，变形量一次可达 40%。当板坯较厚，变形量较大，并且要求成形尺寸较精确时，可在高温下成形，加热温度可提高到 $600\sim800℃$。为减少气体对金属钛的污染，在选择最佳的加热温度时，必须同时选择合适的加热炉、加热速度和加热时间。在高温下成形并且对工件表面质量要求较高时，应在真空（或充氩气）加热炉中加热（对于薄板件还要求尽可能在炉中冲压），或在微氧状态的炉中加热，同时，用不渗透气体的耐高温涂料或陶瓷玻璃剂涂于钛坯上。值得注意的是，陶瓷玻璃剂在苛性碱溶液中容易洗掉。

在一定的加热温度下，加热时间与氧化程度成正比。所以，在保证工件热透的情况下，应选择最短的加热时间。

③ 预成形后热校形 预成形一般在室温下制作。当在室温下制作有困难（如出现开裂、回弹过大等）时，则将坯料适当加热。

预成形后热校形是常用的方法。由于钛的回弹量大，一次冲压很难达到所要求的形状和尺寸，这样就先用常规成形的方法制作预成形件，然后再在专用机床或专门装置上加热校形，以消除残余应力和回弹，使工件达到要求的形状和尺寸。有的工件变形十分复杂，预成形时常出现很难消除的皱褶即"死皱"，虽经热校形，但工件质量仍然不好，则应在冲压工艺上设法改进，以得到满意的结果。

普通生产中所采用的热校形方法有以下两种。

a. 利用热压床校形。这种方法是由压床施加的水平压力和垂直压力迫使不规则的零件压向加热模具，以获得所需的形状。压力一般是在垂直方向施加，而水平力则是由钢模的反作用力产生。零件成形时应采用最小压力，其值根据所用的合金及其厚度而不同。施加的力接近于材料在成形温度时的屈服强度。

b. 利用夹具在普通加热炉中校形。这种方法是将零件楔紧在夹具上，以获得所需的压力，而后整体放入炉中加热及保温一定时间后在空气中冷却。用这种方法，不需要价格高的热校形压床，比较简单、便宜。

（4）锻造

① 钛锻造性能　钛的热塑性良好，在同样温度下，工业纯钛和某些 α-钛合金在锻造时的变形抗力与碳钢、结构钢相仿，其余大多数钛合金的变形抗力均与耐热合金钢相当。为了不使力学性能变坏，往往采用较低的锻造温度，因此变形抗力较大。

由于在 β 相状态下的塑性增高，因此，开坯一般在 β 相区进行。对钛毛坯进行加热，一般采用煤气炉、电炉、感应炉等。当用煤气炉时，火焰不能直接喷射在金属表面上，否则金属会受到严重的污染。此外，为防止吸氢，炉子气氛应控制为微氧化性状态。

钛及钛合金的锻造温度一般控制在 800～1200℃，温度不宜过高，保温时间不宜过长，否则会造成气体污染和晶粒粗化而影响锻件质量。

② 锻造工艺　可用锻锤或锻造水压机对钛及钛合金进行锻造加工。由于锻件变形抗力大，锻造温度范围窄，因而要求锻造设备的能力要比锻造同样的钢件大。

钛及钛合金的变形抗力对变形速率比较敏感。对于大型锻件，用压力锻比较有利。但钛及钛合金锻造温度范围窄、热容小、温降快，因此对于小锻件采用锻锤快速锻比较好。

锻造有自由锻及模锻。模锻时，由于钛坯变形抗力大，对模的接触摩擦系数高，对于边缘轮廓及凸出部分不易充填，因此必须采用中间模。

锻钛所用的锻模与锻钢所用的锻模材质相似，但用于钛的锻模必须降低其表面粗糙度，并加润滑油以减少脱模阻力。当没有厚而松的鳞皮存在时，锻模表面的缺陷会转移到锻件内，同时也会使金属流动困难。

在粗锻和精锻之间必须除去钛表面的鳞皮及硬化层，并要求表面完全无裂缝、划痕等缺陷。

为克服钛锻件锻造温度范围窄、温降快及断裂等不良因素的影响，对于大的复杂的模锻可采用恒温锻造方法，即将锻模和锻件分别加热到某一温度进行锻造。这种锻造方法的优点是：

a. 工件温度分布均匀、温降小，锻件组织及性能均匀；

b. 塑性变形抗力小，需要的锻造压力小；

c. 锻件无裂纹，需要加工量少，可以进行精密模锻；

d. 接触摩擦小，锻压流动性好，可以得到形状复杂的锻件。

（5）胀管　制造列管式换热器时，根据塑性变形的原理，采用胀管器胀管，使管与管板严密地结合在一起。用胀管法连接钛管与钛板，效果很好，接头强度很高，但钛管与不锈钢板或碳钢板连接时效果较差。因为钛和钢的膨胀系数几乎差一倍，在高温下接头强度减弱。

容易使钛产生缝隙腐蚀的介质，不宜采用胀接法加工钛制设备。如果一定要用胀接，那么在胀接后应以惰性气体保护电弧焊焊一道金属以达到密封的要求。

（6）卷边　卷边在化工钛制设备中的接管和壳体时应用较多。卷边是在曲柄压力机和水压机的冲模中经几道工序做成。开卷时弯曲角度要小些，然后逐渐增大，最后在平面阳模上完成。

3. 焊接

钛及钛合金与常用金属一样具有良好的可焊性。但值得重视的是在焊接过程中焊缝的污染和热影响问题。焊缝只要受到少量有害杂质的污染，就会严重影响焊缝的质量。所以钛和钛合金除在焊接前必须进行严格清理外，在焊接过程中还必须采取有效措施防止有害杂质的污染。钛的热导率小，熔点较高，焊接时易出现热量集中和在高温停留时间长，导致金属钛过热使熔合区晶粒粗大，因而降低了焊接接头的综合性能。所以除在焊前对钛焊件必须做好清理及在焊接过程中进行惰性气体保护外，还必须选择一个合理的焊接规范及良好的散热装置。

钛及钛合金的焊接，除了不宜采用氧-乙炔焊、氢原子焊、二氧化碳气体保护焊等几种焊接外，其他常用金属的焊接方法对钛几乎都适用。根据结构形式及其对焊接接头性能的要求，可选用熔融焊、电阻接触焊、爆炸焊、钎焊和扩散焊等。

4. 衬里

在钢制容器内衬钛比衬不锈钢困难得多。衬不锈钢时，可采用直接熔焊法，但衬钛绝对不允许采用这种方法，因为熔焊会使铁与钛生成金属化合物，导致接头强度提高、塑性降低、耐腐蚀性能下降至不能使用。

衬钛有紧衬和机械松衬。紧衬是采用钛复合钢板制作设备；机械松衬是钢制外壳和钛制衬层预先分别制作，然后两者进行贴合。对于钛衬里层，一般是使用宽板，不采用条衬方法。贴合时，两者之间有一定的间隙，通过各种手段来消除其间隙，或将间隙控制在一定范围之内，从而使两者紧密结合在一起。

（1）活套衬钛法　活套衬钛法又可分为基体外壳与衬里层之间有间隙的活套法和无间隙的灌铅法。

① 活套法　活套法是把制好的钛衬里层直接套入预先制好的钢外壳中，然后再焊上接管等附件。为了防止钛衬里活动，需要用法兰固定。

这种衬里方法简便，衬层的焊缝大部分在套合前焊成，易检验，焊缝质量易保证，衬里没有损伤，耐腐蚀性能好。只要不是真空设备，在温度不高、压力较低的场合都能使用，但只限于用在 $d \leqslant 400mm$ 的小型容器中。

② 灌铅法　用熔融的铅充填容器外层和内层衬里之间的间隙，灌满冷却，使之结合为一体，这种方法就叫做灌铅法。灌铅法不仅弥补了内外层之间的间隙，同时也使钛内衬层固定在外壳上。

（2）机械连接法　机械连接法是用螺钉或钛铆钉把衬里层固定在钢外壳上。使用的螺钉有两种：钢螺钉和钛螺钉。用钢螺钉固定外壳和衬里层时，要在螺钉上加钛盖板把螺钉盖住，盖板与衬里进行氩弧焊，将螺钉封死。用钛螺钉固定外壳和衬里时，螺钉拧入后，用氩弧焊将螺钉焊死。考虑热影响会造成螺钉自身变形，所以，一般都采用 6mm 以上的螺钉。

用钛螺钉固定时，还可以采用外部拉紧法，也就是把钛螺钉焊在钛板上后，在钢壳外部将钛衬里拉紧于钢壳上。这种连接固定方法多用于平底或平盖的衬里。这种方法对材料的消耗较多，工作量较大，单独使用的不多，大部分是与其他方法联合使用。

（3）机械撑紧法　机械撑紧法是将最后一道纵缝未焊接的钛衬里层放入制好的钢外壳内，借助于撑胎撑紧而完成衬钛施工的一种方法。

（4）热套法　热套法衬里是利用金属热胀冷缩的特性，加热钢壳使其内径增大，然后套入预先制造好的钛衬里层，冷却后，钢壳直径缩小，从而将钛衬里层包紧。

为此，钛衬里层的外径要大于钢外壳内径，也就是说要有一个过盈量。过盈量的大小，可根据设备直径大小以及贴紧度的要求来定。根据目前情况，一般中小型设备的过盈量多选 $(0.1\% \sim 0.2\%)D$，国内也有采用 $(0 \sim 0.2\%)D$ 为过盈量的，这里 D 为设备直径。热套时其加热温度要低于外壳最终热处理温度 $20\sim25℃$。同时为防止钛内筒温度高于吸 H_2 温度，钛内筒也需加冷却装置。

钢壳内表面及钛衬层外表面的平整度对贴合率影响很大，为提高贴合率，除选择较大的过盈量外，在热套前必须对钛衬层外表面及钢壳内表面进行整体校形及车削加工。

为保证质量，钛衬层焊接后必须进行 X 射线探伤等质量检查，然后对钛衬里层的表面进行酸洗，去除表面残留的油、漆等污渍及氧化膜。

（5）局部固定衬里法　局部固定衬里法，除前面介绍的"机械连接法"（用钛螺钉或钢螺钉局部固定）外，还有下列几种。

① 局部电阻焊接　在钢外壳和钛衬层之间放入中间金属如银合金、黄铜、纯镍等，用电阻焊方法将钛衬里固定在外壳上。

由于用此法固定连接强度低、成本高，因此很少使用。

② 局部钎焊焊接　把低于外壳和衬层金属熔点的钎料嵌入它们之间，而使它们连接。由于扩散，在接头处亦会形成固溶体和金属间化合物。钎焊可用气体火焰、惰性气体保护的电炉、电阻热等进行，也可以在接触焊机上进行，但在钎焊过程中应避免外壳和衬层熔化，否则，将会导致接头脆性增大。

③ 局部爆炸焊接　把分别制作好的钢外壳和钛衬里套合后，在需要连接的地方放上炸药进行爆炸焊接，局部爆炸焊可分点爆和线爆两种。

a. 点爆　外壳和衬层的结合面为环形，而圆的中心不结合，点爆后的金属表面呈球状压痕。目前，国外已有专供点爆用的手枪，进行施工非常方便。

b. 线爆　外壳和衬层的结合面是周边结合，中心不结合，也就是压接部位的两侧形成两条带状结合面，线爆后的金属表面呈细长条压痕。

五、钛制设备检验

1. 钛铸件的检验

钛铸件不得有如下缺陷：表面污染、冷隔、裂纹及龟裂、浇不足、气孔、疏松及缩孔和夹杂。如果零件出现的缺陷不严重且不在重要部位时，采取一定的措施后仍可考虑使用。如局部浇不足、缩孔等可进行补焊。

钛铸件应按照 GB/T 6614—2014《钛及钛合金铸件》技术要求进行检查。

2. 压力加工钛制设备的检验

表面不得有裂纹、小孔、划伤等缺陷。冷成形后，为消除残余应力可进行退火处理。

3. 钛制设备焊缝检查

钛制设备焊缝检查常用方法有外观检查、接头性能测试、着色探伤、射线检查等。

（1）外观检查　通过外观检查可发现的缺陷有：表面气孔、夹渣、焊穿、未焊透、咬边、裂纹及其类似的表面缺陷和焊接接头的表面颜色。

焊缝成形要求焊道平直、焊波细密、焊肉均匀、弧坑很小。焊缝表面不允许有任何裂纹和未焊透、焊穿等缺陷。对于直径小于 0.5mm 的气孔和夹渣以及深度小于 0.5mm 的咬边，允许打磨圆滑；对于超过上述尺寸缺陷者，则要求将缺陷完全除去后补焊。

根据焊接部位的表面颜色，可以判断焊接的质量，尤其是惰性气体的保护效果。故每焊一道焊缝，都需要进行焊接接头的表面颜色检查。其判定标准可参考表 6-2。

对于表面颜色不合格的焊缝和热影响区，须用砂轮或风铲全部除去，然后重焊，补焊次数最多不超过两次。

表 6-2　钛焊缝表面颜色的判定标准

焊缝表面颜色	氩气保护情况	焊缝情况	判　定	处　理
银白色	良好	良好	使用	
金黄色	尚好	没有影响	能使用	用酸洗去掉表面金黄色
蓝色	一般	表面氧化,使表面塑性稍有下降	承受负载较大时,不能使用	用酸洗去掉表面蓝色,或按不合格处理
紫色(黄色)	较差	氧化严重,塑性显著降低	使用条件(介质、负载)苛刻时,不能使用	用酸洗去掉表面蓝色,或按不合格处理
灰色或表面有粉状物	极差	完全氧化,焊缝区完全脆化,易产生裂纹气孔及夹渣	不能使用	不合格

（2）焊接接头性能检查　钛的焊接接头性能检查通常采用拉伸试验、弯曲试验和硬度测定。

① 拉伸试验　对接接头可进行拉伸试验，试样类别与数量可按照 JB 4745—2002 中的规定，试样的拉伸强度应大于或等于钛材在退火状态的标准拉伸强度下限值。

② 弯曲试验　焊接接头的冷弯性能可反映焊接接头表层的塑性及工艺性能。对于钛容器而言，试验应按 JB 4745—2002 的规定，试样厚度为试板厚度，试板厚度超过 10mm 时应加工至 10mm。

③ 硬度检查　由于焊接过程中焊缝区域的吸收气体，因此焊缝区域（焊肉、热影响区）的硬度一般要高于母材。为了限制焊缝区域的性能恶化，也可用焊缝硬度测定的方法来控制。通常规定焊缝和热影响区的 HV 不得比母材高 30～40。硬度检查一般仅作为制造厂内部控制措施，不作为产品合格指标。

（3）着色探伤　着色探伤是检查焊缝表面缺陷的有效手段。可用来显示微小的、肉眼难以观察的表面缺陷，如微裂纹、裂纹、气孔、针孔、熔合不良等。

着色探伤的效果及灵敏度在很大程度上取决于焊缝的表面清理，在涂刷渗透剂前应对被检表面进行清理，除去任何锈、氧化皮、焊剂、飞溅、油污、灰尘等可能干扰的物质。必要时，用薄片尼龙砂轮在焊缝表面轻轻打磨后，再进行着色探伤可大大提高检查的灵敏度。钛焊接接头的着色探伤可按 JB 4730—2005 进行。

（4）射线检查　射线拍片是检查焊缝内部缺陷最常用的方法。由于钛设备的焊缝截面不大，超声波探伤使用较少，X 光拍片更普遍，射线检查对焊缝内部及背面的气孔、夹渣、未焊透、夹钨、裂纹等缺陷的检查直观而有效。压力容器无损探伤的方法与评级按 NB/T 47013.1—2015《承压设备无损检测》中有关钛焊缝的内容。

第二节　铝制设备

一、概述

铝及铝合金具有优良的耐腐蚀性能和导热性能，低温时力学性能良好，密度小，且容易进行压力加工，因此在化工、石油、轻工、深冷等工业部门获得了广泛的应用。铝极易与空气中的氧结合，在其表面生成一层致密的氧化铝薄膜，这层薄膜化学稳定性高，能阻止铝金属继续氧化。对于能促进铝氧化膜的生成，且不与它起作用的介质来说，铝及铝合金是很好的耐腐蚀材料。铝的机械强度随其纯度的增高而降低，但塑性则随其纯度增高而提高。在铝中添加某些合金元素制成铝合金后，就能大大地提高其力学性能。铝及铝合金在低温时（0℃以下），其冲击韧性没有明显地下降，故适用于制作低温设备。铝的导热性能特别好，其导热系数约为钢的3～5倍，因此，用它制作换热设备的传热元件是很合适的。铝的密度小，约为碳钢的1/3。铝不会产生电火花，用来制造容器以储存易燃、易爆物料是很安全的。铝设备不会污染产品，如要求高纯度产品，不允许含有铁离子时，可采用铝制设备。

由于我国铝材资源丰富，并具有上述的优越性能，因此在一定的介质、温度与压力条件下，正确选用铝及铝合金，对于节约昂贵的铜、铜合金和不锈钢，是有重要意义的。

铝的耐磨性较差，使用时要防止流体，特别是固体颗粒的高速冲刷。铝制换热器的流体入口处要安装挡板，以免冲刷管束。设计时应避免在有液体介质（特别是含有电解质的溶液）存在的情况下，使用铝-钢（或其他金属）直接接触，以免引起电化学腐蚀。铝和其他金属相接触，最好在后者的表面涂以涂料，如过氯乙烯漆、酚醛清漆等。铝设备与管道外的保温材料应是中性的，不宜用碱性或酸性材料。铝件不要直接放在混凝土构件上。不要用同种铝材制螺栓、螺母，以免螺纹连接处咬死。

二、铝制设备的制造方法

1. 铝及铝合金焊制化工设备的制造技术特点

铝及铝合金焊制化工设备的制造技术特点是由铝及铝合金材料的性质及其化工设备的使用要求所决定的。从材料的存放到制件的吊运，从加工方法到成品的表面处理，都不完全与钢制化工设备的制造相同，而自成体系。

（1）铝材在储存和加工过程中的表面保护　铝及铝合金材料在装运或储存时，应严格避免表面擦伤和有水迹。水迹通常呈白色，也可能变成彩虹色，这取决于合金或氧化程度。这种现象主要是由于包装的铝材相邻表面间受潮引起。铝合金越纯，其抗水渍性能就越强，尤以铝镁合金抗水渍性能最佳。

在包装箱内的铝材也不应取出敞放，因为室外增加了冷凝的可能性，即使包以"防潮纸"，因无法完全密封，也会出现水迹，室外储放是绝对不允许的。如果出现了水迹，可采用机械或化学处理方法加以去除。

在储存中，应避免铝和其他金属接触，以免造成表面划伤或其他痕迹，一般推荐使用木架或木箱。不要使铝材靠近碱、硝酸盐及其他一些酸类物质，以免造成腐蚀。

在大气中，光滑的铝材表面会形成一层很薄的但却非常致密的氧化膜，由于这层膜的保护，使铝及铝合金在许多介质中都具有足够高的稳定性。当光滑的铝材表面受到伤害时，虽然氧化膜受到了破坏，但在空气中它会很快地自行修补起来，然而受伤处表面新生成的氧化膜远没有原有表面上的氧化膜致密，这就可能使铝材在某些介质中遭到局部腐蚀。另一方面，遭到伤害的铝材，在有电解质存在时，在被伤害处容易形成浓差电池，从而加速腐蚀。此外，对铝材表面的任何伤害，都会使铝材在使用中造成局部应力集中，这也将加快铝材在一些介质中的腐蚀速度。总之，铝材表面损伤对铝材的使用将造成严重后果。而铝材本身硬度又很低，在用它制成设备的过程中，极易将其表面损伤。因此在设备的制造过程中，应采取多种措施，严格保护铝及铝合金制件表面，使其不被损伤。

（2）焊接坡口部位的要求 铝及铝合金表面氧化膜的熔点高达 2050℃，密度约为 $3.85 g/cm^3$，且含有吸附水与结晶水，因而是焊接过程中形成焊缝夹渣及气孔的原因之一。可见氧化膜对于焊接是不利的，为了得到优良的焊缝质量，必须清除焊接坡口及其两侧的氧化膜。

要将焊接坡口及其两侧的氧化铝薄膜清除干净，则必须要求坡口表面比较光洁。特别是严禁坡口表面有槽褶之类的缺陷。因此，刨（铣）坡口时，吃刀量及切削速度要适中，使其不产生撕裂的沟纹及明显的刀痕，从而影响氧化膜的除净。等离子切割后的边缘，需经过再加工后，方可施焊。因为切割后的边缘存在氧化物，且切割表面粗糙，无法清除氧化膜。

（3）滚圆成形 由于铝材的强度低，表面硬度也低，所以不恰当的滚曲会使其压薄辗长。辗长量与所使用的滚板机、压头的方法、材料的供应状态、板材厚度、滚动方向和板材的轧制方向有关，其数值需经实际测定。

（4）施焊需使用引弧板及熄弧板 钨极氩弧焊在冷引弧时产生钨飞溅而引起焊缝夹钨，所以必须在焊缝以外的引弧板上引弧。氩弧焊虽然引弧时没有钨飞溅的问题，但其焊缝质量不佳，故也需要在引弧板上施焊一段后，再引到焊缝上施焊。

熄弧时容易产生弧坑而引起开裂，所以施焊时应使用熄弧板。施焊完毕去除引弧板和熄弧板时，避免用大锤或搬钩硬打硬搬，因为这样极易造成局部几何形状变形或撕裂，由此影响焊缝和总体组装的质量。

2. 铝及铝合金焊制化工设备对焊接工艺的要求

铝及铝合金焊制化工设备，其使用的条件大多数是腐蚀性介质，所以对焊接接头除考核其强度和塑性外，尚需考核其耐腐蚀性能。

尽管自 20 世纪 60 年代以来氩弧焊等一些先进的焊接方法得以应用，这提高了焊接接头的质量，但是总的说来，焊后接头强度系数还是较低的。如 2A12 材料焊后接头强度只有母材的 50%～60%，焊后接头的塑性比母材亦有所降低。以铝镁合金为例，5A02 焊接接头的冷弯角约为 70°～150°，5A06 焊接接头的冷弯角约为 30°～70°。

铝及铝合金焊接接头的耐腐蚀性能，因焊缝的粗大柱状晶粒和组织成分的不均匀性，以及焊缝中的缺陷，特别是夹钨、夹铜、弥散性气孔以及焊后残余应力的存在，使得与母材相比有较大的下降。

总之，铝及铝合金焊制化工设备，对于焊接工艺，除要求焊缝的表面质量及接头的力学性能外，还要求焊接接头要有与母材相同或相近的耐腐蚀性能。因此对于铝及铝合金焊制化工设备的焊接方法、焊接坡口、焊接材料、焊接顺序、焊接规范、焊接环境、焊工的技术水平等都应有相应的严格要求。

对其焊缝的质量，要从焊缝的外观、无损探伤、接头的力学性能、接头的腐蚀试验等方面综合考核。

3. 铝及铝合金的焊接与切割

（1）铝及铝合金的焊接特点 铝及铝合金的焊接特点具有以下几个方面。

① 铝与氧的化学亲和力很强，材料表面易生成薄薄的一层致密氧化膜——Al_2O_3。这层氧化膜给焊接造成困难，由于 Al_2O_3 膜不导电从而影响电弧燃烧，当氧化膜较厚时严重阻碍铝的熔合；其次，因为氧化膜熔点（2050℃）远高于铝的熔点（660℃），而其密度又比铝的密度大很多，往往易造成未熔合和夹杂；此外，氧化膜中含有一定数量的结晶水和吸附

水，它往往又是产生气孔的根源。所以施焊前和施焊中清除氧化膜是焊铝及铝合金必要的工艺措施。

②铝的导热系数大，热容量大，使得施焊时尽管其熔点比钢低得多，但仍须使用大功率的电源，施焊的线能量也比钢大，有时焊前还需预热。

③铝的热膨胀系数比钢大一倍，而弹性系数又比钢小很多，因此铝及铝合金的施焊变形比施焊碳钢要大，因此焊接铝时要求用热量集中的焊接方法即热量集中的热源。

④铝及铝合金高温下的强度低，且铝材加温到熔化之前无明显的颜色变化。以上两点给施焊操作带来困难，工程上往往在施焊时采用衬垫以防止焊穿。

⑤经热处理强化的铝合金，在施焊时接头受到退火处理而软化，因此焊缝的强度系数明显下降。要提高接头强度须重新进行焊后热处理。

（2）铝及铝合金的焊接方法　鉴于化工设备对焊缝强度，耐腐蚀性的要求，以及从化工设备制造的生产效率和焊缝成形美观考虑，铝制化工设备的焊接方法常采用钨极氩弧焊、熔化极氩弧焊、熔化极脉冲氩弧焊等焊接方法。焊条电弧焊，碳弧焊等熔焊方法已逐渐被氩弧焊所取代。气焊方法无论是焊接接头的强度、耐腐蚀性，还是焊接变形，生产效率都远不及氩弧焊，但使用方便，设备简单，在工地安装上还常被使用。

钨极氩弧焊又分为手工钨极氩弧焊和自动钨极氩弧焊两种。熔化极氩弧焊则分为半自动和自动两种。脉冲氩弧焊用来施焊铝及铝合金时，有钨极和熔化极两种，而脉冲又有交流和直流之分，可自动焊也可进行半自动焊。

钨极氩弧焊具有很多优点：其一，氩是惰性气体，既不熔于铝又不与铝起化学反应，保护熔池不受大气污染，因此施焊的焊缝质量较高；其二，氩弧焊焊铝有一种阴极净化作用，它有效地清除了铝材表面的氧化膜。

熔化极氩弧焊的焊丝作为电极，和工件直接产生电弧，焊丝连续送进，熔化而形成熔池和焊缝，用 MIG 符号表示。用焊丝直接作为电极，其电流可以大大提高，这样热量就很集中，电流密度很高，在电弧集中形成高速运动的熔滴和等离子流的强力冲击下，所形成的熔深很大，从而提高了焊接效率，降低了焊接变形。

（3）铝及铝合金的切割　铝及铝合金最为完善的切割方法是用等离子切割。

①等离子切割特点　等离子切割是用钨电极形成的电弧，通过特制的喷嘴依靠机械压缩、热压缩和电磁压缩作用而获得等离子弧，这种热量高度集中的高温等离子流，使工件迅速局部熔化并去除熔化了的金属，从而形成一定形状的切口。这种切割的特点是：

a. 温度高，能量集中；弧柱中心部位温度可达 15000~30000K。

b. 冲刷力（吹力）大，切缝狭窄。

c. 挺直性好。

②切割工艺　常用的切割保护气体有氮和氩。氩气引弧性、稳弧性好，而氮气虽然这一点比不上氩气，但成本低，也被广泛采用。目前用得最多的是混合气体氮加氢或氩加氢，因氢携热性和导热性高，在相同的功率下，氢的加入使切割质量、切割速度都得到提高。

切割用氩的纯度要求比焊接用氩低，一般 99% 的纯度完全可满足要求；氮气的纯度大于 99.5%；混合气体加入氢的比例一般为 15%~40%。

钨极一般使用钍钨极，当含钍量提高时电极损耗减少。近年来亦开始采用无放射性的铈钨极。

③ 水弧等离子切割　在常规等离子弧外层加上一定流速的水，使得电弧进一步受到压缩，同时有部分水分子被弧柱高温离解，当其复合时放出的热量提高了等离子弧的温度。这样水弧等离子切割的质量得到提高，切口变窄，割速提高。

水弧等离子切割另一特点是改善了劳动条件，使得切割现场的粉尘，氮氧化物，臭氧有显著的下降。

三、铝制设备的检验要点

铝及铝合金焊制化工设备的外观检查、压力试验等检验方法基本与钢制化工设备的检验方法相同。

（1）原材料检验　原材料及毛坯按照 GB/T 3190—2008、GB/T 3880—2012、GB/T 6893—1986 进行。

（2）铝及铝合金焊缝超声波探伤　铝及铝合金焊缝无损探伤，近年来除采用 X 射线探伤外，超声波探伤也被广泛采用，这是由于超声波探伤技术近几年得到很大发展的结果。检验标准按照 JB 4734—2002《铝制焊接容器》进行。

（3）焊缝耐腐蚀性能的检测　铝及铝合金的耐蚀性分别按下列方法进行。

① 工业纯铝焊接接头快速硝酸腐蚀试验法　铝制容器在具有晶间腐蚀敏感性的介质条件下使用时，应通过晶间腐蚀敏感性检验。试验方法按 GB/T 7998—2005 进行，此法在 JB 4734—2002《铝制焊接容器》推荐使用。因为纯铝焊制设备，广泛地用于硝酸生产、运输、储存。该试验方法简便易行，其试验结果具有比较性（重现性）。试验用酸的浓度，接近于使用条件。

② 铝及铝合金的晶间腐蚀试验方法　纯铝在 $t > 150℃$ 的纯水或 3% NaCl 溶液和 $10\% \sim 20\%$ 盐酸溶液中，会发生晶间腐蚀。因此建议对工业纯铝作晶间腐蚀试验。试验条件与操作条件一致，但试验时间要延长（有时甚至要 10 昼夜后，才能发现晶间腐蚀现象）。

而含镁量小于 3% 的 Al-Mg 防锈铝，不会发生晶间腐蚀。含镁量超过 3% 的 Al-Mg 防锈铝则应进行晶间腐蚀试验。

（4）高强度铝合金的抗应力腐蚀开裂性试验　随着使用铝及铝合金范围的扩大，高强度铝合金被应用于国防、建筑、化工等各个领域。然而对于高强度铝合金焊制设备在风化作用或潮湿环境下，以及在海岸环境和工业大气环境中使用，会出现应力腐蚀，以至造成应力腐蚀开裂。

（5）其他　对于用在工业及海滨气氛的铝合金制品，亦可以采用断续喷洒或浸渍氯化钠溶液的方法评定其焊缝的抗腐蚀能力。

同步练习

一、填空题

1. 钛是轻金属，其熔点为（　　　　），密度为（　　　　）g/cm³，只有铁的 1/2 略强。

2. 钛不能用于（　　　　　　　　　）的发烟硝酸，避免引起自燃爆炸。

3. 钛及钛合金的锻造温度一般控制在（　　　　　　），温度不宜过高，保温时间不宜过长，否则会造成气体污染和晶粒粗化而影响锻件质量。

4. 衬钛有（　　　　）和机械松衬。紧衬是采用钛复合钢板制作设备；机械松衬是钢制外壳和钛制衬层预先分别制作，然后两者进行贴合。

5. 铝的密度小，约为碳钢的（　　　　）。铝不会产生电火花，用来制造容器以储存（　　　　）、易爆物料是很安全的。

6. 铝及铝合金最为完善的切割方法是（　　　　）切割。

二、简答题

1. 简述钛制化工设备主要用途。

2. 简述钛制设备的操作维护要求。

3. 简述等离子切割特点。

4. 简述铝及铝合金的焊接特点。

附 录

碳素钢和低合金钢钢板许用应力

钢号	钢板标准	使用状态	厚度/mm	室温强度指标		在下列温度（℃）下的许用应力/MPa																注
				R_m/MPa	R_{eL}/MPa	≤20	100	150	200	250	300	350	400	425	450	475	500	525	550	575	600	
Q245R	GB 713	热轧、控轧、正火	3~16	400	245	148	147	140	131	117	108	98	91	85	61	41	—	—	—	—	—	—
			>16~36	400	235	148	140	133	124	111	102	93	86	84	61	41	—	—	—	—	—	—
			>36~60	400	225	148	133	127	119	107	98	89	82	80	61	41	—	—	—	—	—	—
			>60~100	390	205	137	123	117	109	98	90	82	75	73	61	41	—	—	—	—	—	—
			>100~150	380	185	123	112	107	100	90	80	73	70	67	61	41	—	—	—	—	—	—
Q345R	GB 713	热轧、控轧、正火	3~16	510	345	189	189	189	183	167	153	143	125	93	66	43	—	—	—	—	—	—
			>16~36	500	325	185	185	183	170	157	143	133	125	93	66	43	—	—	—	—	—	—
			>36~60	490	315	181	181	173	160	147	133	123	117	93	66	43	—	—	—	—	—	—
			>60~100	490	305	181	181	167	150	137	123	117	110	93	66	43	—	—	—	—	—	—
			>100~150	480	285	178	173	160	147	133	120	113	107	93	66	43	—	—	—	—	—	—
			>150~200	470	265	174	163	153	143	130	117	110	103	93	66	43	—	—	—	—	—	—
Q370R	GB 713	正火	10~16	530	370	196	196	196	196	190	180	170	—	—	—	—	—	—	—	—	—	—
			>16~36	530	360	196	196	196	193	183	173	163	—	—	—	—	—	—	—	—	—	—
			>36~60	520	340	193	193	193	180	170	160	150	—	—	—	—	—	—	—	—	—	—

续表

钢号	钢板标准	使用状态	厚度/mm	室温强度指标 R_m/MPa	R_{eL}/MPa	在下列温度（℃）下的许用应力/MPa																注
						≤20	100	150	200	250	300	350	400	425	450	475	500	525	550	575	600	
18MnMoNbR	GB 713	正火加回火	30~60	570	400	211	211	211	211	211	211	211	207	195	177	117	—	—	—	—	—	
18MnMoNbR	GB 713	正火加回火	>60~100	570	390	211	211	211	211	211	211	211	203	192	177	117	—	—	—	—	—	
13MnNiMoR	GB 713	正火加回火	30~100	570	390	211	211	211	211	211	211	211	203	—	—	—	—	—	—	—	—	
13MnNiMoR	GB 713	正火加回火	>100~150	570	380	211	211	211	211	211	211	211	200	—	—	—	—	—	—	—	—	
15CrMoR	GB 713	正火加回火	6~60	450	295	167	167	167	160	150	140	133	126	122	119	117	88	58	37	—	—	
15CrMoR	GB 713	正火加回火	>60~100	450	275	167	167	157	147	140	131	124	117	114	111	109	88	58	37	—	—	
15CrMoR	GB 713	正火加回火	>100~150	440	255	163	157	147	140	133	123	117	110	107	104	102	88	58	37	—	—	
14Cr1MoR	GB 713	正火加回火	6~100	520	310	193	187	180	170	163	153	147	140	135	130	123	80	54	33	—	—	
14Cr1MoR	GB 713	正火加回火	>100~150	510	300	189	180	173	163	157	147	140	133	130	127	121	80	54	33	—	—	
12Cr2Mo1R	GB 713	正火加回火	6~150	520	310	193	187	180	173	170	167	163	160	157	147	119	89	61	46	37	—	
12Cr1MoVR	GB 713	正火加回火	6~60	440	245	163	150	140	133	127	117	111	105	103	100	98	95	82	59	41	—	
12Cr1MoVR	GB 713	正火加回火	>60~100	430	235	157	147	140	133	127	117	111	105	103	100	98	95	82	59	41	—	
12Cr2Mo1VR	—	正火加回火	30~120	590	415	219	219	219	219	219	219	219	219	219	193	163	134	104	72	—	—	1
16MnDR	GB 3531	正火、正火加回火	6~16	490	315	181	181	180	167	153	140	130	—	—	—	—	—	—	—	—	—	
16MnDR	GB 3531	正火、正火加回火	>16~36	470	295	174	174	167	157	143	130	120	—	—	—	—	—	—	—	—	—	
16MnDR	GB 3531	正火、正火加回火	>36~60	460	285	170	170	160	150	137	123	117	—	—	—	—	—	—	—	—	—	
16MnDR	GB 3531	正火、正火加回火	>60~100	450	275	167	167	157	147	133	120	113	—	—	—	—	—	—	—	—	—	
16MnDR	GB 3531	正火、正火加回火	>100~120	440	265	163	163	153	143	130	117	110	—	—	—	—	—	—	—	—	—	
15MnNiDR	GB 3531	正火、正火加回火	6~16	490	325	181	181	181	173	—	—	—	—	—	—	—	—	—	—	—	—	
15MnNiDR	GB 3531	正火、正火加回火	>16~36	480	315	178	178	178	167	—	—	—	—	—	—	—	—	—	—	—	—	
15MnNiDR	GB 3531	正火、正火加回火	>36~60	470	305	174	174	173	160	—	—	—	—	—	—	—	—	—	—	—	—	

续表

钢号	钢板标准	使用状态	厚度/mm	室温强度指标 Rm/MPa	ReL/MPa	在下列温度(℃)下的许用应力/MPa ≤20	100	150	200	250	300	350	400	425	450	475	500	525	550	575	600	注
15MnNiNbDR	—	正火,正火加回火	10~16	530	370	196	196	196	196	—	—	—	—	—	—	—	—	—	—	—	—	1
			>16~36	530	360	196	196	196	193	—	—	—	—	—	—	—	—	—	—	—	—	
			>36~60	520	350	193	193	193	187	—	—	—	—	—	—	—	—	—	—	—	—	
09MnNiDR	GB 3531	正火,正火加回火	6~16	440	300	163	163	163	160	153	147	137	—	—	—	—	—	—	—	—	—	
			>16~36	440	280	163	163	157	150	143	137	127	—	—	—	—	—	—	—	—	—	
			>36~60	430	270	159	159	150	143	137	130	120	—	—	—	—	—	—	—	—	—	
			60~120	420	260	156	156	147	140	133	127	117	—	—	—	—	—	—	—	—	—	
08Ni3DR	—	正火,正火加回火,调质	>6~60	490	320	181	181	—	—	—	—	—	—	—	—	—	—	—	—	—	—	1
			>60~100	480	300	178	178	—	—	—	—	—	—	—	—	—	—	—	—	—	—	
06Ni9DR	—	调质	6~30	680	575	252	252	—	—	—	—	—	—	—	—	—	—	—	—	—	—	1
			>30~40	680	565	252	252	—	—	—	—	—	—	—	—	—	—	—	—	—	—	
07MnMoVR	GB 19189	调质	10~60	610	490	226	226	226	226	—	—	—	—	—	—	—	—	—	—	—	—	
07MnNiVDR	GB 19189	调质	10~60	610	490	226	226	226	226	—	—	—	—	—	—	—	—	—	—	—	—	
07MnNiMoDR	GB 19189	调质	10~50	610	490	226	226	226	226	—	—	—	—	—	—	—	—	—	—	—	—	
12MnNiVR	GB 19189	调质	10~60	610	490	226	226	226	226	—	—	—	—	—	—	—	—	—	—	—	—	

注:1—该钢板的技术要求见材料的补充规定。

参 考 文 献

[1] 邢晓林. 化工设备. 北京：化学工业出版社，2005.

[2] 郑津洋，董其伍，桑芝富. 过程设备设计. 北京：化学工业出版社，2003.

[3] 压力容器实用丛书编写委员会. 压力容器制造和修理. 北京：化学工业出版社，2004.

[4] 邹广华，刘强. 过程装备制造与检测. 北京：化学工业出版社，2002.

[5] 《压力容器实用技术丛书》编写委员会. 压力容器设计知识. 北京：化学工业出版社，2005.

[6] 贺匡国. 化工容器及设备简明设计手册. 第2版. 北京：化学工业出版社，2002.

[7] 《化工设备设计全书》编辑委员会，古大田，方子风等. 废热锅炉. 北京：化学工业出版社，2002.

[8] 冯兴奎. 过程设备焊接. 北京：化学工业出版社，2003.

[9] 秦叔经，叶文邦等. 换热器. 北京：化学工业出版社，2003.

[10] 朱宏吉，张明贤. 制药设备与工程设计. 北京：化学工业出版社，2004.

[11] 王非，林英. 化工设备用钢. 北京：化学工业出版社，2004.

[12] 《化工设备设计全书》编辑委员会，汪立人等编. 铝制化工设备. 北京：化学工业出版社，2002.

[13] 《化工设备设计全书》编辑委员会，秦叔经，叶文邦等. 换热器. 北京：化学工业出版社，2003.

[14] 《化工设备设计全书》编辑委员会，黄嘉琥，应道宴等. 钛制化工设备. 北京：化学工业出版社，2002.

[15] 《化工设备设计全书》编辑委员会，徐英，杨一凡，朱萍等. 球罐和大型储罐. 北京：化学工业出版社，2005.

[16] 钱颂文编. 换热器设计手册. 北京：化学工业出版社，2002.

[17] 李群松，化工容器及设备. 北京：化学工业出版社，2014.